餐飲服務技術

Food and Beverage Service from Concept to Operation

蘇芳基◎著

序

近年來，政府積極規劃觀光小城，發展觀光藍海策略，推展台灣美食文化，並不斷透過台灣美食及地方小吃特展的舉辦來作為「旅行台灣‧就是現在」的吸引力焦點，使整個國內餐飲市場呈現一片榮景。

為建構質量並進的餐飲產業，則有賴業界與學術界雙方的產學合作，始能竟功。為提升國內技職院校觀光餐旅等相關科系學生餐飲服務理論與實務之應用能力，熟練餐飲服務技巧，以應觀光餐飲產業發展及人力資源之需，乃將2008年所出版的《餐旅服務管理》乙書重新加以編撰，將當前餐飲業所需的餐飲服務技術與實務作業等相關專業知能予以融入，作為本書撰寫的主要理論架構，期盼本書的出版，能為國內餐飲技職教育人力之培訓略盡棉薄之力。

本書得以順利付梓，首先要感謝台北康華飯店黃副總經理及餐飲部張副理的協助及示範拍攝事宜。此外，更感謝揚智文化事業葉總經理、閻總編輯及所有工作夥伴的熱心協助與支持，特此申謝。本書編撰期間，雖經嚴謹校正，力求完美，唯餐飲服務技術所涉及領域甚廣，若有疏漏欠妥之處，尚祈先進賢達不吝賜正，俾使再版予以訂正。

蘇芳基 謹識

2013年5月

CONTENTS

CONTENTS

CONTENTS

Chapter 1

餐飲服務緒論

單元學習目標

- ◆瞭解餐飲服務的內涵
- ◆瞭解補救性服務的重要性
- ◆瞭解餐飲服務規劃設計的要領
- ◆瞭解餐飲產品的特性
- ◆瞭解餐飲基本服務禮儀
- ◆培養良好餐飲服務人員的專業素養

任何成功卓越的現代化餐廳均有其共同的特色，所提供給顧客的產品服務均係以滿足顧客需求，符合顧客期望來規劃設計，期以創造顧客最大滿意度及難以忘懷的顧客經驗。因此，現代餐飲服務管理的策略係以顧客體驗爲導向，針對餐飲產品、服務環境及服務傳遞等三方面予以整體規劃設計，並確保餐廳所有員工每次與顧客瞬間服務接觸時，均能提供顧客所期盼的高水準服務，而讓顧客內心情不自禁地發出讚嘆聲「Wow, Great!」，此乃現代餐飲服務管理的時代使命。

第一節　餐飲服務的基本概念

餐飲服務係以滿足餐飲消費者需求，並給予一種美好的餐飲體驗的行爲或活動過程。身爲餐飲從業人員務必要先對餐飲服務的內涵、餐飲服務的類別及餐飲服務的規劃設計有基本的認識，才能扮演好本身在此領域的角色。

一、餐飲服務的定義

「服務」係指爲幫助別人或關心他人福利，進而主動協助解決，並滿足其需求的一種行爲或過程。

「餐飲服務」係指爲確保並達成餐飲企業營運目標，而經由直接或間接方式去提供顧客所需的產品、相關設備設施或勞務，以滿足餐飲顧客需求及餐飲體驗的一種有形或無形的行爲傳遞過程。易言之，所謂「餐飲服務」係指餐飲從業人員以最親切熱忱的態度，去接待歡迎客人，時時站在客人的立場，設身處地爲其著想。適時適切主動提供客人所需的產品服務或協助，使其倍感溫馨滿意，享有美好的餐飲體驗，此乃餐飲服務之眞諦，也是一種無形無價的商品。

二、餐飲服務的內涵

餐飲服務有部分是有形，有些全部是無形的。事實上，服務是在顧客前往餐廳消費當下或消費期間，顧客與餐廳服務人員之間的互動所生產或傳遞的服務體驗。

餐飲小百科

服務的精髓

服務英文稱之為“SERVICE”，其內涵係指：Smile、Expertise、Resourcefulness、Volunteer to help、Interests in the problems、Courtesy at all the time、Enthusiasm in your work。即服務的涵義為：微笑、專業技術、機敏、樂於助人、主動發掘問題、親切有禮及工作熱忱之意思。

三、餐飲服務的類別

餐飲服務就其性質而言，可分爲下列三種：

(一)有形服務（Tangible Service）

有形服務另稱「實質服務」，係指餐飲服務傳遞的過程或產品可以看得見、觸摸得到之有形產品。

(二)無形服務（Intangible Service）

無形服務另稱「非實質服務」，係指餐飲服務傳遞的過程難以感知出來，但顧客卻能感受體驗得到的無形產品，如氣氛、態度、熱心。

(三)補救服務（Service Recovery）

補救服務另稱「修補服務」，係指餐飲服務企業在提供服務之過程中或服務後，發現服務疏失所採取的緊急應變措施或回應方式。

成功的餐飲服務企業會指導其員工如何進行各種情境或問題之補救服務，以堅守對顧客的承諾與誠信保證。唯補救服務之進行時機最好在顧客尚未離去之前，或在現場立即由負責主管出面來進行補救服務，以信守餐飲企業對顧客之承諾。如果補救服務失敗，其後果往往比原先失敗所造成的影響更加嚴重。

四、餐飲服務規劃設計

餐飲服務並非僅是一種單純提供餐食和飲料的動作或技巧而已，其服務範圍尚包括整個用餐場所的內外環境及其各項設備設施等軟硬體產品服務在內。一家成功卓越的餐飲企業，其所提供給顧客的服務均係以滿足顧客體驗爲考量，依顧客體驗之三大構面來規劃安排其餐飲服務。茲就此三大構成要素分述於後：

(一)服務產品（Service Product）

服務產品另稱套裝服務（Package Service），它係產品與服務之結合，大部分餐飲服務產品均同時包含著有形與無形的商品，只是成分比重大小不同而已。一般而言，愈高級餐飲業所提供的服務，其無形商品之比重愈大；至於一般平價大衆化餐飲業所提供的服務商品，則以有形商品爲主，再搭配小部分的無形服務產品。

服務產品是顧客前往餐飲企業消費的最主要誘因。服務產品雖然分爲有形與無形，但卻無輕重之別，其品質之良窳將影響到整個服務企業之成敗。

(二)服務場地環境（Service Setting & Environment）

「服務場地環境」係指餐飲服務企業提供餐飲產品服務以及與顧客互動之場所，它包含實體環境中任何能增添顧客美好體驗的各種有形設施、設備或飾物（圖1-1）。例如餐飲業針對顧客不同之需求，來規劃設計不同主題的餐飲服務環境，以彰顯其與衆不同之特色，藉此服務場地主題特色之設計布置來提升自我形象與市場競爭力。

(三)服務傳遞系統（Service Delivery System）

所謂「服務傳遞系統」，主要係由服務人員與實際生產服務過程此兩大層面以及其他相關服務支援系統所建構而成。餐飲服務傳遞系統各環節均相當重要，其中以服務人員與顧客之間的互動環節最爲重要，因爲顧客對餐飲服務的體驗大部分是在他們與服務人員接觸互動過程中所形成。如果餐飲服務人員能在與顧客服務接觸之過程中，掌握關鍵時刻（Moment of Truth）給予顧客瞬間眞實的感受，將能贏得顧客之好評，以及對服務之滿意度。此關鍵時刻另稱「黃金十五秒」，係顧客評

圖1-1　服務場地環境設計須具主題特色

鑑餐飲服務品質良窳的決定性因素。因此，成功卓越的餐飲企業均會研訂各項標準作業規範（SOP），審慎善加規劃管理此服務傳遞系統之各重要環節，並將無形產品予以有形化，從而建立起良好的品牌形象。

第二節　餐飲服務產品與特性

餐飲服務產品係一種結合有形與無形服務之整合性套裝服務產品，因此其特性除了包含一般服務業共有的特性，尚兼具餐飲產業經濟上的特質。茲分別就餐飲服務產品及其特性摘述如下：

一、餐飲服務產品與傳統產業產品之差異

餐飲服務產品與傳統製造業產品最大的差異，乃餐飲服務產品係一種套裝服務的產品，產品與服務係以一種不同比率的組合來銷售，而傳統製造業的產品係以

「實體產品」爲主軸，至於「服務」僅是伴隨實體產品之附加價值而已，如售後安裝或保固服務即是例。

顧客前往餐廳購買服務產品時，則很難區分何者是「產品」，何者是「服務」，事實上也無法完全區隔或明確界定，因爲餐飲產品是一種有形與無形產品之組合。

二、餐飲服務產品的類別

餐飲服務產品主要可分爲兩大類：

(一)有形的產品（Tangible Products）

所謂「有形的產品」，又稱外顯服務（Explicit Service），係指餐飲服務業所提供給旅客消費使用的環境、設施、設備及相關產品。如美食佳餚、餐廳裝潢設施設備、立地位置及優質人力資源等。

◆精緻美食佳餚

精緻美食乃餐飲業吸引顧客前來消費的主要誘因之一。因此，餐飲業對於其所提供的菜單均不斷力求創新，研發特色佳餚，以滿足顧客不同的需求與偏好，例如養生菜單、生機飲食料理及兒童菜單等均是例。

◆高雅裝潢布設

餐飲業供餐的場所除了講究建築外表造型外，更要重視內部裝潢、設備及餐桌椅規格，以彰顯該餐廳的特色，藉以營造出一種獨特主題風格，始能創造出商品的品牌形象。

◆完善格局規劃

餐廳格局規劃的好壞，不僅會影響餐廳本身的營運，也會影響餐廳服務品質。例如大門設計、餐廳空間及停車場規劃等均須注意到動線是否順暢，尤其是客人與服務人員，以及人與物的進出動線務必嚴加區隔，以確保服務作業之流暢及人員的安全，也能彰顯餐廳商品之特色。

圖1-2　餐廳立地位置須在主要目標市場所在地

◆餐廳立地位置

餐廳能否吸引顧客前來，最重要的因素首推地點，若地點適中，交通方便，而其所選定的商圈，又是主要目標消費群所在地（**圖1-2**），則客人將會泉湧而至。因此，餐廳規劃之初，即須慎選適當的良好地點，因爲它也是餐廳營運成功所不可或缺的重要因素。

◆優質人力資源

餐飲服務人員係餐廳極爲重要的「資產」，也是餐廳的珍貴服務產品。餐飲服務人員整潔的制服、端莊的儀態、純熟的專業技能，均可滿足顧客視覺感官之需求，因此餐廳優質的人力資源也是餐飲產品組合之一。

(二)無形的產品（Intangible Products）

所謂「無形的產品」，係指餐廳所提供給顧客的溫馨進餐氣氛以及美好的餐飲體驗等足以滿足其心理上之需求者而言。例如以客爲尊的人性化接待服務、針對性的個別化服務，以及舒適性與安全感等均是例。易言之，所謂「無形的產品」也就是一種內隱服務（Implicit Service）。茲摘述如下：

◆親切溫馨服務

「服務」乃餐廳的第二生命，沒有服務即無餐廳可言。事實上，服務乃餐廳的主要產品，爲提升此產品的品質，餐飲業務必重視人力的培訓及人力素質的提升，始能提供顧客適時、適切、適需的專注服務。唯有經由此專注服務的提供，再透過服務人員與顧客之間的溫馨互動，才能營造出柔美氣氛，使顧客擁有一種美好的進餐體驗，此爲餐廳最重要的產品特色（**圖1-3**）。

◆柔美進餐氣氛

餐廳進餐場所的規劃設計宜重視高雅用餐氣氛的營造，如運用燈光、音樂、照明、色調、飾物或盆景等來配合餐廳營運特性，以彰顯餐廳主題特色之氣氛。如西餐廳可採巴洛克式的西洋傳統建築風格；中餐廳可採古色古香之中國式建築風格來設計，輔以暖色系統之紅色色調，以孕育出中華文化之典雅古樸，並襯托出中華

圖1-3　溫馨親切的服務能營造餐廳的特色

傳統美食之特色。

◆安全衛生環境體驗

餐廳場地是否整潔、寧靜、安全、衛生，均足以影響顧客的體驗與對餐廳品質的認知，尤其是洗手間的乾淨與衛生。此外，餐廳的設計宜有完善的消防設施，唯有如此，始能提供顧客安全、衛生的保證，能有一種安全及舒適感，期以滿足其安全需求。

三、餐飲服務產品的特性

餐飲服務產品係一種組合式之商品，包括傳統製造業與現代服務業之產品，因此其特性很多，茲摘述如下：

(一)無形性（Intangibility）

餐飲產品如氣氛、服務態度、員工與顧客間之互動關係，以及顧客滿意度等等均極爲抽象，事實上是無法觸摸得到，也無法看得見或感知得到，顧客必須親自參與，始能體會其產品之價値。

爲降低並去除顧客對於此餐飲產品之購買風險，餐飲產品應儘量予以精緻化、有形化，重視服務證據，提升品牌形象及企業文化。

(二)異質性（Heterogeneity）

餐飲產品不像一般實體產品，很難有一致性規格化品質產出。餐飲服務產品係透過服務人員來執行產品之生產與銷售，由於涉及「人」的複雜情緒及心理作用，使得服務品質難以標準化。因爲餐飲產品之品質常因時空、情境與服務人員之不同而有差異，即使同一位服務人員在不同的時空、情境與顧客下，其所提供的服務產品也難確保品質完全一樣。易言之，餐飲服務傳遞過程中羼雜著很多難以預先掌握之內外變數，使得產品之品質難以完全掌控。

爲有效解決此問題，餐飲企業除了加強人力資源之培育與員工教育訓練外，更應建立一套標準作業流程與品質控管制度，期以達到全面品質管理之目標。

(三)服務性（Service）

餐飲產品係餐飲業與顧客交易互動過程中所傳遞的各種有形物與無形物之服務。爲滿足服務對象——「顧客」之需求，餐飲業乃不斷提升從業人員的服務品質，經由服務傳遞，讓顧客留下美好深刻的印象。

爲確保產品之服務品質，餐飲業須站在顧客的立場來考量，始能適時提供溫馨貼切之眞正服務。爲發揮餐飲產品服務之特性，餐飲業者除了在硬體服務設施加強外，更應加強軟體服務品質——人力資源之培訓、企業文化及服務價值觀之建立。

(四)不可儲存性（Perishability）

所謂「不可儲存性」，另稱「易腐性」或「易滅性」，產品不易久存。因爲餐飲業之產品，必須顧客親自參與體驗，僅能當時享用無法久存。此外，餐廳的座位席次如果當天沒有銷售出去，也無法儲存下來次日再賣（**圖1-4**）。

餐飲產品由於具有此不可儲存之易逝性，使得產品的生產量、供給量不容易控管，因而營運風險及營運成本也相對提高。因此，餐飲業者必須加強產品的市場

圖1-4　餐廳座位席次具不可儲存性

行銷，如可採預約方式、運用不同時段的價格策略或採量化優惠，如下午茶或「四人同行，一人免費」等促銷方式來確保市場占有率。此外，還要加強從業人員的教育訓練，以提升企業本身的服務效率與餐桌翻檯率。

(五)不可分割性（Inseparability）

所謂「不可分割性」，係指餐飲產品爲一種套裝服務產品，在服務傳遞過程中，需要內外場服務人員合作外，更需要顧客親自參與此生產與銷售之活動安排，上述情境環環相扣密不可分，此乃餐飲產品不可分割之特性。此特性也是餐飲產品品質良窳的重要指標。

餐飲業爲求營運之正常發展，其因應之道除了加強從業人員的應變能力外，更要加強服務人員之專業訓練，培養其專精的工作能力，期使每位員工均具有一致性的服務水準。至於餐飲業者也應建立正確的經營理念，視員工爲公司的一種產品，也是一項重要資產，所以應善待員工，培養員工的榮譽感與責任感，以創造顧客的滿意度爲使命，加強與顧客良好之互動關係。

(六)僵固性（Rigidity）

所謂「僵固性」，係指餐飲產品如餐廳席次桌位、硬體設施或軟體人力，往往難以臨時加班增產供應顧客大量之需求。此爲本產品短期供給欠缺彈性之特性。

爲謀解決餐飲產品僵固性之缺失，餐飲業者必須加強市場調查，做好銷售預測與營運評估工作，以落實營運績效管理。此外，須同時設法增加或提升現有產品服務項目，以創造更多產品服務附加價值。

(七)季節性（Seasonality）

餐飲產品季節性之變化甚大，不僅需求量與新鮮食材有淡旺之分，營運策略也有淡旺季之別。此外，顧客飲食習慣也深受天候季節之影響，因此淡旺季明顯。

餐飲業爲減少淡季之損失，經常利用淡季舉辦各項活動並以特惠優待價格來促銷，爭取客源市場。有些餐飲業則以開發新穎套裝服務產品來吸引顧客，如溫泉鄉餐飲業所推出「溫泉美食文化」優惠專案套裝產品即是例。此外，餐飲業者可利用旺季聘用兼職人員，以解決人力之不足。

(八)易變性（Sensibility）

所謂「易變性」，另稱「敏感性」、「變化性」。餐飲產品富彈性，很容易因內外環境之改變而受到影響，如政治、經濟、社會及國際情勢之影響。此外，任何天災、疫情也會影響餐飲產品之供需變化，如禽流感、狂牛病及經濟蕭條或通貨膨脹等，均會影響消費者前往餐廳消費的意願，對當地餐飲產品均造成極大的損失，許多餐飲業甚至因而停業。

爲確保餐飲產品能永續經營，必須加強此產品之品牌形象，建立顧客對品牌之忠誠度。此外，餐飲產品之市場調查、市場機會分析（SWOT）更要落實，以防範產品之市場衝擊。

第三節　餐飲服務禮儀

餐飲服務人員的角色，係確保顧客享有美好的進餐體驗與溫馨舒適的服務，以滿足其生理與心理之需求。爲了扮演好此角色，餐飲服務人員除了需要具備一些專業知能外，更重要的是尚須具有良好的儀態與人格特質，才能提供高品質的服務給客人。茲將餐飲從業人員應備的服務禮儀分述於後。

一、服務禮儀的意義

所謂「服務禮儀」，係指餐飲服務人員在工作上班期間本身的服裝、儀容、站姿、坐姿、走姿，以及人際互動過程中本身的言行舉止、應對進退等禮貌或態度均屬之。

如果餐飲服務人員在工作場合與客人互動時，能穿著整潔亮麗的制服，以美好的姿態、親切熱忱的工作態度回應客人，深信會給客人留下極良好的第一印象。反之，若是餐飲服務人員儀容欠整潔、言行舉止欠端莊，或是以一種粗魯的動作、愛理不理的冷漠態度對待客人。此時，即便餐廳建築再雄偉華麗、餐飲美食再精緻，凡此有形產品均無法彌補那無形產品——「服務」所帶來的損傷與負面衝擊，服務禮儀對於餐飲業之重要性自不待贅言。

二、餐飲基本服務禮儀

餐飲服務人員基本服務禮儀，主要有下列幾項：

(一)儀表端莊，舉止文雅

餐飲服務人員須隨時注意保持儀容外觀之整潔，給人端莊優雅之良好印象。工作場合須留意本身之舉止動作，唯須避免不必要、多餘、浪費的不雅舉止，任何肢體語言，舉手投足均須加以要求並訓練。

(二)態度親切，熱心服務

餐飲人員最重要的服務禮儀首推工作態度。如果工作熱忱、態度誠懇積極（**圖1-5**），能主動發掘客人的需求或問題，並及時提供所需的服務，不待客人開口即適時給予針對性的個人人性化服務，此乃創造顧客滿意度之不二法門，因此餐飲業人員任用要件，非常重視員工的工作態度。

圖1-5　餐飲服務人員態度親切

(三)禮貌微笑，自然大方

服務人員須經常臉上保持著欣愉的笑容，以陽光可掬的笑容面對每位顧客，普照在工作場合各角落，進而變成人際溝通之觸媒，激勵整個周遭工作夥伴的士氣，進而營造出良好的職場工作氣氛。

(四)察言觀色，反應機敏

餐飲服務人員在服務之過程中，必須將視線與注意力集中在客人身上，時時刻刻留意觀察客人的臉部表情與肢體語言動作，藉以提供適時的服務，滿足其需求。

一般顧客來到較陌生的環境，最怕的是受到冷落、忽視或無被告知的等待，凡此情境均會造成客人的不悅與抱怨。因此餐飲服務人員對待每一位客人必須要一視同仁，給予公平的對待與關懷，勿令客人感覺到有受冷落及不被尊重之感。

(五)個人衛生，團隊合作

餐飲服務人員的個人衛生相當重要，如果服務人員指甲長又髒，身體又有汗臭味，當從客人身旁擦肩而過，委實令人反胃，甚至會破壞整個用餐的情境與氣氛。

此外，餐飲服務係仰賴內外場，經由內外部門之共同合作，始能創造出完美無缺的服務產品，絕非某部門或個人的努力即可竟事。因此服務人員彼此須加強合作，相互支援，如果在整個服務循環中稍有疏失，將會使大家的努力功虧一簣，不可不慎。

三、餐飲服務人員的儀態規範

餐飲服務人員係餐飲企業形象的表徵，代表餐飲業在第一線接待服務顧客，因此也是餐廳極重要的一項產品。所以餐飲服務人員對於自己的服儀須特別講究。

(一)姿態規範

有關餐飲服務人員之姿態規範如**表1-1**所述。

表1-1 餐飲服務人員姿態規範

類別	作業要領
站姿	1.頭宜正，縮下顎，兩眼平視正前方。 2.挺胸縮小腹，腰宜直，雙手自然下垂；左手在上，右手在下，兩手交握於前腹。 3.等待站姿，男士雙腳可稍打開與肩同寬；女士可將左腳尖稍朝左，右腳緊靠左腳內側，使腳跟成丁字型站立，唯身體重心須落在足前部較美觀。 4.服務站姿，腳跟靠攏，腳尖略微張開，挺直腰脊，眼光平視前方，雙手由肩到臂自然下垂，面向顧客服務的方向。移動或轉身時，須先移腳跟再轉移身體。 5.站姿休息時，男性可雙腳打開與肩同寬，女性雙腳交叉併攏使一腳成支點，另一隻腳在後方成丁字型來休息。
坐姿	1.就座時，須先注意椅子是否安穩，再慢慢坐下，且勿發出聲響。 2.坐下時，絕不可將座椅坐滿，最好的坐姿為坐椅面約2/3的面積，上身挺直，身體勿靠椅背，雙手自然垂放雙腿上。 3.若坐沙發，雙腳稍朝前方，使腳與雙腿間之角度，約呈100度角為宜，若座椅較高時，雙腳須稍內縮，使雙腳與雙腿間之角度小於90度較美觀。唯正常椅高應以90度角最標準。
走姿	1.走路要抬頭挺胸，以腰力邁步向前，切忌拖著沉重腳步或八字型步伐走路。 2.走路時，雙肩要平穩，雙手自然擺動，步伐輕快有節奏感。此外，在工作場所絕對不可奔跑。 3.走路時，勿東張西望，頭要正，眼睛正視前方。 4.女性服務員穿裙子走路時，宜走成一直線，走路姿勢才會柔美。如果是著長褲，步幅宜較穿裙子時稍微加大，才顯得有精神。

(二)儀容規範

有關餐飲服務人員之儀容規範如**表1-2**所述。

表1-2　餐飲服務人員儀容規範

類別		作業要領
儀容	頭髮	1.男性頭髮要修剪平整，勿蓄長髮或留鬢角。勿仿流行髮型或染色，避免使用香味濃郁之髮油，每週至少清洗兩次。 2.女性頭髮之髮型以簡單清爽為宜，最重要是需適合臉型與個性，切忌一味追求流行時髦之髮型，頭髮梳理整潔為宜。
	臉顏	1.男生要經常保持臉部乾淨無汗臭或油垢，更不可留鬍鬚，隨時修剪鼻毛以免影響觀瞻。 2.女性化粧以淡粧為宜，口紅可以亮光型或淡紅色為宜，勿濃妝豔抹，以免有失莊重端莊之感。
	牙齒	1.牙齒要保持潔白亮麗，尤其每當進食後一定要刷牙或漱口，隨時保持口腔之清潔衛生。 2.上班期間避免攝食有異味之食品，如香菸、檳榔、大蒜。
	手部	1.服務人員務必養成勤加洗手之良好衛生習慣。 2.指甲要修剪整齊，不可留長指甲，更不可塗抹蔻丹或彩繪，如果有需要可選用膚色或透明指甲油。
	身體	1.上班前，務必要先沐浴淨身，不但可潔淨皮膚，更可促進血液循環，使氣色紅潤，容光煥發。 2.若有體臭者，更要勤洗澡，再塗體香劑。
服飾	制服	1.制服須確保整潔、光鮮亮麗。 2.配件、名牌須穿戴整齊，如髮帽、服務巾、識別證等。
	飾物	1.上班期間不宜佩戴手錶、項鍊、耳環或戒子等飾物。 2.若須配帶結婚戒、訂婚戒，以環狀、簡單型為主，但最好不戴為宜。
	鞋襪	1.餐飲服務人員的鞋子，通常係以黑色、包頭皮鞋為原則，女性服務員則以半高跟、護士型之鞋子為宜。 2.男性服務員應穿黑色或深色襪子，女性服務員係以膚色的褲襪為主。

四、餐飲服務接待禮儀

餐飲服務人員在職場工作服勤時，所需迎賓接待的禮儀甚多，茲擇其要摘介如後：

(一)引導賓客的禮儀

1.引導賓客時，須走在顧客右前方約45度的角度，其距離為1～2步左右。
2.在轉角處，須先稍停，以待顧客腳步跟上後，並以右手五指併攏，以手掌來指示方位。
3.上下樓梯時，上樓宜請客人先上；下樓梯則先在顧客右前方，其間距約1～2階。

(二)搭乘電梯的禮儀

1.如果無電梯服務員時，接待員應先進入電梯，並先主動控制開關為客人服務。進入電梯後應面向電梯門，到達後，應先請客人走出電梯。
2.如果有電梯服務員，應讓客人先進先出為原則。

(三)進入房間的禮儀

1.如果房門是往外開，此時應該先讓客人進入室內；若房門是往內開，則服務員應先進入，開啓房門後，再請客人進入。
2.房門把手若在左邊，應以左手開門入內；如果把手在右邊，則須用右手開門，如此姿勢才較文雅。

(四)介紹的禮儀

1.通常係以女性或輩分高者先介紹。
2.對方若是女性，男性不可主動伸手握手，除非女性主動先伸手。
3.遞送名片時，原則上係以雙手恭敬奉上，承接名片也須以雙手承接，經仔細拜讀後，再妥為收好，名片不可任意置放或在上面註記寫字。

(五)行禮的禮儀

◆點頭禮

適用於工作場合，其要領為：輕輕點頭，上身傾斜約15度，眼睛視線落在足前1.5公尺處，面帶微笑致意即可。

◆握手禮

適用於各種社交場合或工作場所，其要領如下：

1.男士不可主動要求與女士握手。
2.位階低者，不可主動與高階者握手。
3.晚輩不可先伸手與長輩握手。
4.握手時，要有力，上下可略微搖動，但不宜太用力，或左右搖動弧度太大或緊握對方手不放，時間約二至三秒即可。
5.握手時，必須注視著對方的眼睛，不可以與人握手時，卻注視他人或與他人講話。

(六)電話禮儀

1.服務人員須在電話鈴響三聲內接聽電話（**圖1-6**）。接聽外線電話時，應先報出自己公司、單位名稱；若是內線電話，則僅須報出單位名稱，然後再親切問好。
2.接聽電話時，須耐心傾聽，並立即記下重點；若顧客有留言，則須登錄來電時間、來電者單位及姓名、電話號碼及交待事項，事後再轉交給受話人。

圖1-6　電話鈴響三聲內須接聽

3.當正在接電話時，有另一支電話響起或插撥，此時可先向談話中的對方致歉，請其稍候勿掛斷，再迅速回應來電者。然後再向另端待機顧客致歉，並繼續交談。

4.若電話鈴聲響起，此時也正好有顧客來到餐廳時，可先向顧客致歉並請其稍候，然後再先接聽電話。

五、餐飲服務接待禮儀應注意事項

餐廳服務人員在餐飲服務接待時，須注意下列禮儀：

1.客人進入餐廳時，應面帶微笑親切地打招呼。

2.接受點菜遞菜單時，應以女士優先，應對聲音要清晰，並要有禮貌。

3.服務時以主賓、年長者或女士優先，主人殿後。

4.與客人交談時，必須正視對方的眼睛，目光以不離開臉部爲原則。

5.服務時不要背對客人，或依靠著牆或餐具架。

6.除非必要，不得聆聽客人間的談話。

7.僅在服務範圍內與客人交談。

8.客人結帳時，服務人員應將帳單置於帳單夾或小圓盤上，再呈交客人或置於餐桌左下角。

9.賓客用餐畢，擬起身離去時，服務人員須主動爲賓客拉開座椅，並注意是否有客人遺留物品。

10.送客時，須在餐廳門口，以鞠躬30度禮來歡送賓客，並感謝賓客惠顧。

餐飲小百科

餐飲接待服務用語

- 服務用語：請稍候、這邊請、請慢走、請坐、請慢用。
- 感謝用語：謝謝、非常感謝您、謝謝您的建議、感謝您的惠顧、歡迎下次再度光臨。
- 致歉用語：抱歉！讓您久等了；對不起！請原諒；請多包涵；這是我們的疏失，敬請見諒。

第四節　餐飲服務人員應備的基本條件

一位優秀的餐飲服務人員，除了須具備端莊的儀表，給予客人良好的第一印象外，他必須還要有應變的能力，能迅速處理各種偶發事件，適時提供客人所需並滿足其期望，使客人有一種備受尊重之感，而能留下美好的回憶。茲將餐飲服務人員應備的基本條件分述如後：

一、高尚的品德，忠貞的情操

餐飲業係一種以人爲主的服務業，其從業人員須具備高尚的品德、高雅的氣質風範，始能給予客人一種可信賴的感覺。一位具忠貞、忠誠情操的服務員，必定會認眞工作，確實執行公司所交付的任務外，凡事也會替公司設想。在確保餐飲服務品質的前提下，講求生產力之提升，降低成本、創造利潤，以達公司所賦予的使命。

二、豐富的學識，機智的應變力

餐飲服務人員須有良好的教育訓練與豐富的知識，才能應付繁冗的餐飲工作，適時提供客人所需的服務及回答客人的諮詢，以建立專業的服務形象。

一位優秀稱職的服務人員，還須具有機智的應變能力，能夠「在適當時機做正確的事、說正確的話」。即使在處理客人抱怨事件時，也能夠在不得罪顧客的前提下，圓滿完成意外事件之處理。將大事化小事，再把小事化無，此乃餐飲服務人員應備的一種機智反應特質。

三、親切的態度，純熟的技巧

餐飲服務人員如果在接待服務之過程中，能以優雅純熟精湛的專業技能輔以溫馨親切的服務態度，將更能提高顧客的舒適感與滿意度，同時公司生產力也會大爲提升（**圖1-7**）。

圖1-7 親切的態度、純熟的技巧為餐飲服務人員應備的要件

餐飲服務人員之專業知能愈好，服務技巧愈純熟，不僅可提供顧客高品質的服務外，餐廳之生產效率、翻檯率也相對會提高。反之，不但易遭客人抱怨，也會影響餐廳營運績效與服務品質。

四、良好的外語表達能力與應對能力

一位專業的服務人員，須具有良好的外語表達能力與溝通協調的應對能力，如此才能提供顧客所需的各項產品或服務。如果欠缺語言表達能力或欠缺與客人應對溝通協調之能力，那又如何提供客人所需的產品，又如何奢言賓至如歸的接待服務。

因此，餐飲服務人員至少須具備兩種以上之外語，如英、日語，才能與客人自由溝通，並適時提供貼切的服務，也唯有如此，才能順利完成本身的工作及公司所賦予的任務。事實上，今天餐飲業聘任新進人員，也是以此兩項能力指標爲重點考量。

五、專注的服務，察言觀色的能力

餐飲服務人員之心思要細膩，懂得察言觀色。在工作場合中必須隨時關心周遭任何一位客人，注意其表情與動態，以便主動爲其提供服務。例如餐桌上客人餐刀不慎掉落地上，此時精敏的服務員，不待客人開口，已另外拿一把新餐刀送到客人桌邊。

專業的服務員能隨時保持高度警覺心，確實掌控餐廳服務區的各種狀況，並能及時迅速處理，隨時關心每位客人的需要，並主動爲客人服務，使客人有一種備受禮遇之感。

六、正確的角色認知，認識自己、肯定自己

人生就像個舞台，每個人如同舞台上演員，今天一旦你決定從事某項工作或職業，不論你所扮演的角色如何，對整個社會或團體均甚重要。因此吾人定要全力以赴，認眞稱職地去完成分內那份工作，今天的成功或失敗，完全決定於自己本身是否具備此正確的服務心態而定。

七、樂觀進取，敬業樂群

餐飲業是項有趣而富挑戰性之工作，唯仰賴全體員工合作共事，發揮高度容忍力與團隊精神，才能產生最佳服務品質與工作效率。因此餐飲從業人員須具有主動負責的敬業精神，能與同事和諧相處，小心謹愼地學習，領悟正確而有效率之做事方法，進而培養良好的工作習慣。

八、情緒的自我控制能力與健康的身心

餐飲服務人員之工作量重，工作時間長，且大部分的時間均需要站立或端東西來回穿梭於顧客群中，若無健康的身心與情緒自我控制能力，委實難以勝任愉快（**圖1-8**）。

此外，餐飲服務人員每天要面對各種類型的客人，每位客人之需求均不一，

圖1-8　餐飲服務人員須有健康的身心與情緒管理能力

再加上有些客人之要求不盡合理，幾近於苛求挑剔。身爲服務人員的我們，仍須有耐性且和顏悅色地回以殷勤的接待服務，不可讓心理不滿影響你的情緒或形之於色。因此一位優秀資深的餐飲人員，應具有成熟的人格特質，懂得如何控制自己的情緒，不能讓情緒影響我們的工作生活。

九、樂觀開朗、具同理心

餐飲服務人員個性要開朗，才能將歡樂帶給客人，使客人感受到一股清新的愉悅氣氛。此外，一位稱職的餐飲服務員須具有同理心，能設身處地爲客人著想，以顧客的滿意作爲自己最大的成就動機。

十、正確的服務人生觀與生活價值觀

一位優秀的餐飲從業人員，必須先具備正確的服務人生觀，才能在其工作中發揮最大的能力與效率。所謂「正確的服務人生觀」，不外乎自信、自尊、忠誠、熱忱、和藹、親切、幽默感，以及肯虛心接受指導與批評，動作迅速確實，禮節周到，富有進取心與責任感。

餐飲服務人員必須擁有正確的生活價值觀與服務人生觀，才能將工作視為生活，也唯有工作與生活相結合，本著服務為快樂之本，才能有正確的工作動機，進而熱愛其工作，享受其工作之碩果。

第五節　餐飲管理者的角色

餐飲組織中的管理階層雖然有高階、中階及基層管理者之分，唯其工作均扮演著領導、溝通、監督、分配及決策等角色，雖然層級不同，但其功能角色卻一樣。

一、餐飲管理者的角色

管理學者米茲伯格（Henry Mintzberg）經由實際觀察研究管理者的行為，其結論認為一位成功的管理者所扮演的角色，可歸納為下列三大類：

(一)人際角色

係指餐飲管理者在餐飲組織中所扮演的人際關係角色，或因特殊原因而需扮演的角色，如代表人、聯絡人和領導者等人物角色。例如，代表餐廳迎賓或簽署文件等工作。

(二)資訊角色

係指餐飲管理者須負責餐飲經營管理相關資訊的蒐集、接收及傳遞或發布公告等工作。例如：主持相關會議、發布對外新聞，以及傳遞內部資訊等發言人、傳播者與監督者的角色。

(三)決策角色

係指制訂決策的角色，包括任務分派、資源分配、危機處理及談判者等角色。例如：負責會議決議案、擬定管理策略、訂定工作進度表及編製工作輪值表等。

二、餐飲管理技能

餐飲管理工作相當繁雜，所涉及的領域更廣，因此管理者須具備豐富的專業技能始能勝任。一般而言，管理者應備以下三種管理技能：

(一)技術性技能

所謂「技術性技能」，係指餐飲管理者應備的餐飲經營管理之相關專業知能。例如：餐廳服務、產品銷售、生產製備、財務分析與餐飲各項設備之操作能力等。此項技術性能力對於基層管理人員而言，較之高層管理人員還要重要，如領班、主任、主廚等基層幹部。

(二)人際關係技能

所謂「人際關係技能」，係指餐飲管理者在職場工作時與人相處互動的應對進退、溝通協調及領導統御的能力而言。

由於身爲管理者，其工作性質均須與他人接觸，因此，人際關係的技能對所有各階層的管理者而言，均相當重要，尤其是餐飲服務業的管理者更應具備此項技能（**圖1-9**）。

(三)觀念性技能

所謂「觀念性技能」，係指邏輯思考、分析、判斷及決策的能力，其中包括決策技能、規劃技能及行政管理技能此三方面的能力，說明如下：

◆決策技能

管理者須瞭解理性決策的模式與步驟。例如：如何確認問題、決定目標或目的、審視評估分析可行性方案，以及最後方案的選定等決策流程之處理及應變力。此外，決策時管理者須作多層觀點的考量，若僅以某單一層面作爲考量基礎，則可能會導致決策重大偏差。

圖1-9　餐飲管理者須具備良好的人際關係與互動能力

◆規劃技能

係指管理者對於餐廳的營運發展，能具備訂定明確的目標及達成目標的各項方案之規劃執行能力。例如：餐廳經理能依餐廳營運目標來訂定目標管理計畫，並確實予以執行及控管。

◆行政管理技能

係指餐飲管理者在執行餐飲管理工作的綜合能力。例如：組織、用人、考核及控制的行政管理能力。

學習評量

一、解釋名詞

1.Intangible Service
2.Service Recovery
3.Heterogeneity
4.Rigidity
5.Perishability
6.SWOT

二、問答題

1.何謂「服務」？試述服務的內涵。

2.餐飲服務設計規劃時，係以何者作為考量依據？

3.餐飲服務產品與傳統產業產品有何差異？試述之。

4.餐飲服務品質為何難以有一致性的水準？試說明其原因，並提出有效改善方案。

5.一位優秀的餐飲服務人員，你認為應具備哪些服務禮儀，為什麼？

6.搭乘電梯時，身為餐廳接待員應注意哪些禮儀？試述之。

三、術科實作題

1.請依照餐飲服務人員的基本服務禮儀規範來練習站姿、坐姿及走姿。

2.請找班上同學，二人一組來進行角色扮演練習下列服務接待禮儀：

(1)介紹禮儀。

(2)引導賓客。

四、教學活動設計

主題	接待禮儀
性質	欣賞教學、角色扮演分組練習
地點	專業教室
時間	50分鐘
方式	1.教師先說明餐旅服務人員的接待服務禮儀，使同學瞭解基本服務禮儀及其要領。 2.教師先協助班上同學分組，以二人一組為原則，分別先由一名同學扮演顧客，另一名扮演餐旅服務主管，然後再角色互換演練一次。 3.主題情境為：引導賓客進入室內入座及介紹。 4.教師從旁指導並加指出學生言行舉止的優缺點。 5.教師綜合講評。
評分標準	1.服裝儀容整潔。 2.動作熟練，技巧純熟。 3.服務親切，態度良好。 4.良好安全衛生之工作習慣。

評分表

項次	評分項目	評分內容	配分	評分	總計
1	服裝儀容（30%）	1.整潔服裝（工作服）	10		
		2.儀容端莊	10		
		3.手指甲衛生	10		
2	動作熟練（30%）	1.姿勢正確	10		
		2.服務禮儀	10		
		3.肢體語言	10		
3	工作習慣（20%）	1.安全習慣	10		
		2.衛生習慣	10		
4	工作態度（20%）	1.愛惜公物	10		
		2.敬業精神	10		
評審人員			總分		

Chapter 2

餐飲服務管理

單元學習目標

◆瞭解餐廳顧客的基本需求

◆瞭解餐廳顧客消費的風險知覺原因

◆瞭解消除顧客消費風險知覺的方法

◆瞭解餐廳服務策略的運用方式

◆熟悉餐廳客務管理的技巧

◆培養良好餐飲服務管理能力

語云：「服務是餐飲業的生命」，餐飲服務品質之良窳，將會影響到整個餐飲企業營運的成敗。唯有顧客滿意的服務，餐飲企業始有生存的空間，也唯有優質的餐飲服務，始足以提升企業的聲譽與市場競爭力，因此現代餐飲服務應以顧客需求爲導向，針對顧客、消費者的需求，強化餐飲服務管理，以適時提供適切貼心的實質服務，也唯有如此，始足以確保餐飲企業能永續經營。

第一節　顧客心理

現代餐飲企業爲創造顧客滿意度，其先決條件須先瞭解顧客的需求與期望，始能提供符合甚至超越其期望的產品服務。本單元將針對餐廳顧客的心理詳加剖析探討。

一、人類需求的種類

人類所有的行爲係由「需求」所引起，因此要瞭解人的行爲必須先瞭解其需求。美國著名心理學家馬斯洛（Maslow）於1943年將人類的需求分爲五類，而且認爲此五類需求間是有層次階段關係。馬斯洛認爲人類於滿足低級基本需求之後，才會想到高一級的需求，如此逐級向上推移追求，直到滿足了最後一級的需求時爲止，此乃人類需求的中心特徵，在當今社會人們所從事的各類活動中，均可發現此現象。茲將馬斯洛理論所說的人類五種需求（**圖2-1**），分別由最基本的需求至最高層需求，依序介紹說明如下：

圖2-1　馬斯洛的需求層次論

(一)生理的需求

這是人類最基本的需求，例如：食、衣、住、行、育、樂等均屬之。人類所有活動大部分均集中於滿足此生理上的需求，而且要求相當強烈，非獲得適當滿足不可。如果得不到適當的滿足，小則足以影響人們生活，大則足以威脅人們的生存。

(二)安全的需求

這是人類最基本的第二種需求，當人們生理的需求獲得滿足之後，所追求的就是這種安全的需求。安全需求包括生命的安全、心理上及經濟上的安全。因爲每個人均希望生活在一個有保障、有秩序、有組織、較平安且不受人干擾的社會環境中。

(三)社會的需求

所謂「社會的需求」，係指人們具有一種被人肯定、被人喜愛、被同儕團體所接受、給人友誼及接受別人友誼的一種需求。

(四)自尊的需求

所謂「自尊的需求」，係指人人皆有自尊心，希望得到別人的關懷與尊重，因爲人們皆有追求新知、成功、完美、聲望、社經地位及權力的需求。人們自尊的需求是雙重的，當事人一方面自我感到重要，一方面也需他人的認可，且支持其這種感受，始有增強作用，否則會陷於沮喪、孤芳自賞，尤其是他人的認可特別重要，若缺乏別人的支持及認可，當事人此需求則難以實現。

(五)自我實現的需求

所謂「自我實現的需求」，係指人們前述四種需求獲得滿足之後，會繼續追求更上一層樓的自我實現、自我成就的需求，極力想發揮其潛能，想有更大作爲，創造自己能力，自我發展，以追求更高成就與社經地位。

馬斯洛的需求理論雖然提出各項需要的先後順序，但卻不一定人人都能適合，往往由於種族、文化、教育及年齡的不同，其對某層次需求強度也不一樣。另有些人可能始終維持較低層次的需求，相對的，也有人對高層次需求維持相當長的時間。此外，這五種需求的層次並沒有截然的界限，層次與層次間有時往往相互重疊，當某需要的強度降低，則另一需要也許同時上升。馬斯洛的理論指出每個人均有需求，但其需求類別、強度卻並不完全一樣，此觀念對於餐飲服務人員相當重要。

二、餐廳顧客的期望與需求

根據前述馬斯洛的需求理論，吾人得知，顧客之所以前往餐廳用餐，最主要的是爲滿足其欲望與需求。易言之，顧客是爲滿足其生理、安全、社會、自尊及自我實現等五大需求。

(一)顧客的生理需求

◆營養衛生，美味可口的精緻美食

顧客前往餐廳消費用餐的動機很多，不過最主要的是想品嘗美味可口的精緻菜餚，補充營養，恢復元氣與體力，以滿足其口腹之欲。現代人們生活水準大爲提高，相當重視養生之道，因此對於美酒佳餚除講究色香味外，更重視其營養成分與身心健康的交互作用。

至於餐食器皿以及用餐環境的清潔衛生，更是消費者選擇餐廳之先決條件。爲迎合消費者此飲食習慣之變遷，許多餐廳業者乃積極研發各式食物療法的新式菜單，以及滿足消費者各種營養需求的菜色，如兒童餐、孕婦餐、減肥餐等等，甚至出現以營養療效爲訴求的藥膳主題餐廳。

◆造型美觀，裝潢高雅的餐飲環境

顧客爲滿足其視覺上感官的享受，對於餐廳外表造型與內部裝潢相當重視，尤其是對餐廳色彩、燈光之設計規劃，能否營造出餐廳用餐情趣十分在意（**圖2-2**）。因爲光線照度與色調、色系會影響一個人生理上的變化，例如暖色系列對增進人們食慾有幫助，冷色系列則效果次之，唯可加速顧客用餐，提高翻檯率。

◆動線分明，規劃完善的格局設計

餐廳格局設計規劃不當，很容易徒增客人的困擾，也會影響食物的製備品質

圖2-2 高雅的餐飲環境能滿足顧客的需求

與生產效率。這種供食作業流程的不當，極易影響餐廳菜餚的服務品質。此外，如餐廳設備設施規劃不當，也很容易引起意外事件，而招致顧客的不滿與抱怨。

◆餐廳地點位置適中且停車方便

顧客前往餐廳用餐，往往為了停車問題而大費周章，因此餐廳立地條件，首先要考慮交通方便或便於停車的地點，即使都會區附近欠缺規劃良好的停車場，也應該設法提供代客泊車的服務，以解決客人便於行的基本生理需求。

(二)顧客的安全需求

◆舒適隱密、安全衛生的進餐場所及設施

客人喜歡到高級餐廳用餐的原因，乃希望擁有一個不受噪音干擾，私密性高，能讓自己在溫馨氣氛下，舒適愉快安心用餐的環境，而不喜歡到人潮若市集般嘈雜，衛生又髒亂不堪的地方用餐。因此餐飲業者應設法提供一個安全舒適、寧靜而整潔衛生的高雅餐飲環境，以滿足客人對高品質服務的心理需求。

消費者除了重視餐廳格調與裝潢布置外，更關心餐廳整體建築結構及其安全防護設施，如耐火材、安全門、消防設備等安全設施是否符合法定標準。

◆顧客安全第一的意外事件防範設施

餐飲業對於可能造成客人意外發生的原因，如滑倒、跌倒、撞傷、碰傷或刮傷等意外事件，是否事先有周全的考量與安全防護措施，以善盡保護客人權益之責，如警示標語、護欄、抗滑地板、緊急逃生出口及餐廳平面圖等，須使顧客感到有一種溫馨貼心的安全保障。因此餐飲業各部門工作人員對於客人在餐廳的安全問題，絕對不可等閒視之。

(三)顧客的社會需求

◆氣派華麗的餐飲服務設施

現代化的高級餐廳，已不是昔日僅供宴客、進餐的場所，它已成爲人們聚會、應酬的交誼廳。人們爲了工作之需，往往會利用飯店、餐廳舉辦各種派對宴會活動，宴請親友賓客，期盼贏得別人支持、肯定、接納、認同，這是一種給予人友誼及接受別人友誼的社會需求。

現代餐飲業者應能瞭解顧客這種社會需求的消費動機，並針對顧客這種需求，提供一套完善優質的產品服務與設施，以滿足顧客的需求。現代餐廳除設有大眾小吃部外，也應備有高價位的貴賓室廂房餐飲服務，至於宴會廳設施更要講究豪華、舒適之頂級享受。

◆溫馨貼切的人性化接待服務

餐飲服務是一種以親切熱忱的態度，時時爲客人立場著想，使客人感覺一種受歡迎、受重視的溫馨，宛如回到家中一般舒適、便利，此乃所謂「賓至如歸」的人性化服務。

任何客人均期盼受到歡迎、重視以及一視同仁的接待服務，不喜歡受到冷落或怠慢。當客人開車一到餐廳或飯店，服務人員應立即趨前致歡迎之意，一方面協助開車門代客泊車，另方面由領檯或接待人員迅速上前歡迎客人，並親切接待服務，此乃餐廳顧客所需的社會心理需求。

(四)顧客的自尊與自我實現需求

◆受尊重禮遇的優質接待服務

人人皆有自尊心，希望得到別人的禮遇與尊重，尤其是飯店或豪華餐廳的客人，更希望受到尊重禮遇。顧客之所以選擇高級豪華餐廳、飯店，乃期盼享受到貴賓式優質的服務，並藉高級飯店的完善服務設施，或餐廳的豪華金器、銀器餐具擺設與精緻美酒佳餚，來彰顯其追求完美、卓越聲望，及社經地位的自尊與自我實現的需求（**圖2-3**）。

高消費層次的客人，並不在乎高價位的花費，但求享有符合其個別化需求的等值或超值的高品質服務，以炫耀彰顯其特殊的身分地位。

◆個別化針對性的優質餐飲接待服務

顧客前來飯店或餐廳用餐，乃期盼獲得自尊與自我的滿足，希望能得到親切、方便、周到、愉快而舒適的尊榮禮遇。

由於客人類型不同，個別差異很大，不同類型服務對象，其對服務的要求與

圖2-3　高級豪華餐廳能彰顯顧客的身分，滿足其自尊需求

感受也不一樣，因此餐飲服務人員必須針對顧客類型及其個別需求，提供適切的個別化服務。例如不同國籍、不同宗教信仰及不同文化背景的顧客均有自己獨特的習慣與偏好，身為餐飲經營者務必洞察機先，及時掌握客人需求，提供個別化針對性之餐飲產品組合服務，使其感覺到享有一種備受禮遇的尊榮。

綜上所述，雖然餐廳顧客的心理需求可分為生理、安全、社會、自尊及自我實現等五種需求動機，但究其終極目的乃在追求美好的享受、舒適的服務，滿足其自尊與自我實現的餐飲休閒生活體驗。

餐飲小百科

穆斯林陸客的怒火

台灣知名的高雄市「六合夜市」為來台大陸觀光團重要的參訪景點，且深受陸客所喜愛。美中不足的是在西元2012年11月曾在此發生陸客團與店家爭執毆辱事件。導火線乃因餐廳廚師不知道回教徒忌食豬肉，在餐食中誤加豬肉絲，因而導致回教徒團員不滿，誤以為蓄意挑釁所引起的糾紛。

為提供顧客優質的個別化針對性服務，目前全台已有二十多間餐飲業者取得中國回教協會所頒發的「清真餐飲」（HALAL）認證。

第二節　顧客消費的風險知覺

顧客在餐廳選購餐飲產品時，由於此類產品無法事先試用，同時買回去之商品又是一種無形的體驗，因此顧客購買餐飲產品的風險也大，因而徒增餐飲企業產品銷售之難度。為加強餐飲產品之行銷，提升餐飲企業之營運收益，餐飲服務人員務必要瞭解顧客的風險知覺，進而設法來消除顧客購買產品之風險，俾使餐飲產品服務能滿足顧客之需求。

一、餐廳顧客風險知覺產生之原因

顧客的個別差異大，個性也不一，因此其風險知覺形成之原因也不盡相同，不過大致上可歸納如下：

(一)餐廳產品服務品牌形象欠缺知名度

餐廳在餐飲市場欠缺知名度，致使顧客對其餐廳產品之品質有一種疑竇及不確定感。

(二)顧客本身缺乏經驗

顧客對餐廳產品之相關常識或經驗不足，因此在心理上產生一種風險知覺。例如顧客第一次前往法式餐廳消費，往往對於西餐餐食內容、餐具之使用、餐桌禮節之不熟悉而產生知覺上之風險。此外，有些客人對於餐廳產品之價格、收費或計價方式不明確而產生風險知覺。

(三)餐廳資訊不足

顧客所蒐集的餐廳資訊不足，或資訊本身充滿變數，或利弊難以分析辨識，因而產生風險知覺。例如同樣的餐廳產品，有些人認為不錯，但有些人卻覺得品質欠佳，致使顧客面對此不同資訊而無所適從。

(四)相關群體的影響

顧客的風險知覺有時會受到其周遭親友、同儕或所屬團體成員之影響。例如顧客本來想利用聖誕節前往著名法式餐廳享用聖誕大餐，但因家人認為該餐廳口碑欠佳，因而造成其心靈深處之風險知覺。

二、顧客風險知覺的種類

一般而言，餐廳顧客風險知覺概可分為功能、資金、心理、社會及安全等五種類型之風險，摘述如下：

圖2-4 顧客選擇餐廳常有一種不確定感功能風險

(一)功能風險

所謂「功能風險」，係指顧客對餐廳產品及其相關服務之品質或功能，有一種不確定感之風險。易言之，係指該餐廳產品能否滿足顧客預期的期望，因而衍生的知覺風險。例如顧客想宴請朋友前往某餐廳餐敘，但又擔心該餐廳菜餚口味未能符合其需求，以致產生猶豫不決，即屬於此功能上之風險（圖2-4）。

(二)資金風險

所謂「資金風險」，係指顧客所花費的錢能否享受到等值的餐飲產品與服務。例如收費是否合理？是否能免費享用各項餐廳設施與服務？甚至於擔心所花費的錢是否能享受到應有的接待與服務，此類風險最爲常見。

(三)心理風險

所謂「心理風險」，係指顧客在購買餐飲產品時，會擔心此項餐飲產品能否滿足其心理需求，如前往用餐或聚會，能否調劑身心、抒解壓力，或滿足自己之求知欲、好奇心，以及追求美好的自我價值提升。

(四)社會風險

所謂「社會風險」，係指顧客在購買餐飲產品時，其主要動機係考量能否彰顯其社經地位，能否符合其身分名望。例如喜慶婚宴很多人均想選擇在國際觀光旅館舉辦即是例，深恐在一般餐廳或餐會場所舉辦喜宴，會因服務品質不穩定而影響自己的身分地位。

(五)安全風險

所謂「安全風險」，係指顧客擔心所購買的餐飲產品本身及其環境是否衛生安全。例如餐廳是否潔淨、食物是否新鮮、餐廳建材是否有防震及防火之功能，甚至餐飲業所在地附近治安是否良好等等均屬之。

三、消除顧客風險的方法

消除顧客風險的方法很多，但最重要的是先針對導致顧客產生風險之原因予以降低，甚至運用各種有效措施加以消弭於無形始爲上策，其方法如下：

(一)創新品牌，提升餐飲服務品質與企業形象

1.餐飲業須設法研發創新優質的餐飲產品，提升服務品質，提供全方位之優質產品組合，重視產品形象包裝，講究服務證據。
2.運用企業識別系統（Corporate Identity System, CIS），提高本身產品在顧客心中的形象與市場地位，如麥當勞金黃色拱門標識。

(二)加強餐飲市場行銷策略之運用

1.運用各種促銷推廣的工具，如產品廣告、促銷活動、置入性行銷、人員推銷等等方法，將餐飲產品相關資訊以最迅速有效的方式，傳送給目標市場之消費大衆，以強化市場消費者對餐廳產品之認同。

2.運用各種公共關係或公共報導來推介新產品，或參與及辦理餐飲產品博覽會，藉以增強顧客對餐廳產品之認同與經驗。

(三)運用口碑行銷，互動行銷

1.加強餐飲服務品質之提升，創造顧客的滿意度，藉以培養顧客的忠誠度，以利口碑行銷。

2.加強餐飲服務人力資源之培訓，提升服務人員之專業知能，以利互動行銷。

第三節　餐飲服務策略

餐廳是爲顧客而開，沒有顧客則無餐廳可言。餐飲業者爲吸引顧客前來消費，首先須設法瞭解顧客的需求與期望，並藉由餐廳所事先研擬的服務策略來迎合滿足顧客的期望，並盡可能超越其期望。此時顧客將會感到滿意，認爲餐廳的產品服務具有高水準的價值，因而在顧客心中留下難以忘懷的體驗與回憶。茲就現代餐飲企業常見的餐飲服務策略及傑出的服務策略應備的特質，予以詳加介紹。

一、餐飲服務策略的基本類型

美國策略大師麥可．波特（Michael Porter），認爲當今企業所採用的服務策略，基本上，可分爲三大類，即低價位、差異化產品及特殊利基等策略。

(一)低價位服務策略（Lower Price Service Strategy）

餐飲業者藉由大宗採購、提高生產力與提升服務效率等方法，使營運成本降到最低，期使顧客能以最低的價錢享受到與競爭者相同品質的產品服務。有些業者係以提供某部分特價產品來吸引顧客光臨，這也是低價位服務策略的運用方式之一。

餐飲業者若採用低價位策略時，絕不可僅爲求降低成本而導致品質下降，以免影響顧客對服務體驗的價値，因爲顧客對低品質的商品會感到厭惡。

(二)差異化產品服務策略（Different Product Service Strategy）

餐飲業者爲吸引顧客上門，均會特別強調其產品的特色絕對與衆不同。如最天然美味、最傳統古老秘方或最獨特等，期使產品服務有別於其他同業（**圖2-5**）。

爲達到此目的，餐飲業者通常會運用各種廣告行銷來提升自己產品在市場上的曝光率及能見度，同時極力營造企業在市場上的品牌形象，藉以強化餐廳本身產品與衆不同的優勢。

(三)特殊利基餐飲服務策略（Special Niche Service Strategy）

特殊利基餐飲服務策略，係指餐飲業者將其產品服務聚焦於整個餐飲市場某一特定部分，即特殊利基或需求缺口，期以營造出有別於其他同業餐廳的特色。例

圖2-5　餐飲業者以最獨特的烹調手法來吸引顧客，突顯產品差異化

如：餐飲業者會從整個餐飲市場顧客的需求中，來找出哪些產品服務為顧客所需，但卻尚未被滿足或遭忽略之需求服務。易言之，特殊利基餐飲服務策略，係指業者自消費者的需求中來發掘利基或缺口，再據以提供其所需的產品服務，進而滿足其需求之一種顧客需求導向的服務策略。

例如：餐飲業者在整個餐飲市場中發現，有許多上班族的消費者，中午休息時間短暫，且工作忙碌而無法安心外出用餐。此時，有部分餐飲業即能洞察機先，立即研發推出貼心的盒餐宅配或外送服務，此乃屬於特殊利基餐飲服務策略之例證。

二、餐飲服務策略的運用

餐飲業者為發展其餐廳的特色，往往會將前述三種服務策略予以綜合運用並加以改良創新，因而衍生下列兩種餐飲服務策略：

(一)綜合式餐飲服務策略

所謂「綜合式餐飲服務策略」，係指餐飲業者經由市場調查，瞭解其目標市場顧客心理需求後，乃就其企業組織本身的核心能力來採取前述三種基本類型的服務策略予以綜合組合運用，期以彰顯該餐廳餐飲產品服務的特色。

此類服務策略的做法，是先運用大眾媒體的行銷廣告手法，使市場消費者瞭解餐廳是屬於「低消費、品質優、價值高」或「精緻健康美食、米其林三星主廚」等均是例。

(二)創新產品服務策略

餐飲企業所採用的服務策略，無論是低價位、差異化、利基或綜合式等服務策略，雖然在短期間內可奏效，但仍有潛在的危機與缺陷。因為其他同業也可能會群起模仿或抄襲你的做法。屆時，你的強項特色將不再具吸引力了，它早已淪為市場競爭手法之一部分而已。

因此，餐飲企業若想脫穎而出，使自己的餐廳能有別於其他同業且不怕別人仿襲，最好的方法是從創新服務著手，運用傑出的創新產品服務策略，使自己的餐廳較之其他同業競爭者，能提供顧客更多、更好及高價值的服務體驗或美好溫馨的顧客經驗。由於此無形的企業創新服務文化不僅能滿足顧客的期望，也不怕同業抄襲，更能確保餐飲企業立於不敗之地（圖2-6）。

三、餐飲服務策略的特質

美國知名服務策略學者蓮．貝里（Len Berry）認爲傑出的服務策略，應具備下列四項特質：

(一)品質（Quality）

傑出的餐飲服務策略須強調對產品服務品質的承諾，能保證提供給顧客高品質的餐飲服務體驗。事實上，品質的好壞取決於顧客的知覺認定，當顧客所得到的服務，比原先期望還要多時，將會認定爲品質好，反之，則會認爲品質差。因此，成功的餐飲服務策略均會堅守承諾來提供顧客值得信賴的一致性水準服務。

圖2-6　創新產品服務能確保餐飲企業立於不敗之地

(二)價值（Value）

傑出的餐飲服務策略，須能確保顧客獲得美好的餐飲服務體驗，留下難以忘懷的回憶始具價值。因此，餐飲服務品質是否有價值，端視顧客對產品服務的體驗認知是否符合或超越其期望水準而定。如果產品服務品質未能滿足顧客所需，則將無「價值」可言，當然顧客也不會再上門光顧。

本文所謂的「價值」，係指顧客經驗的價值。事實上，顧客經驗價值的高低與顧客體驗的品質及其所花費支付的有形成本（如金錢、交通費）與無形成本（如時間、體力與機會成本）多寡有關，如下列公式所示：

$$\text{價值}=\frac{\text{品質}}{\text{成本}}$$

當價值大於1，則表示價值高，為超值體驗；價值等於1，表示符合期望，顧客滿意；若價值小於1，則表示未能符合顧客期望，為無價值的產品服務。上述價值類似今日商場上所謂「CP值」，即性能（Capability）與價格（Price）之比值，但並不盡相同。

(三)服務（Service）

服務有部分是有形，但絕大部分均是無形。因此，如何確保在產品生產或傳遞過程中，每位餐飲服務人員均能知道如何提供優質服務與顧客經驗，為餐飲服務策略的使命。餐飲業主管務必要確保其組織內的所有成員均能堅守其對顧客服務品質的承諾，提供一致性水準的服務（**圖2-7**）。餐飲業者除了須加強員工教育訓練並建立優質企業文化外，更須設法將餐飲組織所有的資源（如人力、物力、財力等），予以重新分配在強化顧客服務上，唯有如此，始能使「服務」滿足顧客的期望。

(四)成就（Achievement）

優質的餐飲服務策略須將餐飲組織內所有資源均聚焦於消費者或顧客的服務上，但仍須兼顧每位員工的需求，使全體員工能樂在工作、享受工作，從職場工作環境中得以自我成長，並擁有一種榮譽感及成就感。畢竟每位餐飲服務人員均是代

圖2-7 餐廳服務策略須堅守對顧客服務品質的承諾

表餐飲企業來接待服務顧客，因此，若無滿意的員工，將難奢望會有滿意的顧客，唯有先善待員工的餐廳，始能有創造顧客滿意度的餐廳。

第四節 餐廳客務管理

餐飲業者為提升餐飲服務品質，建立企業組織良好聲譽與形象，期能吸引顧客上門並滿足其需求，因而不斷強化顧客關係及顧客服務管理，事實上，此乃餐廳客務管理的內涵。

一、客務管理的意義

所謂「客務管理」，係指餐旅業者為創造顧客滿意度，提升其企業形象及營運效益，乃針對其所提供給顧客的產品服務中，有關的一切人、事、物等資源予以事先規劃組合，期能符合並滿足顧客需求，使新顧客成為忠實顧客之系列管理作業。

就餐旅企業組織而言，客務管理並非僅指旅館客務部（Front Office）的管理工作，而是涵蓋所有餐旅企業的顧客關係及顧客服務之管理。

二、餐廳客務管理的範圍

針對餐飲企業組織的客務管理而言，餐廳客務管理的範圍始於餐飲產品服務購買前，以及產品服務購買中與購買後等系列的服務，茲說明如下：

(一)餐飲產品購買前的客務管理

此階段客務管理工作重點有下列幾項：

1.餐飲產品服務組合的特色介紹，使市場消費者能擁有正確的產品或品牌資訊，期以吸引其前來消費。
2.訂位、訂席及諮詢服務作業。

(二)餐飲產品購買中的客務管理

餐飲產品服務中的客務管理重點有下列幾項：

1.迎賓接待，務必給顧客留下良好第一印象。
2.餐飲服務，如呈遞菜單、點菜、上菜、酒水服務、殘盤收拾及桌面清理等系列餐飲服務事宜（**圖2-8**）。此類服勤作業務必展現專精純熟的技能，並輔以親切、專注、人性化及客製化的服務爲核心。

(三)餐飲產品購買後的客務管理

此階段客務管理的重點工作有三項：

◆出納結帳

顧客用餐結束前，服務員須知會出納員將客帳整理好備用，期以迅速爲顧客買單服務，因爲顧客最不耐枯坐等候結帳。此外，更重要的是所有客帳帳目金額務必檢視確認正確無誤，以免招致顧客抱怨。

圖2-8 餐桌擺設及桌面清理為餐廳客務管理的一環

◆送客

服務人員須協助離席，並謝謝顧客光臨惠顧，必要時得代客安排交通工具。

◆顧客基本資料檔案管理

運用顧客基本檔案資料，如問卷調查、點菜單或帳單等，加以分析顧客習性、需求、平均消費金額及滿意度，此類資訊除可供日後規劃、建立顧客基本盤、及提供貼心個人化服務外，更可供作爲餐廳擬訂營運策略及創新產品服務之參考。

三、餐廳客務管理的技巧

餐廳客務管理的主要目的乃在創造顧客的滿意度，期使新顧客能成爲熟客及忠實顧客，進而建立穩健的顧客基本盤，確保餐飲企業能成功永續發展。爲達此客務管理的終極目標，現代餐飲企業在客務管理上，必須妥善靈活運用下列技巧：

(一)用心瞭解你的顧客

餐飲服務人員要扮演好客務管理的角色，首先須要求自己比顧客更瞭解顧客。因爲顧客的需求會不斷改變，唯有先設法瞭解其需求與偏好，始能投其所好，滿足其期望。

台塑企業創辦人王永慶先生，早年是以經營米店起家，當時在賣米的時候，他會用心去記錄顧客買米的時間、數量及頻率，藉以瞭解顧客家中米糧的消耗速度，並從中瞭解顧客家中米缸何時會告罄，此時即主動關懷或準備送米給顧客。此乃一位傑出企業家客務經營管理之範例——用心瞭解顧客需求，並提供所需服務。

(二)眞誠、貼心的服務

餐飲服務人員若想爭取顧客對你的信賴及對餐廳品牌的忠誠度，其先決條件須能眞誠的付出。因爲顧客可自你的眼神、言行舉止及服務上，感受得到、體會得出。唯有眞誠貼心的服務，始能贏得顧客的信賴及忠誠度。例如：有些餐廳爲殘障人士特別規劃殘障坡道、有些餐飲業者提供夜歸婦女夜間叫車服務及提供托兒安親服務等均是例。

(三)創新服務，創造顧客終身價值

際此競爭激烈的餐飲市場顧客絕不會因缺乏而購買餐飲產品，而是鑑於某需求而買，如親友聚餐、特殊情境氣氛或宴請賓客等。因此，餐飲業者在產品服務上須創新求變，始能符合今日消費者及顧客的需求（**圖2-9**）。

此外，餐飲業者須善加運用顧客基本資料來拓展銷售管道，增加銷售機會及建立穩固顧客基本盤，以創造更多價值。

(四)有效率的及時回應

顧客最不能忍受的是枯坐等候或遭受冷落對待，因爲他們會覺得未受重視及自尊受損。因此，優秀的餐飲服務人員對於顧客所需的產品服務或需求，務必掌握時效，提供及時且正確的回應，使顧客能感受到餐飲服務人員的專精能力與服務熱忱。此爲贏得顧客信賴與好評的不二法門。

圖2-9　餐廳特殊情境能創造顧客價值

(五)珍惜、掌握關鍵時刻

卓越的餐飲企業為確實做好客務管理，均會十分珍惜並掌握餐廳服務人員與顧客互動或接觸的關鍵時刻之瞬間眞實感受，期以爭取顧客良好的深刻印象。因為顧客第一次與餐廳服務人員的服務接觸或互動過程中，其瞬間眞實感受的好壞，將會影響顧客對餐廳評價的高低，也會影響顧客整個服務體驗的優劣。因此，餐飲企業均相當重視其服務人員與顧客間的服務接觸表現，期盼能掌握此寶貴的瞬間接觸，能給予極致的服務。顧客經驗之成敗關鍵是建立於每次餐飲服務人員在為顧客服務時，顧客在那瞬間心理的眞實感受是否溫馨美好而定。

餐飲小百科

餐廳顧客的期待與禁忌

餐廳顧客的期望往往因人而異，唯均具有某些共同的期望，即清潔、衛生、禮貌、體貼、可靠及親切等。此外，顧客最無法忍受的是，遭受到粗糙、無理、冷漠、失禮、不公平或輕蔑的對待。

(六)堅守服務座右銘「顧客永遠是對的」

餐飲企業的營運目標爲創造顧客最大滿意度，提供卓越的顧客經驗。因此，餐飲經理人員在客務管理上，須自昔日以「服務」爲導向，轉爲以「顧客體驗」爲導向的營運理念。

餐飲業爲滿足顧客的期望及提供顧客完美的體驗，務須自顧客立場來努力並奉行「顧客永遠是對的」之信條。若餐飲服務人員認爲這句話有錯，則要求他再多想一遍，因爲顧客即使眞的錯了，服務人員仍須極力維護顧客的尊嚴，以同理心來善待顧客，使顧客感受到被尊重之感。

事實上，有時候顧客的抱怨通常是有原因的，往往是餐廳服務人員或設備設施出了問題，而造成顧客不便所致。因此，餐飲服務人員面對顧客抱怨發生時須謹記下列座右銘：

- 「顧客是你的老闆」。
- 「不是顧客對不起你，而是你們對不起顧客」。
- 「不是顧客找你麻煩，而是你們做得不夠好」。
- 「絕對不可對顧客說『不』或『不知道』」。

學習評量

一、解釋名詞

1.Maslow
2.CIS
3.Service Strategy
4.Value
5.CP值
6.Moments of Truth

二、問答題

1.餐廳顧客的需求有哪些，你知道嗎？試摘述之。
2.顧客進入餐廳消費前，有時會產生風險知覺，請問其原因何在？
3.如果你是餐廳的行銷主管，請問你將會採取何種措施來消除顧客的風險知覺？
4.餐廳服務策略有哪幾種？你認為哪一種最能彰顯餐廳產品的特色？試申述其理由。
5.你認為傑出的餐飲服務策略，須具備哪些特質？
6.現代餐飲企業在客務管理上，該採取哪些技巧始能建立其穩定的顧客基本盤？試申述之。

Note

Chapter 3

餐廳設備與器具

單元學習目標

◆瞭解餐廳桌椅設計須考量的問題
◆瞭解餐廳服務工作檯的功能
◆瞭解餐廳常見手推車的特色
◆瞭解餐廳各類布巾的規格與用途
◆瞭解餐廳各餐具器皿的名稱及用途
◆培養良好餐廳設備器具維護管理能力

現代餐飲業為求有效營運，對於餐廳的格局設計、空間利用、內部設施與生財器具，無不費盡心思詳加考量。因此在規劃之初，對於各部門所需設備器皿，除了考慮其性能、效率外，更應注意其體積大小、空間組合、色系搭配，以及餐廳本身營運特性與財務狀況，須先做最經濟有效的組合。本章將介紹當今餐廳所需的生財營運設備，期使讀者對餐廳設備器皿有一正確基本認識。

第一節　餐廳的基本設備

餐廳的設備有些是為客人準備的，如餐桌椅、燈光、音響；有些則是為服務員準備的，如工作檯、餐廳各式手推車等。茲分述如下：

一、餐廳桌椅

餐廳桌椅的材質、色系、式樣、尺寸比例等方面之設計，不但影響餐廳整個空間美感，甚至影響到餐廳未來營運之成敗。因此餐桌椅設計是否安全、舒適、美觀，對餐廳而言相當重要。

(一)餐桌之設計

餐桌設計應考慮的因素，主要有下列幾方面：

◆餐桌種類

餐桌的種類很多，就形狀而言，主要可分為：圓桌、方桌與長方桌等三種。圓桌在國內大部分使用於中式餐廳或宴會為多（**圖3-1**），而西餐廳則以方桌及長方桌為主，圓桌為輔；反觀國外許多高級餐廳均偏愛圓桌，事實上圓桌給予人的感覺較為親切溫馨。中餐廳所使用的四人桌，有些會採用摺葉桌（Folding Leaf Table），其邊緣下方可翻摺出成六人用的圓桌。至於選用哪類型餐桌較好，則端視餐廳性質與空間大小而定。

◆餐桌高度

餐桌的高度通常在71～76公分之間，不過一般均認為以71公分最為理想，因為此高度不僅客人進餐取食或使用餐具方便，同時服務員在桌邊服務時也相當順

圖3-1 中餐廳或宴會大多採用圓桌

手。若餐桌高度低於71公分，則服務員勢必彎下腰來工作，徒增服務上的困擾，也影響工作效率。

◆餐桌尺寸

餐桌桌面尺寸大小，端視餐廳類型與顧客用餐所需面積而定。一般而言，高級餐廳如銀盤式服務之法式餐廳，餐桌尺寸較大，但最多每人所需餐桌寬度也不宜超過76公分，否則容易讓客人有種孤獨感，且浪費空間。而一般餐廳餐桌尺寸則較小，但至少每人所需桌寬也應有53公分以上，此乃客人在餐廳最起碼的用餐面積。

因此在使用桌邊服務的餐廳，每人所需餐桌尺寸應在53～61公分之間，而以61公分寬的桌面最爲舒適理想。而咖啡廳、Pub或速簡餐廳等所需餐桌尺寸則可稍微小一點，至於圓桌尺寸並無一定標準，通常方桌尺寸在71～76公分之間，若再大一點也可以，不過以76公分正方餐桌在一般餐廳中供四人坐，已經相當寬敞了。**表3-1**爲餐桌尺寸與座位配當表。

表3-1 餐桌尺寸與座位配當表

桌型	座次	尺寸
圓桌	1人	直徑70～75公分
	2～3人	直徑90～100公分
	4人	直徑100公分
	5～6人	直徑125公分
	8～9人	直徑150公分
	10人	直徑175公分
	12人	直徑200公分
長方桌	4人	125×100公分
	6～8人	175×100公分
	8～10人	250×100公分
	10～12人	300×100公分

◆餐桌材質

餐桌所採用的材質很多，一般常見的有木料（櫸木）、竹、藤、皮、塑鋼、防火布、大理石、壓克力、不鏽鋼、玻璃纖維及塑膠海綿等。但最主要的考量爲桌面材質要耐熱、耐磨、不易褪色，並且對酒精類及酸性液體有抗浸蝕性爲佳。

◆餐桌色調

餐桌色澤須與座椅相搭配，並且注意整個餐廳色系的調和，務使其成爲一個和諧統一的藝術體。

(二)餐椅之設計

餐廳座椅的設計是否舒適、安全，對顧客而言相當重要，因此餐廳在設計座椅時須注意下列幾方面：

◆座椅高度

餐廳座椅的高度平均大約45公分左右，此高度係指自座椅面至地板的距離而言。餐廳桌椅高度之比例是有一定的標準，亦即餐桌面至餐椅面之距離，應維持在30公分左右的標準值爲宜，而此標準值的距離對客人用餐最爲舒適自然。另外座椅長寬通常爲43公分左右，但以50公分最舒適。

◆座椅式樣

雖然目前餐廳座椅的式樣有古典式與現代式之分，有扶手與無扶手之別，但最重要的是餐廳座椅設計時，應考慮到人體工學的原理，儘量使客人有一種安全、舒適之感。

◆座椅材質

餐廳座椅的材質很多，但最重要的是應具有輕巧、舒適、耐用、透氣、防火與防潮的功能。

◆座椅色調

餐廳座椅的色調須能與餐桌顏色相搭配，最好選用同系列色調爲佳，期使餐桌椅能有一種整體性的和諧感（圖3-2）。

圖3-2 餐桌椅的色系需有整體和諧感

餐飲小百科

餐廳桌椅選購須知

1.質料要堅固實用、平滑有彈性，各部接頭牢靠。

2.桌面材質要耐熱、耐磨，不易褪色，且防酒精類及酸性液體浸蝕。

3.配件及接頭愈少愈好，以減少故障。

4.易於整理、搬運、儲放、移動及清潔。

5.要輕便且安全，切勿太笨重，同時要顧慮兒童座椅的需要與安全性。

6.餐廳桌椅尺寸、規格、高度應一致，以便相配合運用。

7.餐廳桌椅色系須與餐廳整體裝潢設計相搭配。

8.大圓桌上的旋轉檯或轉盤（Lazy Susan），其底座要堅固、旋轉要順暢。

二、工作檯（Service Station）

爲求餐廳服務之效率，每位服務員均須有他們自己的服務工作檯，此工作檯另稱爲：服務櫃、備餐檯、餐具食品服務檯、服務站或服務桌（Table de Service），其高度約80公分左右（圖3-3）。

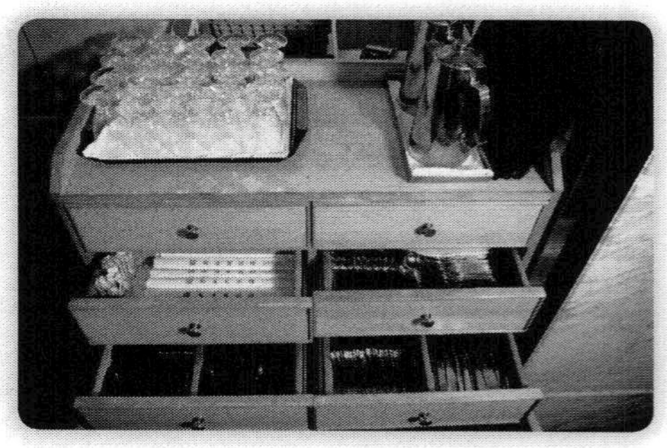

圖3-3　工作檯

工作檯上層架通常擺著餐桌服務所須準備供應之杯皿物品，以及冰塊、奶油、奶水、調味料、溫酒壺、保溫器。工作檯下面上層是抽屜有小格子架兩個。小格子架內鋪一條粗呢布，以防餐具放置時發出聲音，再將所有餐桌所須擺設的餐具依序放在這裡，通常自右到左放著湯匙、餐叉、甜點湯匙、小叉、小刀子、魚刀、魚叉等餐刀叉，以及特殊餐具或服侍用具。

刀叉餐具存放架下面一層係用來存放各種不同尺寸之餐盤、湯碗及咖啡杯底盤。最下面一層則作爲存放備用布巾物品，如桌布、口布、服侍巾等棉、麻織品。

三、餐廳手推車（Trolley）

餐廳手推車由於性質、用途之不一，因而種類互異。一般而言，有法式現場烹調推車、沙拉車、酒車、烤肉車及餐廳服務車等數種，分述如下：

(一)法式現場烹調推車（Flambé Trolley）

此型推車大部分使用在豪華的高級歐式餐廳，如法式西餐廳，服務員自廚房將已經初步處理過之佳餚，裝盛於華麗手推車上，推至餐桌邊，在客人面前現場烹調加料處理，客人可一方面進餐，一方面欣賞服務員現場精湛熟練之廚藝。

此推車裝設有二段式火焰之爐台，上面鋪層不鏽鋼板，其上設有香料架、調味料瓶架、塑膠砧板、冷菜盤。推車爐灶下面之櫥櫃內可放置瓦斯鋼瓶，櫥櫃另一邊可供餐具、餐盤存放，此型推車通常均附設有一塊可摺疊式之活動工作板，以利現場服務之需。

現場烹調推車附有煞車裝置之輪胎型腳輪。至於推車之大小並無一定標準規格，其尺寸通常為：長度100～130公分，寬度52公分，高度82公分。

(二)沙拉車（Salad Cart）

沙拉車大都使用在大型宴會或自助餐會中，主要設備有一部氣冷式冷藏冷凍機、沙拉冷藏槽，以及沙拉碗存放架。沙拉車下層有一個儲藏櫃，可供存放各式盤碟、餐具。一般沙拉車之高度約80公分，長度有80公分，寬度約50公分，其下面均配有四個腳輪，有固定裝置。

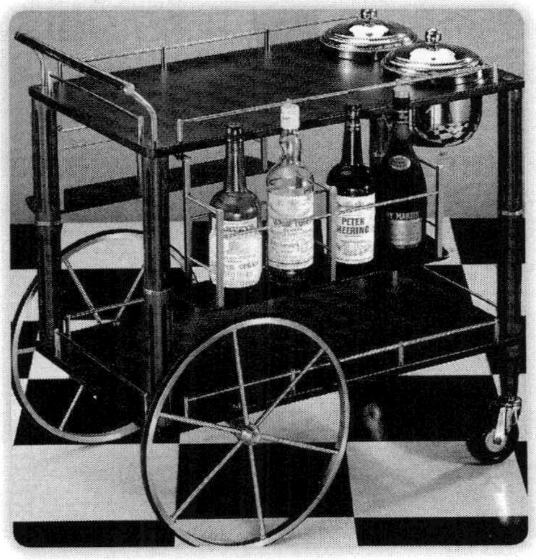

圖3-4　酒車

(三)酒車（Liquor Cart）

酒車在高級豪華餐廳或酒吧最常見，有時正式宴會中也可派上用場（**圖3-4**）。為刺激顧客購買，乃設法將酒車刻意裝飾得美輪美奐，華麗迷人，再由穿著整潔儀態典雅之服務員，推著酒車穿梭於宴會場中，或將華麗之酒車擺在餐廳入口正中央，以吸引客人。

有的酒車備有冷藏設備，檯面上有各種不鏽鋼架，可擺設各種洋酒、調酒器、冰桶等物。另外，有一種酒車沒有冷藏設備，只有酒瓶架、工作檯等設備而已。

(四)烤肉車（Carving Trolley/Roast Beef Wagon/Roast Beef Cart）

烤肉車在目前大型宴會、自助餐會中經常可見，可供現場切割及烤肉用，尤其在歐式餐廳更是不可少之一項重要設備。烤肉推車是以瓦斯爲主要熱源，它有安全自動電子點火裝置，煎肉板可在瞬間加熱備用。推車檯面有煎肉鐵皮、保溫槽、砧板、調味桶槽座及存放架，推車下面有儲藏櫃，可置放各式餐具、盤碟。日前市面上還有一種烤肉車係以酒精爲熱源，操作方便，不占空間。

(五)餐廳服務車（General Purpose Service Cart）

此型餐廳手推車係一般服務用推車，有時可當作旁桌（Guéridon/Side Table），供現場切割服務，通常作爲搬運大量餐食、收拾檯面餐具等所使用。至於客房餐飲服務車也是屬於此類別。其高度約73公分，長約80公分，寬有42公分，附有直徑12.5公分之橡膠腳輪。在餐廳服務時，此推車上須鋪以白色檯布，以免擺放餐盤、餐具時發出刺耳響聲。

四、燈光照明設備

目前一般高級餐廳爲營造餐廳特殊柔美氣氛與高雅情調，俾使顧客能在溫馨愉快之心境下進餐，所以對燈光照明設備之問題，如光源之種類、光源在空間之效果，以及照明設備之色調與外觀上均十分考究，希望藉著光線之強弱與色彩變化來增進美感（**圖3-5**）。

一般而言，餐廳光源之照度以50～100米燭光爲宜，高級豪華餐廳約50米燭光，快餐廳爲100米燭光爲宜，唯內場廚房工作檯須200米燭光。在光源設計時，儘量利用隱藏式光源，採取側射方式，以免因眩光或太亮而破壞原有美感氣氛。

圖3-5 餐廳運用色彩變化的照明設施來營造氣氛

五、音響設備

音調之高低及節奏之快慢，會影響到一個人情緒之變化，相對地也會影響用餐之速度及食慾。高頻率之尖銳聲，會減低人們食慾；反之，低頻率柔和之聲音卻可增進食慾。因此在高級餐廳中，爲使顧客能在靜謐之氣氛下愉快用餐，除了儘量在餐廳中設法消除可能發生之噪音外，更不惜鉅金斥資購置高級音響及裝設擴音系統，藉著優雅悅耳之旋律，滿足顧客聽覺之享受。至於速食餐廳大部分以快節奏之熱門音樂來提升熱鬧氣氛，以加速翻檯率。

六、空調設備

爲使顧客能在一個舒適愉快之情境下進餐，餐廳除了要講究裝潢設計、燈光音響外，更要注意餐廳內部之溫度與溼度是否適當，並應設法維持室內空氣之清新宜人，溫度在攝氏25±3度，相對溼度50～60%之間是最理想。此外，爲避免廚房溼熱空氣或油煙流入餐廳，也可經由空調換氣給氣方式，將廚房設定在負壓環境狀態下，並且將餐廳空調設定為正壓，此時不但可防止廚房油煙流入餐廳，也可避免室外不潔空氣入侵，所以空調系統乃今日餐廳極為重要之一項設備。

七、隔間設備

為滿足不同的團體顧客用餐之需求，同時也可將空曠用餐區予以分隔成數個獨立空間，以免當餐廳顧客不多時，讓餐廳顯得過於冷冷清清。此時，餐飲業者均會利用活動隔牆或屏風來變換空間大小，如大型餐廳或宴會廳。

第二節　餐廳布巾與器具

現代餐飲業為求有效營運及提升餐飲服務品質，十分講究餐廳服務器皿，尤其是餐桌服務的餐廳，對於桌面（Tabletop）擺設物品，如刀叉匙、餐巾、杯皿、調味料盅罐、花瓶等等器皿或飾物均甚重視。此外，對餐桌擺設（Table Setting）及餐飲服勤所需器具均有一定的作業規範，以免影響餐飲服務品質及餐飲企業之形象。茲將餐廳常見的布巾與器具，依其材質之特性分類介紹如下：

一、布巾類（Linen）

餐廳的布巾種類很多，有檯布、餐巾、臂巾，以及廚房用布巾等多種。但若依使用對象來分，則可分為員工用布巾與顧客用布巾兩大類，每一種布巾均有其特定用途，絕對要避免隨便亂用，否則不但影響衛生，且易造成汙損或破損，甚至影響外表之觀瞻。

(一)檯布（Table Cloth）

1.檯布另稱「桌布」，可分為大檯布與小檯布兩種。檯布的顏色一般均以白色為多，至於主題特色餐廳所使用的檯布顏色，往往為營造餐廳獨特氣氛而在色彩上較具變化。

2.檯布之尺寸須配合餐桌大小而定，通常其長度以自桌緣垂下約30公分為標準，此長度剛好在座椅面上方爲最理想，唯四邊下垂須等長，檯布之中心線須在桌面中央（圖3-6）。

圖3-6　檯布與頂檯布

(二)檯心布（Top Cloth）

檯心布另稱「頂檯布」、「上檯布」，其尺寸較檯布小，大部分與桌面規格一樣或稍大一點。其顏色通常較鮮艷亮麗，除了可增添餐廳用餐情境氣氛外，也可避免餐桌檯布的汙損，且便於清洗更換。

(三)餐巾（Napkin）

1. 餐巾俗稱「口布」，其規格乃依餐廳類型及用餐時段而異。不過大部分餐廳均採同一規格爲多，以節省支出。
2. 餐巾之尺寸自30～60公分正方均有，一般早餐餐巾最小約30公分，午餐爲45公分，晚餐餐巾最大約50～60公分。
3. 一般酒吧或大衆化餐廳則以紙巾代替餐巾，尤其是酒吧大部分以約22.5公分正方之迷你紙巾爲多。此外，另有一種裝飾用的紙巾稱之爲Doily Paper。

(四)服務巾（Service Towel/Service Cloth）

1. 此布巾係服務員在客人面前服務時，作爲端送、搬運熱食碗盤時使用，絕對不可當作擦汗、拭手、擦臉之用，若有汙損應立即更換。
2. 服務巾若不用時，須掛在左手腕上，以便於隨時服務用，另稱臂巾（Arm Towel）。服務巾不可以客人使用的口布來替代，以免影響衛生。

圖3-7　桌裙

(五)桌裙（Table Skirt）

1. 所謂「桌裙」係一種餐桌之圍裙，通常以綠色、紅色、粉紅色等等亮麗色彩的布，以百葉裙褶法來縫製（圖3-7）。桌裙的長度不一，一般可分大、中、小三種規格；至於高度則較餐桌高度短少些，原則上距地面約5公分（2吋）即可。

2.圍桌裙之前，桌面須先鋪上大檯布，再將桌裙固定在桌緣四周。至於桌裙固定的方法很多，如以圖釘、黏貼布、桌裙釦或大頭針等方法。不過各有優缺點，其中以「大頭針」來固定較理想，不會損害桌緣，也較經濟實用。

(六)靜音墊（Silence Pad）

1.靜音墊係一種「餐桌襯墊」，另稱寧靜墊、安靜墊，通常是固定於桌面或鋪設於餐桌面上，其上面再鋪設大檯布。其目的除了保護桌面、防止檯布滑動之外，同時具有防止噪音、吸水及防震之效果（圖3-8）。

圖3-8　靜音墊

2.靜音墊之材質很多，如毛呢、海綿或橡膠軟墊等等。

(七)其他布巾類

餐廳之布巾除了上述各種以外，尙有各種廚房布巾（Kitchen Cloth）以及各種擦拭餐具專用布巾，如擦銀布（Treated Silver Cloth）、擦杯子等各種布巾，其用途有所不同，不可混淆使用。

爲充分有效利用資源，節省布巾浪費並兼具環保之功，許多餐飲企業將有破損之口布等布巾在其上面以油性筆畫記，作爲擦拭餐具及桌椅之用。

二、陶瓷類（Chinaware、Pottery）

(一)中餐餐具（圖3-9）

1.骨盤（Bone Plate）。

2.圓盤（Rim Plate）。

3.味碟（Sauce Dish）。

圖3-9 中餐餐具

4.湯盅（Soup Cup）。

5.湯碗（Soup Bowl）。

6.湯匙（Spoon）。

7.筷匙架（Chopstick Rest）。

8.酒杯（Wine Glasses）。

9.牙籤盅（Tooth-Pick Bowl）。

10.茶壺（Tea Pot）。

11.大圓盤（Large Plate/Dinner Plate）。

12.橢圓盤（Oval Plate）。

13.大湯盤（Soup Plate）。

14.三分盤（Tri Plate）。

15.醋壺（Vinegar Pot）。

16.酒壺（Wine Pot）。

(二)西餐餐具（圖3-10）

1.服務盤（Service Plate）／展示盤（Show Plate）：爲13吋盤。
2.主菜盤（Dinner Plate）：爲10～11吋盤。
3.麵包奶油盤（Bread & Butter Plate/B. B. Plate）：爲6吋盤。
4.點心盤（Dessert Plate）：爲8吋盤。
5.奶油碟（Butter Dish）。
6.茶盅（Tea Cup）。
7.茶壺（Tea Pot）。
8.咖啡杯附底盤（Coffee Cup & Saucer）。
9.咖啡壺（Coffee Pot）。
10.奶盅（Creamer）。
11.湯盅（Soup Bowl）。
12.蛋盅（Egg Cup）。
13.糖盅（Sugar Bowl）。

圖3-10　西餐餐具

14.牙籤盅（Tooth-Pick Bowl）。
15.鹽罐（Salt Shaker）。
16.胡椒罐（Pepper Shaker）。
17.調味料盅（Sauce Bowl）。
18.沙拉甜點盤（Salad Dessert Plate）。

三、金屬類（Metal）

(一)扁平餐具類（Flatware/Cutlery）（圖3-11）

◆刀類

1.餐刀（Table Knife/Dinner Knife），刀刃單面有鋸齒形，另稱「肉刀」（Meat Knife），長約23公分。
2.牛排刀（Steak Knife），此刀最銳利有鋸齒，較餐刀短一點，長約22公分，宜單獨存放。

圖3-11　常見扁平刀叉餐具

3.魚刀（Fish Knife），刀身較寬，刀口無鋸齒狀，長約21公分。
4.沙拉刀（Salad Knife），食用沙拉或供切割水果用。
5.甜點刀（Dessert Knife），刀身尺寸較小，食用點心或甜點用。
6.奶油刀（Butter Knife），此刀與其他刀具不同，僅供塗奶油用。

◆叉類

1.餐叉（Table Fork/Dinner Fork），另稱「肉叉」（Meat Fork）。
2.牛排叉（Steak Fork）。
3.魚叉（Fish Fork）。
4.切魚叉（Fish Carving Fork）。
5.水果叉（Fruit Fork）。
6.甜點叉（Dessert Fork）。
7.茶點叉（Tea Fork）。
8.沙拉叉（Salad Fork）。
9.服務叉（Service Fork）。
10.蠔叉（Oyster Fork）。
11.田螺叉（Escargot Fork）。
12.龍蝦叉（Lobster Pick/Fork）（**圖3-12**）。

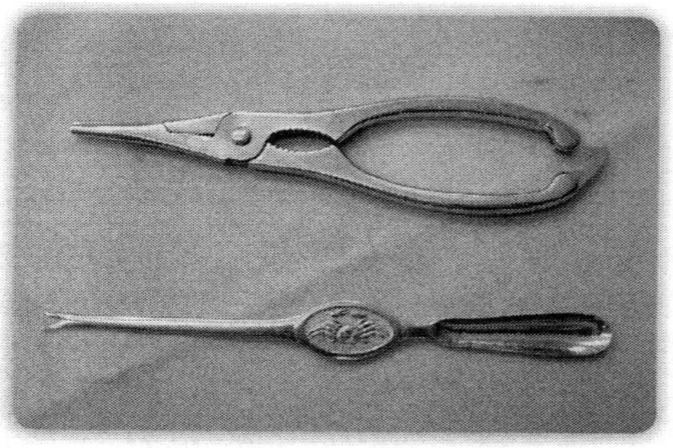
圖3-12　龍蝦鉗（上）、龍蝦叉（下）

◆匙類

1.湯匙
(1)圓湯匙：喝濃湯（Potage）時使用。
(2)橢圓匙：喝清湯（Consommé）時使用。
2.點心（甜點）匙（Dessert Spoon）。
3.小咖啡匙（Demitasse Spoon）：喝義式濃縮咖啡時使用。
4.茶、咖啡匙（Tea or Coffee Spoon）：僅供攪拌用，不可用它來進食。
5.冰淇淋匙（Ice Cream Spoon）。
6.服務匙（Service Spoon）。
7.葡萄柚匙（Grapefruit Spoon）（**圖3-13**）。

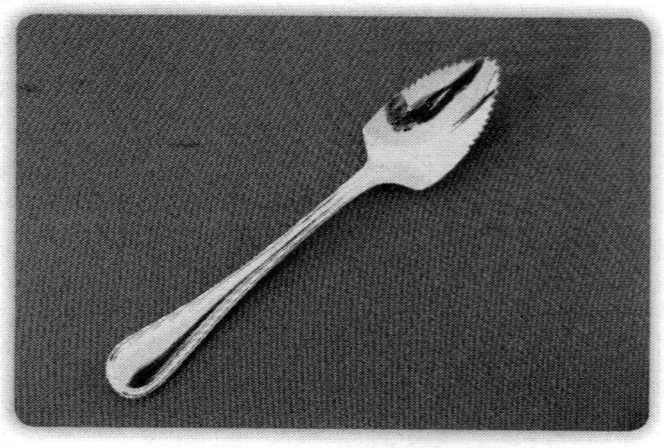
圖3-13　葡萄柚匙

◆其他類

1.冰夾（Ice Tongs）。

2.田螺夾（Snail Tongs）。

3.蘆筍夾（Asparagus Eaters）。

4.龍蝦鉗（Lobster Cracker）（圖3-12）。

(二)凹凸器皿類（Hollowware）

此類餐廳金屬器皿相當多，類別也互異，又稱「中空器皿」，一般係供宴會與餐桌供食服務用。茲簡述如下：

1.洗手盅（Finger Bowl）：通常盅內放置七分滿的水，並附加檸檬片及醋，供客人洗手去腥臭味用。例如供應生猛海鮮、蝦蟹類或半粒葡萄柚時，須附上洗手盅。

2.醬汁船（Sauce Boat）：通常用來裝盛牛排醬，因其形狀類似天鵝，故有「鵝頸」之稱。

3.保溫鍋（Chafing Dish）：係歐式自助餐供食主要器皿（圖3-14），其形狀有

圖3-14 餐廳的保溫燈與保溫鍋

方形、圓形、橢圓形及菱形等四種。

4.點心台（Compote Stand）：係自助餐放置鮮果、甜點作爲盤飾的器皿。

5.保溫蓋（Cloche）：另稱盤蓋（Plate Cover）。法式餐廳供食服務用來供作菜餚保溫用。

6.咖啡壺（Coffee Pot）：係一種不鏽鋼保溫壺，可容納十人份的咖啡。

7.水壺（Water Pitcher）：一般餐廳外場服務冰水用。

8.雞尾酒缸（Punch Bowl）：係酒會調製雞尾酒時使用，有銀器及不鏽鋼兩種。

9.冰酒桶（Wine Bucket）：係供應白酒、香檳酒時冰鎮用。

10.冰桶（Ice Bucket）：係供裝盛小冰塊，吧檯調酒器具之一。

11.葡萄酒架（Wine Stand）：置放葡萄酒用。

12.愛爾蘭咖啡溫杯架（Glass Warmer）：愛爾蘭咖啡製備專用架（**圖3-15**）。

圖3-15　愛爾蘭咖啡溫杯架

四、玻璃類（Glassware）

(一)水杯

1.高腳水杯（Goblet Glass）。

2.平底水杯（Water Glass）。

(二)果汁杯

1.高飛球杯（Highball Glass）。

2.三角高飛球杯（Triangle Highball Glass）。

(三)酒杯（**圖3-16**）

1.烈酒杯（Jigger Glass）。

2.歐非醒酒杯／古典酒杯（Old Fashioned Glass）。

1
烈酒杯
2
歐非醒酒杯
3
高飛球酒杯
4
高杯
5
酸酒杯
6
甜酒杯
7
波特酒杯
8
馬克杯
9
雞尾酒杯
雞尾酒杯
10
白蘭地杯
11
小酒杯
12
雪莉酒杯
13
白葡萄酒杯
14
紅葡萄酒杯
15
淺碟型香檳酒杯
16
皮爾森型高腳啤酒杯
17
十二盎斯啤酒杯
18
鬱金香香檳酒杯
19
長型香檳酒杯

圖3-16　常見的酒杯

3.高飛球酒杯（Highball Glass）。
4.高杯（Tall Glass），另稱可林杯（Collins Glass）。
5.酸酒杯（Sour Glass）。
6.甜酒杯（Liqueur Glass）。
7.波特酒杯（Port Glass）。
8.馬克杯（Beer Mug Glass）。
9.雞尾酒杯（Cocktail Glass）。
10.白蘭地杯（Brandy Snifter）。
11.小酒杯（Pony Glass）。
12.雪莉酒杯（Sherry Glass）。
13.白葡萄酒杯（White Wine Glass）。
14.紅葡萄酒杯（Red Wine Glass）。
15.淺碟型香檳酒杯（Champagne Saucer）。
16.皮爾森型高腳啤酒杯（Pilsner Glass）。
17.十二盎斯啤酒杯（12oz Beer Glass）。
18.鬱金香香檳酒杯（Champagne Tulip Glass）。
19.長型香檳酒杯（Champagne Flute Glass）。

(四)其他玻璃杯

水壺（Water Pot）。

(五)其他類

1.圓托盤（Round Tray）：圓托盤使用頻率最高，用途也最廣，其尺寸自直徑12～18吋均有。
2.方托盤（Rectangular Tray）：此類托盤係用來搬運餐具、盤碟或菜餚時所使用，其尺寸自10～25吋均有。
3.橢圓托盤（Oval Tray）：此類托盤通常在較高級餐廳或酒吧才使用，其尺寸在12～18吋均有。

第三節　餐廳器具之購置與維護

餐廳所需營運器皿、服勤器具其材質及種類很多，在準備購置選用時，必須考量餐廳本身營運規模及特色。針對餐廳特色及營運需求來考慮所需器具，否則不但影響餐廳格調，更增添未來器皿保養之問題。為避免資金閒置浪費及爾後餐具保養之困擾，務必在選用餐廳器皿時須詳加考量，審慎選用，期以符合餐廳特色及營運之需。

一、餐廳器具的材質

餐廳營運所需的器具很多，主要可分為金屬類、陶瓷類、玻璃類、塑膠類、紙製類、木製類及布巾類等各類餐廳器具用品，茲就其材質特性分述如下：

(一)金屬餐具（Metal Utensil）

餐廳所使用的金屬餐具如刀、叉、匙等等，其所用的材質主要以不鏽鋼製品為最常見，其次是銀器、金器及鋁、鐵器皿，但純銀或純金製品較少，一般高級餐廳所使用的銀器或金器均以電鍍較多。至於不鏽鋼製品成分，一般係以74%鋼、18%鉻及8%鎳所製成，即不鏽鋼刀叉柄上所標示「18—8」字樣。若鉻成分愈高，則外表愈亮麗，但其缺點為易生鏽，採購時應特別注意。

(二)陶瓷餐具（China & Pottery Utensil）

餐廳所使用的陶瓷器皿相當多，如各式大小餐盤、味碟、湯匙、湯碗均屬之（**圖3-17**）。一般高級餐廳係以瓷器為多，如滲有動物骨灰鍛燒而成的骨磁，其次才選用陶器，不過基於成本投資考量，目前許多餐廳逐漸以較精緻陶製餐具來取代高成本的瓷器。

(三)玻璃餐具（Glass Utensil）

餐飲業所使用的玻璃器皿，主要是各式酒杯、水杯、果汁杯及沙拉水果盅為

圖3-17　餐廳陶瓷餐具

多。由於玻璃杯皿本身較脆弱，尤其是杯口最容易破損，因此很多餐廳均採用蘇打石灰強化玻璃杯皿，以便於維護。另外，有部分較高級餐廳則購置一種價格較高，以鋇、鈣、鉀替代氧化鉛的無鉛水晶玻璃，或含氧化鉛7～24%的水晶強化玻璃，或耐熱玻璃杯皿來取代一般玻璃杯。

(四)塑膠餐具（Plastics Utensil）

現代科技文明，使得許多塑膠製品的餐具，無論在材質、外觀、衛生、安全等各方面，均不遜色於一般陶瓷器皿，因此塑膠餐具已逐漸廣為餐飲業者所採用，尤其是一般大眾化餐廳、自助餐廳及兒童用餐具，均以此類塑膠製品餐具為多。

(五)紙製餐具（Paper Utensil）

近年來社會快速變遷，外食及外帶人口增加，人們非常重視飲食衛生，因此紙質免洗餐具逐漸取代塑膠製品餐具。同時業者因工資日漸高漲，為節省營運成本，均逐漸採用紙質免洗餐具，尤其是速食餐廳、自助餐廳幾乎均有採用此類餐具，如紙杯、紙盤、紙杯墊及餐巾紙。

二、餐廳器具之購置與選用原則

餐廳器具的選購須把握下列幾項原則：

(一)美觀實用原則

1.餐廳器具之品質、規格尺寸及外型設計，宜力求美觀、素雅、簡單勿花俏，以能與其他設備、器皿整合爲原則。

2.器具之材質、外表造型、色系，務必符合餐廳整體環境之統一、和諧標準。

3.儘量選購多用途、多功能之庫存品，如各式瓷器、杯皿及各種扁平器具，以免日後因某一批號缺貨，而造成式樣不一之窘境，甚至影響整體美感。

(二)經濟耐用原則

1.餐廳所選購的器具是否耐用、耐磨，是否能每天使用也不易磨損。

2.價格成本是否合宜，是否符合成本效益原則。

(三)清潔維護方便原則

1.餐具之清潔保養是否方便，不須特別費時費力，是否須另購置特別洗滌器具或設備。

2.餐具洗滌是否能以餐廳現有營業設施或洗滌衛生設備來維護，而不必再多費人力或時間來保養。

三、餐廳器具保養的方法

餐廳所需器具種類繁多，類別互異，茲分別依其材質來介紹保養維護的方法。

(一)不鏽鋼器具

1.清潔不鏽鋼扁平餐具時，須先浸泡每一件餐具，尤其是沾有不易溶解之汙垢時，更避免用力研磨刮除，以免刮傷、磨損其外觀。

2.浸泡在熱水及清潔劑溶液中洗滌（圖3-18）。

3.最後再放入華氏180度或攝氏83度以上之熱水中清洗乾淨。

4.經高溫消毒櫃或紅外線殺菌後，置存於餐具櫃備用。

圖3-18　不鏽鋼專用清潔劑
圖片來源：寬友公司提供。

(二)銀器

1.銀器使用後，若放置三至四天沒有立即清洗，會產生咖啡色之斑紋，然後再逐漸變成褐黑色之汙垢。

2.銀器一旦使用過後，盡可能立即放入盛裝泡沫肥皂水之容器內清洗，或再加入數滴氨水（阿摩尼亞）於肥皂水中，可迅速除去殘渣，並增加光澤。

3.銀器不可一直浸泡在肥皂水中太久，以免變色。

4.清洗完，再以乾淨的水立即徹底沖洗乾淨，以免殘留清潔劑。最後再以質地柔軟的清潔布巾擦乾，勿殘留水漬。

餐飲小百科

銀器保養小常識

保養維護乾淨的銀器不可以手再觸摸，以免手上油脂、汙水再使銀器產生汙黑的手印。須儘速以抗變色的布或不透氣的塑膠袋包裹，並儲存於密閉的地方，以免受潮變色。此外，銀器也不適宜裝盛蛋製品，以免銀器表面產生一層蛋白銀。

5.為確保銀器之表面光澤，可以柔軟的布或海綿沾上擦銀液或擦銀膏來輕輕擦拭銀器，除垢後再以清水沖洗乾淨。另有一種專門擦拭銀器的擦銀布來拭除汙垢，再以軟布來擦乾淨即可。

6.除了上述日常保養維護外，於淡季時仍須送到餐務部做定期的專業保養與打磨、拋光，以延長此貴重器皿之使用年限，並維護其品質。

(三)銅器

1.銅質器具使用一段時間會產生氧化銅，即所謂「銅綠」，不但具有毒性且不雅觀。

2.為確保銅器之光澤並去除有害物質的銅綠，可以乾淨的軟質布蘸擦銅油來輕輕擦拭至光亮為止，再以清潔布擦拭殘餘銅油漬，勿使其殘留在器具表面。

3.銅器若有雕飾或溝縫，則可使用毛刷蘸銅油來處理，再以乾淨布來擦拭光亮，最後再塗上保養油儲存放置。

(四)玻璃器皿

1.酒杯之選用最好的是基座要穩定、有杯腳、杯身呈碗狀（Bowl-Shaped）、杯口微向內的杯子。

2.玻璃器皿之洗滌，通常係以洗杯機及大型洗碗機來清潔、消毒。不過清洗杯子是洗碗機操作上最難的部分，為確保清洗潔淨，最好在清洗前，先找出沾有口紅印或重油脂之杯子，先個別預洗，分開操作。

3.杯子儲存要正立，為防止塵埃可用乾淨的布或紙蓋住杯口，避免將杯子倒置，可能會沾上放置處的任何味道。此外，若懸掛在杯架上，可能會沾染油煙及遭受外來物質異味之影響，宜避免之。

4.玻璃杯皿易碎且昂貴，因此在搬運時要特別小心，最好以墊有布巾之托盤來操作或搬運。

5.持用杯子時，絕對嚴禁將手指放入杯碗內，不但容易割傷且會將手上油脂異物沾在杯內或杯緣。

6.潔淨的杯子須以手指持杯腳，一個一個拿，也不可疊放，以免碰撞而破損。

(五)陶瓷器

1.陶瓷器破損率極高，因此在搬運或存放時須特別小心，勿堆疊太高，以免重心不穩滑落或傾倒。

2.若使用洗盤機或洗碗機時，須先完全去除盤上殘渣，再依序分類置放在規定的專用分格籃框架上，以便沖洗，唯嚴禁疊放或超載，以免洗滌時因碰撞而破損。

3.清洗潔淨之陶瓷器須俟其自然風乾後，再放置規定的餐櫥櫃儲存。若有瑕疵或破裂之器皿須立即更換，不可再使用。

4.陶瓷器容易沾汙垢，因此洗滌保養工作要特別注意，其步驟如下：

(1)刮除（Scrape）。

(2)預洗（Pre-Wash）。

(3)洗滌（Wash）。

(4)沖洗（Rinse）。

(5)消毒（Sanitize）。

(6)風乾（Air Dry）。

學習評量

一、解釋名詞

1.Lazy Susan
2.Flambé Trolley
3.Silence Pad
4.Finger Bowl
5.Pilsner Glass
6.Tulip Glass

二、問答題

1.餐廳桌椅選購時，須注意的事項有哪些？試摘述之。

2.餐廳常見的手推車有哪些？試列舉之。

3.餐廳檯布的規格尺寸如何訂定較理想？試述之。

4.西餐常見的刀具中，試說明Steak Knife、Table Knife及Fish Knife的特徵。

5.餐廳器具選購時，須考量的原則爲何？

6.餐廳的器具當中，以銀器爲最昂貴且易汙損，如果你是餐務主管，試問你將會如何來保養餐廳的銀器呢？

三、教學活動設計

主題	餐具的認識
性質	欣賞教學、分組練習方式，使學生熟悉各類餐具
地點	專業教室或實習餐廳
時間	30分鐘
方式	1.教師先介紹各類餐具之名稱、用途及其特徵，使同學能有基本認識。 2.教師將所有各式餐具，如金屬類、玻璃類、陶瓷類等，予以分類集中放置餐具檯面上。 3.教師將全班分組，並請各組推派代表一名參加挑選餐具之比賽。 4.教師公布所要挑選出來的餐具名單，並由各組推派代表抽選試題，依序自餐具檯選取餐具，並置放於各組展示檯（限時十分鐘）。 5.教師最後評分，並綜合講評。

Note

Chapter 4

菜單、飲料單及酒單的認識

單元學習目標

- ◆瞭解菜單的功能與設計原則
- ◆瞭解中式、西式及日式菜單的結構
- ◆瞭解飲料單與酒單的差異
- ◆瞭解飲料單設計的要領
- ◆瞭解酒與食物搭配的基本原則
- ◆培養良好餐飲銷售能力

菜單、飲料單及酒單是餐廳最重要的商品目錄，而非僅是一張價目表而已，它是位無言又有個性的推銷者，也是餐廳整體形象之表徵；它是餐飲企業與顧客之間訊息溝通的主要媒介與工具，也是餐飲企業經營管理的基石。因此，菜單、飲料單及酒單設計的良窳將影響整個餐飲企業銷售量之高低、成本與利潤之消長，甚至關係到整個營運之成敗，其重要性不言而喻。

第一節　菜單、飲料單及酒單的介紹

菜單、飲料單及酒單，係餐廳產品行銷的工具，爲餐廳與顧客溝通的橋梁，也是餐廳經營管理的依據。茲分別就菜單、飲料單及酒單的基本概念，予以分別摘述如後：

一、菜單

西式菜單之緣起，可追溯自中古歐洲法國王公貴族爲彰顯其社經地位，以羊皮紙製作的宴會食譜，後來才傳入民間。至於民間餐飲業者將其引用並製成商業用的菜單，則首推十九世紀末法國的巴黎遜（Parisian）餐廳。

中式菜單之緣起，最早有文獻記載首推《呂氏春秋》的〈本位篇〉、唐代的《食譜》、《茶經》以及清代袁枚的《隨園食單》，均是當今飲食文化瑰寶。此外，清代李斗《揚州畫舫錄》爲中國最早滿漢全席之文獻記載。

(一)菜單的定義

1.所謂「菜單」（Menu），係指餐廳所供應菜餚的目錄，或是一套餐食的菜餚內容清單（list of courses at a meal or of dishes available at a restaurant）。

2.菜單係餐廳品牌與形象之表徵，它代表餐廳產品的特色、品質與水準，不僅是餐廳最重要的商品目錄、產品價目表，也是餐廳與顧客互動溝通的重要橋梁與促銷工具（**圖4-1**）。

圖4-1 菜單是餐廳的促銷工具

(二)菜單設計的原則

菜單的種類很多，可因人、事、時、地、物及形式、產品組合與宗教信仰之不同，而有不同分類的菜單，唯其設計時，均須遵循下列原則：

◆菜單須依據顧客及餐飲市場需求來設計

餐廳係為滿足客人需求而開，因此餐廳的菜單必須針對消費市場顧客之飲食習慣、口味、消費能力來設計。例如清眞餐館之菜單不應該列豬肉類菜餚、猶太教徒不吃肉食性野生動物或帶血絲之各種肉類。

◆菜單設計要考慮成本與利潤

菜單之設計要掌握餐廳本身的優勢，揚長避短，並考慮食品成本及人工成本，以提高利潤率與市場競爭力。

◆菜單設計須將高利潤之菜餚擺在醒目位置

一般人看菜單習慣均由上而下，再由左而右。因此餐廳在設計菜單時，應將高利潤低成本之菜餚列爲優先考量，並將招牌菜、高利潤的菜餚儘量擺在最重要且醒目的位置，如左上角，或輔以圖片、粗體字等引人注目的方式。

◆菜單設計要考慮廚房設備、廚師製備能力及烹調時間

菜單需要考慮廚師之專業能力、廚房人員工作量、所需製備時間的長短，以及廚房之空間與設備，否則將會產生菜餚出菜遲緩，品質良莠不齊之各種問題。

◆菜單設計要高雅大方，美觀實用

一份製作精美的菜單，須能展現餐廳的風格與特色，因此其外形要美觀大方，甚至材質、色彩、圖樣、格式均須詳加考慮，務求形式簡單、高雅大方、富創意且實用。

◆菜單要簡單，易讀易懂，講究誠信原則

1.一份完整的菜單，通常包括：編號、品名、規格、價格、烹調方式或特點，以及服務費等項目。有些菜單則另附佳餚美食圖片、網址、電話、營業時間等資訊，以吸引顧客注意力。
2.菜單內容儘量簡單明瞭、易讀易懂，字體宜大。封面設計及內文圖樣與色彩，須能吸引顧客且激起其購買慾。不過，菜單內容務必表裡如一，切忌華而不實或過分渲染，否則將會造成反效果，使客人有一種受騙的感覺。

餐飲小百科

菜單的命名法

菜單的命名方式很多，無論中西菜單一般均以食物產地、材料名稱、顏色、形狀、口味以及烹調方式來命名。唯中國菜系博大精深，講究餐飲文化與美學，因此其命名除了上述方法外，尚有以語意、喜慶吉祥用語與諧音，以及裝盛器皿來命名，此為中西菜單命名之最大不同點。

(三)菜單的結構

◆現代中餐宴會菜單

通常中式宴席之菜單安排係以前菜、主菜、點心、甜點、水果等五大類爲主要菜色內容，至於上菜出菜順序也是以此五大類爲主，依先冷後熱、先炒後燒之順序。茲就中餐菜單的結構（**圖4-2**）分述如下：

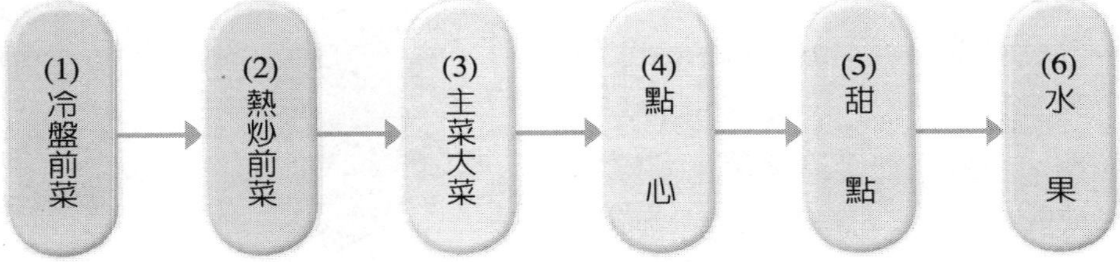

圖4-2　中餐宴會菜單結構

1.**前菜（Appetizer）**：中餐前菜一般係以二冷二熱的菜色爲原則，先上冷盤前菜，再上熱炒前菜，至於西餐則以冷盤開胃前菜爲主。

2.**主菜（Main Courses）**：中餐通常以海鮮、禽肉、獸肉等三大類來安排六大菜，即五菜一湯，以「先炒後燒」之順序上桌服務，湯這道菜是所有中餐宴席最後上的一道主菜，而西餐餐桌服務，湯比主菜先上，此爲中西餐服務的最大不同點。

3.**點心（Refreshments）**：中式點心係在主菜之後才上桌，一般是以鹹製品爲主，如叉燒包、蒸餃、燒賣等爲菜色。

4.**甜點（Dessert）**：甜點通常係以較甜的食材爲餡所製成，如八寶甜飯、甜湯、棗泥鍋餅、芋泥等均是例。

5.**水果（Fruits）**：水果係以時令新鮮水果切盤裝盛供食。

◆現代新式西餐菜單

現代西餐新式菜單的結構可分七類，即前菜、湯、魚類或中間菜、主菜、冷菜沙拉、點心及飲料等七大類（**圖4-3**），至於上菜的順序除非客人特別要求，一般均以此順序上桌服務。

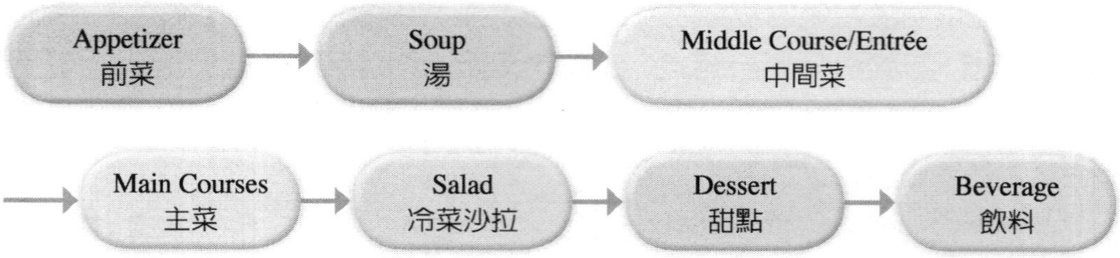

圖4-3　現代西式菜單之上菜順序

1.**前菜**：前菜通常稱爲開胃菜，可分冷前菜（Hors d'oeuvre Froid）與熱前菜（Hors d'oeuvre Chaud）兩種。一般係先上冷前菜，如蝦盅（**圖4-4**）、煙燻鮭魚均爲冷開胃菜，至於熱前菜則在湯後供應。

圖4-4　冷前菜蝦考克

2.**湯**：湯類通常分爲清湯（Clear Soup）與濃湯（Thick Soup）兩種。

3.**魚類或中間菜**：中間菜之所以稱爲“Entrée”，乃表示「開始正式進入」的意思。通常西式宴會的主菜係由此開始上菜，因此「中間菜」也可說是一種菜單中的「主菜」。中間菜大部分是以魚類爲主，或以海鮮、禽類等白色肉類爲原則，其分量也較正式主菜少些。

4.**主菜（Relevés）**：主菜係整個宴會菜單中最具特色與吸引力的菜餚，通常是以大塊肉如牛、羊、豬、家禽或野味獸肉爲主。其烹調方式也較講究，如燒烤、煎炸等等。爲增進主菜的特色，對於周邊飾物配菜之造型、色彩均十分考究，以襯托出主菜的價值感。

5.**冷菜沙拉**：係以生鮮蔬果或根莖葉之蔬菜調配而成。通常爲搭配主菜供食，因此很多餐廳係在上主菜之前供應此冷菜沙拉。

6.**甜點**：西餐菜單之甜點事實上均以糕點、甜食、水果或冰品來服務，如蛋糕（**圖4-5**）、巧克力、慕斯、冰淇淋以及時令水果爲主。

圖4-5　蛋糕

7.**飲料**：飲料通常係以咖啡、茶爲主，如義式咖啡（Demitasse），且以熱飲爲多。近年來爲配合消費者之需求，除了增列果汁外，尚提供冷飲。

餐飲小百科

冰酒是什麼？

冰酒（Sorbet）為傳統古典西式宴會菜單中之「休止符」（Pause），使用餐者在中場暫時休息養神以恢復味覺，準備迎接下半段之主菜、爐烤大餐。在法國通常以蘋果白蘭地如卡爾瓦多斯（Calvados）為冰酒，目前台灣西餐廳則以不加糖的水果冰、果汁冰、雪碧冰或冰砂等來替代。

圖4-6　冰酒

◆現代日式宴會菜單結構

日本宴會會席料理菜單，主要係以吸物、刺身、煮物及燒物等四大類所建構而成。日本宴席料理上菜的順序爲：

1.**前菜（Zensai）**：係由酸、甜、苦、辣、鹹等五味所組合而成的各種開胃小菜。前菜約有三至五種等不同口味之小菜，以刺激味覺。

2.**吸物（Suimono）**：係以當季海鮮清湯爲主，供食以蓋碗供應。

3.**刺身（Sashimi）**：係指生魚片，通常是以二至三種不同顏色的魚肉或海鮮所組成，並以蘿蔔絲、紫蘇、山葵或芥末等爲配料（**圖4-7**）。

4.**煮物（Nimono）**：係指湯汁菜。關東煮法汁少味濃；關西煮法汁多味淡。

圖4-7　日式刺身

5.**燒物（Yakimono）**：係指燒烤物，其中以直接在烤架上燒烤魚最受歡迎。
6.**揚物（Agemono）**：係指油炸物，通常以炸蝦、炸魚及炸蔬菜等，依序供食。
7.**蒸物（Mushimono）**：係指蒸食菜餚，如茶碗蒸。
8.**醋之物（Sunomono）**：係指醋拌涼菜。
9.**御飯（Gohan）**：係指白米飯或炒飯。
10.**果物（Kudamono）**：係指新鮮水果。
11.**茶（Tea）**：係以抹茶或綠茶爲主。

二、飲料單

語云「酒足飯飽」、「美酒佳餚」乃人類的美食文化與飲食哲學。爲滿足消費者之餐飲需求，餐飲業者往往會在菜單主菜旁附註適宜搭配的酒，或在菜單中另附飲料單，或特別提供設計精美的整本飲料單或酒單。

(一)飲料單的定義

所謂「飲料單」（Beverage List），係指餐飲業者針對顧客需求，提供各種酒精性飲料與非酒精性飲料之全套產品目錄或價目表。事實上，餐廳飲料單的內容係包括除葡萄酒外，任何的酒精與非酒精性飲料。

(二)飲料單的設計原則

飲料單設計時，力求精美、圖文並茂外，尙須考量其功能。一份完整的飲料單務必包括下列三大要素：

◆飲料品名及其密碼或代號

飲料單由於內容複雜，爲了方便顧客點選飲料，同時也可避免服務員塡錯品名，且便於餐廳會計出納之收銀機作業，國外很多餐廳均在飲料品名給予固定密碼代號，使餐廳飲料單每項飲料均有代碼。

◆飲料特色之解說介紹

餐廳飲料單之命名，尤其是招牌飲料或特色飲料均會詳加描述，藉以吸引顧客注意力，增進顧客對產品之認知，從而激起點選飲料之需求。

◆價格及計價方式

餐廳飲料單的計價方式並不是每家餐廳均一樣，即使同一份飲料單，由於品名不同，其計價方式也不同。因此爲避免徒增結帳之困擾或不必要的糾紛，在設計飲料單時，務須標示註明清楚。通常飲料之計價方式有下列幾種：

1.以「杯」計價。
2.以「瓶」或「半瓶」計價。
3.以「公升」爲單位計價。

(三)飲料單的結構

一般飲料單的結構係依供餐前後順序，考量其所需的飲料來排列，其結構內容（**圖4-8**）依序如下：

圖4-8　吧檯各式酒類

1.開胃酒（Aperitif）。

2.雪莉酒、波特酒。

3.威士忌（Whisky）：

(1)蘇格蘭威士忌（Scotch Whisky）。

(2)愛爾蘭威士忌（Irish Whisky）。

(3)加拿大威士忌（Canadian Whisky）。

(4)美國威士忌（American Whisky）。

4.伏特加（Vodka）。

5.琴酒（Gin）。

6.龍舌蘭（Tequila）。

7.干邑（Cognac）。

8.雅馬邑（Armagnac）。

9.甜酒（Liqueur）。

10.啤酒（Beer）。

11.雞尾酒（Cocktail）。

12.礦泉水（Mineral Water）。

13.果汁（Fruit Juice）。

三、酒單

酒單（Wine List）是餐廳葡萄酒的商品目錄，其本身設計相當精美，好比一份藝術品，期以吸引顧客消費，並滿足其用餐情趣。

(一)酒單的定義

酒單是餐廳全系列葡萄酒的產品目錄，如起泡葡萄酒、不起泡葡萄酒、加味或強化葡萄酒，顧客可以從餐廳所提供的酒單中，瞭解各類葡萄酒的特性，並經由酒單的精巧設計與圖文解說來吸引顧客，激發其選用葡萄酒產品之慾求。

(二)酒單的結構

一份完整的酒單，需有各類葡萄酒之酒名、酒類特色介紹、適宜飲用方式或搭配食物等之描述，以及酒的計價單位，如杯、瓶、半瓶或公升等，均須明確標示。

一般酒單之排列，係依各類葡萄酒之特性，如起泡酒、白酒、紅酒與產地國來分別編排，其結構內容如下：

1.香檳類（Champagne）。
2.起泡酒類（Sparkling）。
3.勃艮地（Burgundy）。
4.波爾多（Bordeaux）。
5.玫瑰紅（Rosé）。
6.德國酒（German Wine）。
7.加州酒（California Wine）。
8.義大利酒（Italian Wine）。
9.招牌酒（House Wine）。

第二節　餐食與飲料的搭配

「餐飲」一詞英文稱之爲Food & Beverage，事實上人們飲食文化中，餐與飲是無法分割開來，否則用餐之情趣也會受影響。酒與菜餚如果搭配得宜，可使美酒佳餚相得益彰，因此，爲滿足消費者之餐飲需求，餐飲業者往往會在菜單主菜旁附註適宜搭配的酒，或在菜單中另附飲料單，以供消費者選擇所需的飲料。

一、酒與餐食搭配的基本原則

酒與餐食搭配須講究調和、韻律及變化，尤其是當餐桌上供應兩種以上的酒或葡萄酒時，更應遵循此原則。唯仍以顧客要求或偏好來供食。茲就常見的搭配原則說明如下：

(一)調和

係指酒與食物的搭配，其口感及味覺的清淡或濃郁須相互搭配，即清淡的菜餚搭配清淡的酒，味重的食物搭配濃郁的酒。例如：魚、貝、蝦等海鮮及白色的禽肉，均適宜搭配清淡的白酒；味濃的牛、羊、豬肉及山產野味則適於搭配紅酒（圖4-9）。

(二)韻律

係指飲用酒或葡萄酒時，務必遵循「先淡後濃」、「先澀後甜」以及「先新後老」的原則。此原則乃在避免前面剛喝過的酒味蓋過後面所喝的酒味。唯香檳酒須先喝老酒再喝新酒，否則年份較新的香檳酒將無法展現其風味魅力。

例如：餐桌供食時，通常係先品嚐不甜或苦澀的餐前酒；先清淡的白酒，再喝濃郁的紅酒；先品嚐酒精度低的酒，再喝酒精度高的酒；先品嚐次級酒，再嚐較高級酒等均屬之。

圖4-9　紅酒適合搭配紅肉

(三)變化

所謂「變化」，係指餐桌上前面已供應過的酒，不宜再供應同一種酒，除非該酒年份不同，爲典藏的老酒。此外，若餐桌上是供應澀而不甜的香檳酒，則其供酒服務可不受「變化」的限制，此爲唯一的例外。

二、酒與食物的搭配組合

美酒佳餚的美食文化體驗，不僅可增添顧客用餐情趣，更可提升餐廳品牌形象與營收。常見的美酒佳餚搭配組合，說明如**表4-1**。

表4-1　酒與食物的搭配組合

葡萄酒	美食佳餚
香檳（Champagne） 氣泡酒（Sparkling Wine）	1.適於搭配各類食物，如各種開胃菜、沙拉、主菜、乳酪及甜點等。 2.香檳酒或氣泡酒，可自始至終全餐供應來搭配任何美食。
不甜白酒（Dry White Wine）	生蠔、魚類、龍蝦、螃蟹等口感細膩的海鮮食物。
甜白酒（Sweet White Wine）	魚類、鵝肝、乳酪或甜點。
玫瑰紅酒（Rosé）	1.適於各類食物，如魚類、禽類、牛羊豬肉、乳酪及甜點等。 2.若不確定食物搭配何種酒時，可選用玫瑰紅酒。
紅酒（Red Wine）	牛肉、羊肉、豬肉、家禽、山產野味、香菇及乳酪等香味濃郁的食物。
註：西餐供食的菜餚如湯、酸甜佐料的沙拉或蛋（杏力蛋除外）等食物，較不適宜搭配葡萄酒。	

學習評量

一、解釋名詞

1.Appetizer
2.Entrée
3.Agemono
4.Beverage List
5.Wine List
6.Food & Beverage

二、問答題

1.一份好的菜單，在設計時須考慮哪些原則？試述之。
2.試比較中西餐菜單結構的不同點。
3.試說明日式料理菜單「刺身」、「揚物」之涵義。
4.日本宴席料理上菜的順序爲何？試摘述之。
5.你知道飲料單與酒單有何不同嗎？請摘述之。
6.如果你是位美食家，請問酒與食物的搭配，須注意哪些事項？試述之。

三、實作題

請依據菜單設計的原則，自行設計一份你心目中最理想的菜單及飲料單。

Chapter 5

餐飲禮儀

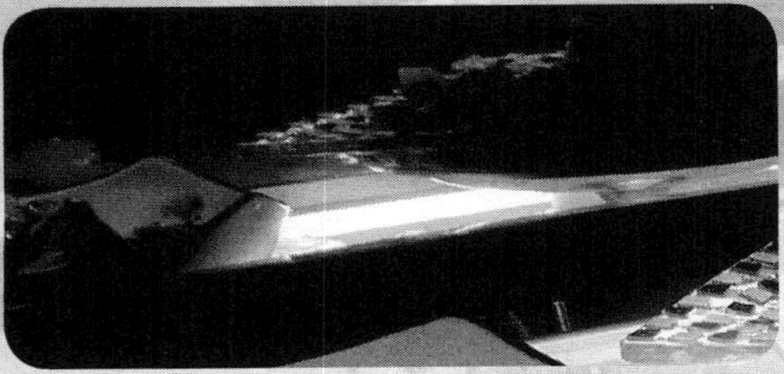

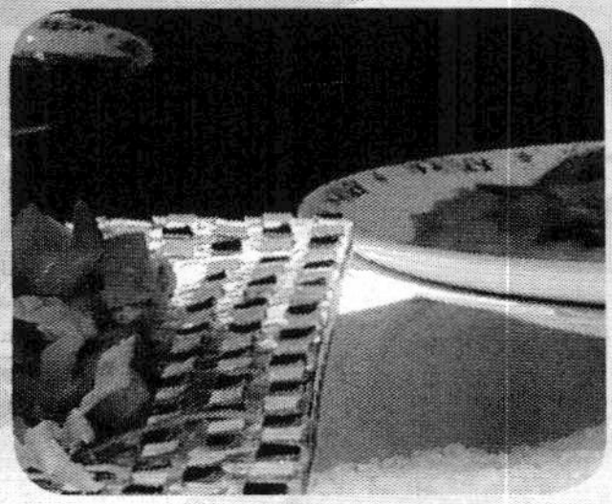
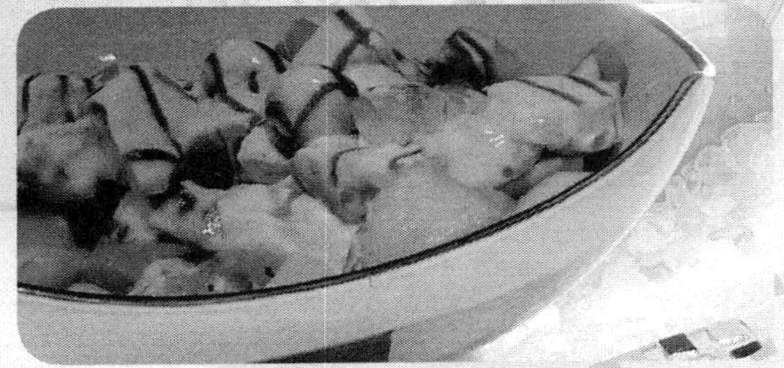
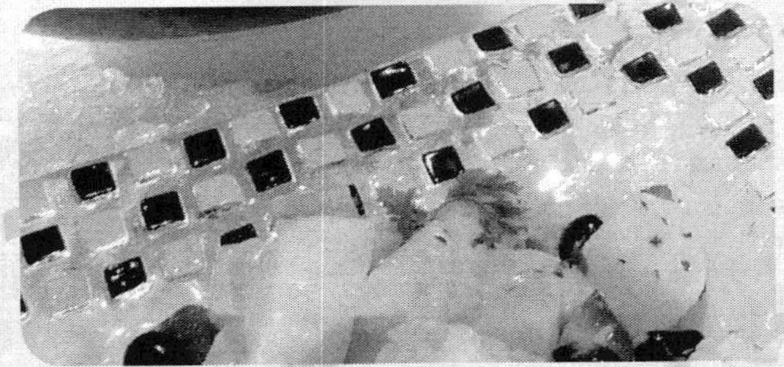
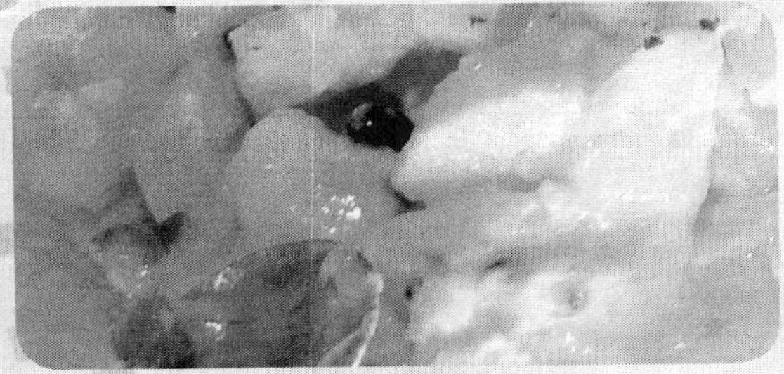

單元學習目標

◆瞭解餐桌席次安排的基本原則

◆瞭解餐桌桌次的排列方法

◆瞭解中西餐具正確的使用方法

◆瞭解宴會餐桌禮儀規範

◆瞭解自助餐用餐禮儀

◆培養良好的餐飲接待禮儀

禮儀乃人們生活的規範，也是人際關係的準繩，包括禮節、儀典與儀序而言。至於餐飲禮儀，係指參加宴會所應注意的各項禮節、儀式或儀典。本章將分別就宴會席次的安排與餐桌禮儀予以介紹。

第一節　餐桌席次的安排

在正式社交場合，不論召開何種宴會，均必須在一、二週前發出邀請函或以電話邀約，對方應邀後即可開始著手準備宴會事宜，如宴會桌擺設形式、安排座位卡等等。其中以席次之安排最爲重要，若稍不注意，將席次排列錯誤或排列不當，不但非常失禮，且易遭到客人不滿，即使宴會主人招待再殷勤，也無法彌補此不當所造成之損失。

一、席次安排的基本原則

一般而言，座次係以面向入口爲首位，背向入口者爲末位，若宴請賓客時，通常主人係坐末位，主賓則禮遇其居上座即坐首位。因此身爲餐飲從業人員的我們，對宴會席次之安排應有正確的體認。茲針對中西宴會席次安排應遵循的基本原則，予以摘介如下：

(一)尊右原則

1.男女主人如比肩同坐一桌，則男左女右，如男女主人各坐一桌，則女主人在右桌爲首席，男主人在左桌爲次席。
2.男主人或女主人據中央之席朝門而坐，其右方桌子爲尊，左方桌子次之；其右手旁之客人爲尊，左手旁之客人次之。
3.男女主人如一桌對坐，女主人之右爲首席，男主人之右爲第二席，女主人之左爲第三席，男主人之左爲第四席，依序而分席次之高低尊卑。

(二)三P原則

所謂「三P原則」，係指賓客地位（Position）、政治情勢（Political Situation）及人際關係（Personal Relationship）等三者而言。易言之，宴會席次之安排，除須考慮尊右原則外，還需要顧及來賓之社會地位、政治關係，以及主客之間談話、語言溝通、交情背景，甚至於私人恩怨等人際關係，綜合上述三項原則於安排位次時予以詳加考慮，才能造成良好宴會之氣氛（**圖5-1**）。

(三)分坐原則

所謂「分坐原則」，係指男女分坐、夫婦分坐、華洋分坐之意思，不過在中式宴會席次之安排，夫婦原則上是比肩同坐，其他客人則仍採分坐之原則。

圖5-1　席次安排要考慮三P原則

二、席次安排的方法

(一)西式宴會桌席次排法

◆西式方桌排法

男主賓面對男主人而坐，夫婦斜角對坐，讓右席予男女主賓。

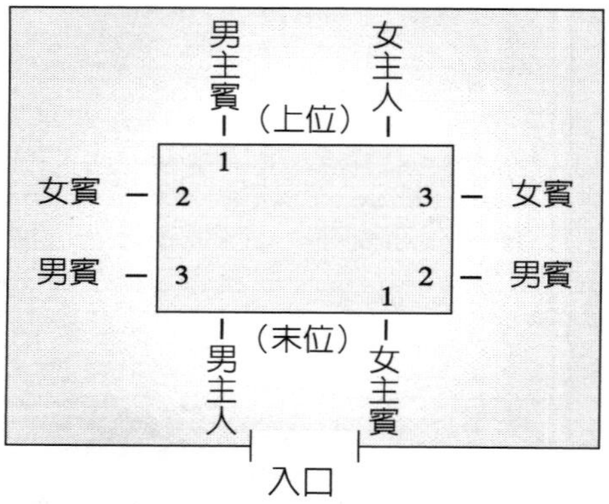

◆西式圓桌排法

男主人與女主人對坐，首席在女主人之右。

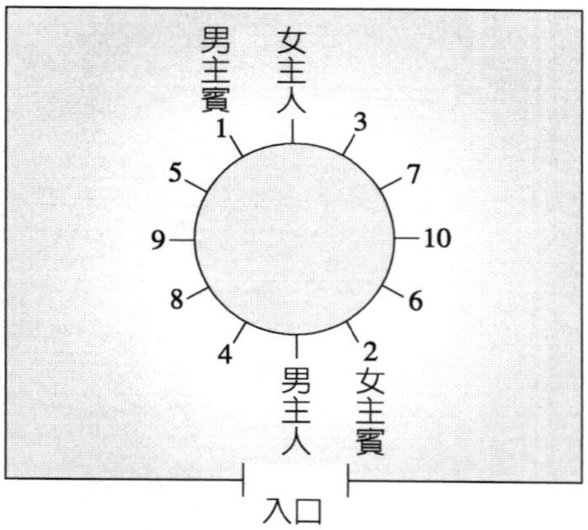

(二)中式宴會桌席次排法

◆中式方桌排法

男女主人併肩而坐，面對男女主賓。

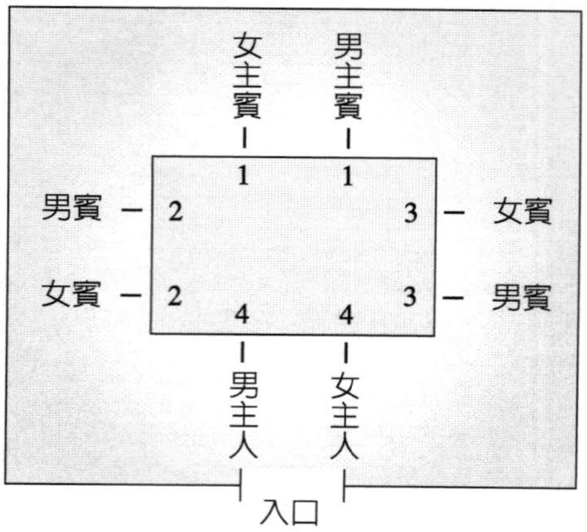

◆中式圓桌排法

主人居中，而以左右兩邊爲主賓，如圖席次1與席次2，自上而下，依次排列。

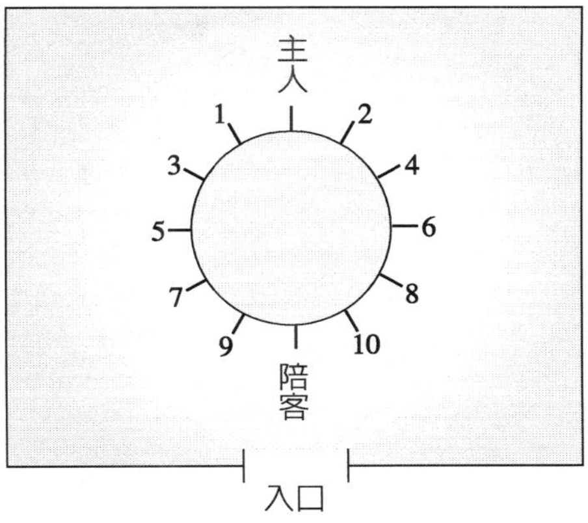

三、桌次排列法

餐桌桌次之排列除了須考慮前述三P原則外，尙須兼顧安全、舒適、便捷之原則，尤其是中式宴會，國人對首席桌之安排較之西式宴會更爲講究。

(一)桌次安排的基本原則

◆中間為大

當餐廳餐桌係採橫向排列，且桌數爲奇數時，則以中間餐桌爲首席桌或主桌。

◆右大左小

當餐廳餐桌係採橫向排列，且桌數爲兩桌時，則以面向入口處右側餐桌爲首席桌或主桌。

◆內大外小

當餐廳餐桌採直向或多層排列時，則以距入口處較遠的內側餐桌爲首席桌或主桌。

(二)餐桌排列法圖例

◆單圓桌之排列法

1號席次爲首位。
2號席次爲次位。
3號席次爲再次之。
4號席次爲末位。

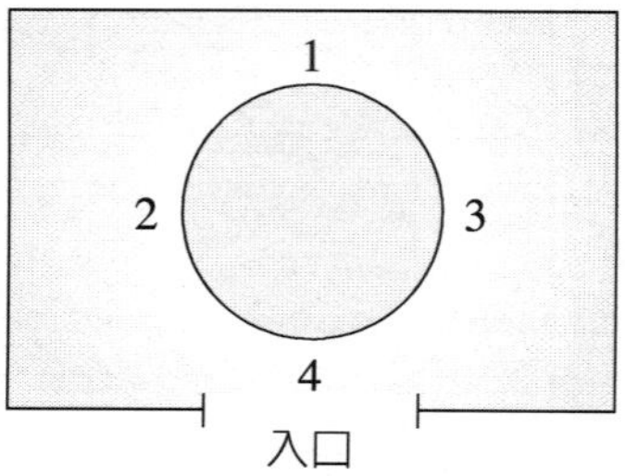

◆兩圓桌之排列法

兩圓桌時，以面向入口之右側桌席爲首席，左側爲次席，如圖例：

1號桌爲首席桌。
2號桌爲次席。

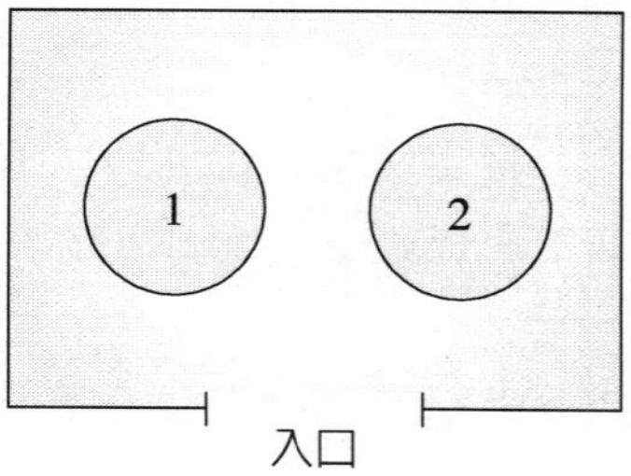

◆三圓桌之排列法

1.貴賓房若併排擺三圓桌時，則以中間桌爲首席，面向入口的右側桌次之，左側桌爲末席。

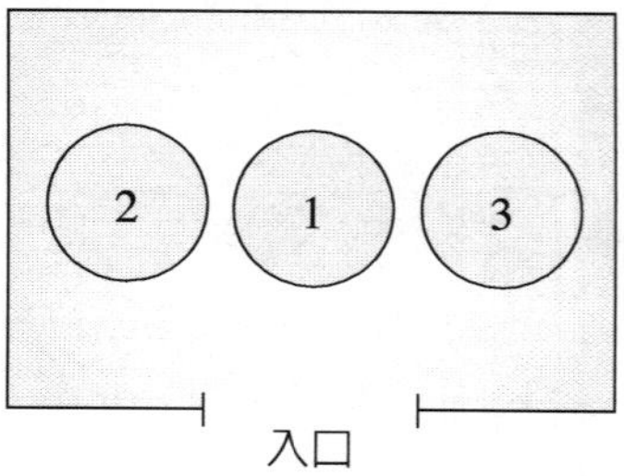

2.貴賓房擺三圓桌時，若在入口處擺一桌，則入口處該桌爲末桌，內側靠右爲第一桌，靠左爲第二桌。

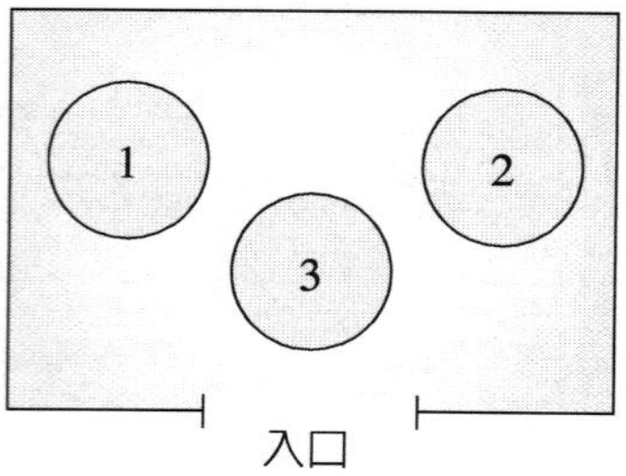

◆四圓桌之排列法

貴賓房若擺四圓桌如圖示，則以靠內餐桌爲尊，近入口者次之。

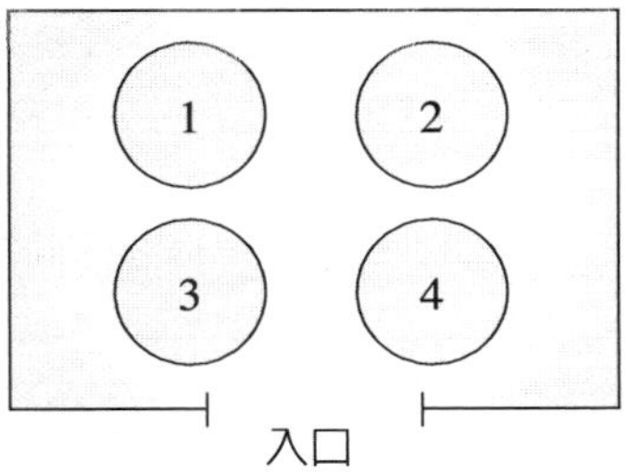

1號桌爲首席桌。
2號桌次之。
3號桌再次之。
4號桌爲末座。

◆五圓桌之排列

貴賓房若擺五圓桌，則以中間1號桌爲首席，內排右側爲次席，內排左側再次之，以最近門口左側爲最末桌，如下面兩種排法：

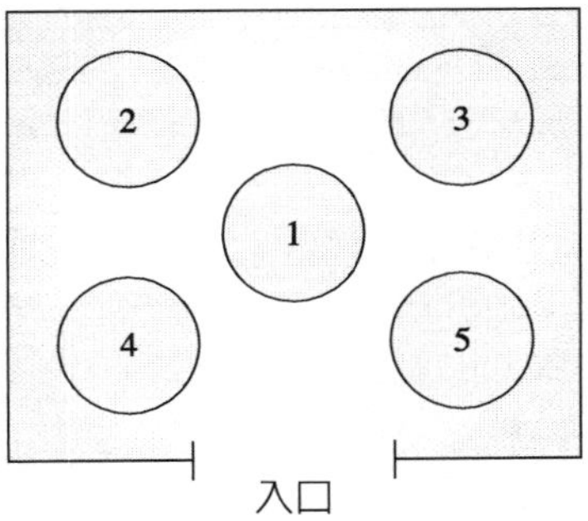

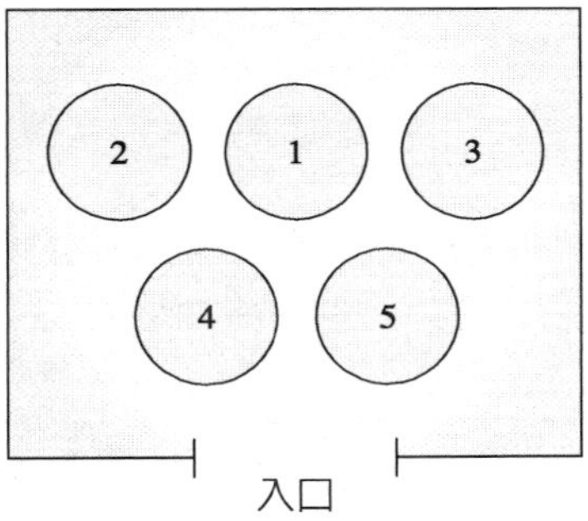

第二節　餐桌禮儀

餐桌禮儀很多，如刀叉餐具之使用、食物之吃法等等規矩甚多，若稍微疏忽將會貽笑大方，不可不愼。本單元首先將介紹各式餐具之使用方法，再解說餐桌上各種進餐細節與特種食物之正確吃法，期使讀者能培養良好餐桌禮儀。

一、餐具正確的使用法

(一)中餐餐具之使用

◆筷子

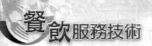

筷子的正確使用姿勢，係將筷子併排至食指一、二節，中指第一節之位置上，再將大拇指第一節輕壓至筷子上，再以無名指尖端抵在裡面的一支筷子上，然後再以中指為支點，自然張合。

◆骨盤

係用來裝盛菜餚或菜渣、魚骨頭之容器，切忌將魚骨等殘餘物任意棄於桌面或地上。

餐飲小百科

筷子的禁忌

使用筷子時，勿拿著筷子東指西指，此外尚須避免不雅的失禮行為。

- 刺箸：將筷子插入食物中，藉以刺取食物來食用。
- 迷箸：手持筷子在菜餚上，不知該挑選哪一種食物，而猶豫不決。
- 含箸：將筷子含在口中，藉以將黏在筷子上之食物吃掉。
- 淚箸：以筷子夾取食物入口時，一面滴著湯汁，一面將菜夾入口中。
- 剔箸：將筷子當作牙籤來剔牙。
- 移箸：以筷子來移動碗盤或餐食，以方便自己就近取食。
- 架箸：將筷子擱放在碗上面。
- 舔箸：享用佳餚後，意猶未盡而以舌頭舔筷子。
- 攪箸：為挑選自己所喜歡的食物，以筷子在菜餚上翻攪，以利挑選想吃的食物。
- 扒箸：以筷子將碗內之菜餚扒進口中。

◆湯碗

中餐餐桌之小湯碗係專供裝盛湯、羹之類菜餚，不宜作爲他用。

◆公筷母匙

中餐一般採合菜方式，以大盤供食，取盤中食物必須用公筷母匙取適量食物於自己骨盤或小湯碗上，再以自己之餐具進餐，勿以自己用過之筷子或湯匙取食。

◆餐巾或口布

其主要作用係防止湯汁、油汙等滴沾衣物，此外可用來輕拭嘴邊，但不可用來擦餐具、擦臉或做其他用途。

(二)西餐餐具之使用

◆原則上多用叉少用刀

刀、叉、匙是西餐最常見之主要餐具，原則上儘量多用叉少用刀。刀有牛排刀、餐刀、魚刀。牛排刀有銳利之鋸齒狀刀尖；餐刀又稱肉刀，刀尖亦呈鋸齒狀，只是較之前者鈍些；魚刀爲較扁而寬之刀面，刀尖不利，無鋸齒。

◆刀、叉之正確使用方法

刀、叉之正確使用方法是右手持刀，左手持叉，刀尖與叉齒朝下，以刀尖切割食物，但不可以刀送食物入口。刀僅作爲切割食物用。

◆叉子

叉子用途最廣，凡一切送入口中之食物，除了湯之外，大部分均以叉取食物入口，如魚肉、蔬菜水果、生菜沙拉及蛋糕等等均是。

◆湯匙與甜點匙不可誤用

西餐匙有湯匙、甜點匙及茶匙之分。湯匙較大，後兩者較小。圓湯匙濃湯用，橢圓匙是清湯專用，不可混淆使用。飲湯時，用右手拿湯匙「由內向外舀」，再將湯送入口中，湯快用完時，可用左手將湯碗向外傾斜再舀湯。用畢後，湯匙應放置碟上，而不可留置於湯碗內，若湯碗未附底盤，始可將湯匙置於碗內。

◆刀、叉、匙之運用

西餐之禮節，貴在懂得運用刀、叉、匙。通常刀與湯匙放在右邊，叉置於左邊，使用刀叉時，係「由外向內」取用。餐點用畢不可將刀叉擺回原位，應將其併排斜放在餐盤右上角或盤中，握把向右，叉齒向上，刀口朝向自己（**圖5-2**）。

圖5-2　餐點用畢，餐具的正確擺法

二、宴會餐桌禮儀

爲彰顯餐廳用餐氣氛及宴會服務品質，無論是餐廳顧客或餐廳服務人員，均須熟悉餐飲禮儀，以確保服務流程順暢及賓主盡歡。茲就基本餐桌禮儀介紹如下：

(一)赴宴入席的禮儀

1.正式宴會或餐廳用餐，通常須由領檯或接待人員引導入座，不宜逕自入席。
2.尊長未入座，或主人未招呼前，不宜逕行入座或先行進食。
3.入座時，一般均從「座椅左側」進入座位，姿勢宜正，不可前俯後仰，甚而側身斜坐。身體距桌緣約10～15公分左右。
4.女士手提包勿置於桌上，可放在身體背後與椅背之間。
5.用餐時，不可將手肘放置桌面，兩臂內縮勿向外伸張，以免觸撞別人。

(二)宴會使用餐巾的禮儀

◆餐巾啓用的時機

入座後勿直接取用或攤開餐巾。原則上，須俟全體入座後，再配合主人或主賓的動作來啓用。

◆餐巾正確的使用方式

1.餐巾攤開後，旋即將它對摺再置於膝蓋大腿上，唯避免將它繫在胸前或塞入腰際。

2.餐巾可供作爲防範菜餚汙損衣物及餐中偶爾擦拭嘴角用。唯不可拿來擦拭盤碟杯皿或擦汗拭臉。

3.進餐時，應儘量避免打噴嚏、咳嗽、呵欠或剔牙，若一時難抑，可以手帕遮掩或以餐巾應急，不過宜儘量避免之。

4.宴會中途暫時離席，可將餐巾對摺再置放椅面或扶手上，但絕對不可將餐巾放在餐桌上或掛在椅背。

5.宴會結束離席時，可將餐巾放在餐桌左側，表示已用餐畢。

(三)宴會中的進餐禮儀

◆調味品與牙籤

1.進餐中，當想要借用同桌客人面前之調味品時，不可伸長手臂或站起來拿，宜請鄰座客人幫忙傳遞。

2.宴席上，避免當衆使用牙籤，更不可以手指剔牙。若確有必要，則暫時離座前往化妝室使用。

◆咀嚼與談話

1.嘴巴勿含滿食物，否則咀嚼不易，形象不雅。

2.口中含滿食物時，勿張口說話，若別人問話時，可俟食物嚥下後再回話，以免噴得到處都是渣滓。

3.手上持刀叉時，或同席客人尙在咀嚼食物時，應避免向其敬酒或問話。

4.談話時，不可隔著左右客人和另外的客人大聲說笑，若與鄰座客人交談，也應該輕輕說話，不宜高聲大笑。

5.一道菜吃到一半，中間停下談話時，應將刀口或叉齒一端靠在盤上，刀柄或柄底端靠於桌上（圖5-3），否則服務員可能誤以爲你已用畢不再使用而將菜端走。

圖5-3　用餐中暫停或離席時餐具的擺法

餐飲小百科

餐具的語言

西餐宴席中，當賓客餐食已使用完或該餐食已不想再繼續享受時，可將刀叉併列置放在餐盤約12點鐘與3點鐘的位置。此時，有經驗的餐廳服務員看到此「標誌」後，將會主動前來為你收拾殘盤，此乃餐具語言。

◆敬酒與品評

1.餐桌上，除主人外，其餘客人不必勉強向同席客人敬酒。
2.餐桌上，每位客人面前應備有一杯酒，勿因不飲酒而不要酒。尤其當他人向你敬酒時，絕對不可以拿水杯或果汁代酒回敬。禮貌上應舉起酒杯淺嘗即可。國人對此禮節經常疏忽。
3.敬酒時，舉杯勿高於眼睛，以免阻擋視線，頂多與眼睛同高。
4.作客時，如菜餚係女主人親自烹調，禮貌上應予以品嚐並讚美之，但不必品評自己不喜歡的食物。

(四)宴會畢的禮儀

1.宴會結束時，男女主賓致謝告辭並先起立離席，其他賓客再相繼離座，並與男女主人握別。
2.宴會結束後，須等賓客全部離去後再與餐廳結帳，避免在賓客面前買單結帳。

(五)其他餐桌禮儀

1.進餐中之話題以生活趣聞、輕鬆風雅爲原則，避免討論嚴肅或敏感之爭議性話題，如政治、宗教或公務，以免影響進餐氣氛。
2.主人進餐之速度要儘量配合席間較慢的賓客用餐，以免讓客人感到不安。
3.女士用餐畢，不可在餐桌上當場補妝，應該暫離席前往化妝室再行補妝，以免失禮。
4.宴席進行中，避免中途離席；用餐畢，主人尚未離座，賓客不宜貿然起身先行離席，否則將十分失禮。

5.宴會類型很多，如國宴（State Banquet）、大型宴會（Grand Banquet）等較正式之宴會，服飾要以整潔大方高雅爲原則。男士以深色西裝或黑色禮服爲宜；女士則可穿著高雅禮服或套裝，唯不宜穿長褲。

三、歐式自助餐用餐禮儀

歐式自助餐（Buffet）已成爲時下甚受歡迎的一種餐飲供食服務方式，茲就其進餐須注意的禮儀，摘述如下：

1.自助餐供餐檯布置甚美觀，菜色多樣化。取食前可先欣賞一下所有的餐檯布設及美食文化，同時可瞭解自己所喜愛菜色的擺設位置。

2.取食最好依西餐上菜順序來依序取餐，即開胃菜、冷盤、湯、沙拉、熱食主菜、水果、甜點及飲料。

3.取食時，儘量以少量多樣爲原則，以免因菜餚取量過多吃不下而浪費（圖5-4）。

圖5-4　自助餐取食時儘量以少量多樣為原則

4.取食時，儘量避免將冷食與熱食同時混在一起，以防食材交互感染而變質。

5.取食時，須以每道菜專用的服務叉匙、服務夾或筷子等餐具來拿取菜餚，取食完畢須再歸放原位。

6.爲避免影響美食風味及視覺美感，不同款式的菜餚應避免堆砌在一起，或將菜餚堆疊成金字塔。

四、餐桌美食的正確吃法

(一)一般食物的吃法

◆湯類與飲料

1.喝湯時宜先試溫度，不可以口吹氣，更不可發出「嘶嘶」聲；取湯時避免過滿而濺汙衣物。

2.喝咖啡或紅茶時，勿以茶匙或咖啡匙舀送入口，茶匙、咖啡匙係供作爲攪拌用。飲用時，須將紅茶包與匙置於碟上，再以右手持耳把飲用。

3.喝果汁等飲料時，切忌大口牛飲；取用杯子要拿右手邊的杯子。

◆麵包類食品

1.吃麵包或吐司時要取用左手邊之麵包，同時絕對不可用口咬，或整個吞入口中嚼食。麵包應先用手撕成小片，再以小片送進口中。

2.麵包若要塗果醬或奶油，須先以奶油刀取適量奶油或果醬在麵包碟或餐盤上塗抹，以免碎片或麵包屑掉落餐桌上。

3.不可將麵包浸肉汁或醬汁等調味料食用。

◆魚肉類食物

1.魚肉類食物，要邊切邊吃，切一口吃一口，不可全部切成小塊再吃。

2.口中之魚骨或骨刺，可以拇指與食指自合攏之脣間取出。

3.正式場合不宜用手去骨，同時魚類取食不可翻身。一邊吃完時，可以刀、叉先去魚頭，再將魚脊髓骨之一端以叉挑起，逐漸提高整個骨頭，再以刀與叉將之夾起，置於盤側，然後再邊切邊吃。

◆麵條與沙拉

1.麵條類食物，可先用叉子捲幾圈，大約一口量即可，然後再以叉送食物入口，不可一部分入口，而一部分尚未離盤就以口吸食，非常不雅觀。
2.通心粉或沙拉可用餐叉，叉起食物進食。如沙拉太大塊，宜先用刀切成小塊再以叉吃（**圖5-5**）。至於盤中剩餘豆粒，仍以叉取食，不可用手取食。

(二)特種食物的吃法

◆用手取食的食物

1.炸洋芋片、玉米、芹菜、培根、餅乾或蜜餞等較不易沾手之食物可以用手取食。
2.吃小蝦、龍蝦腳爪，可以用手去殼食之；烤雞也可以用手拿來吃；不過，凡是用手取食之食物，應注意用拇指與食指兩隻指頭，不可「五爪」俱張。

圖5-5　沙拉宜以叉取食

◆雛雞、野禽、乳鴿等食物

雛雞、野禽、乳鴿等食物，宜先用刀割其胸脯及兩腿之肉，但不可翻身，可先剖成兩塊，在切肉時，左手持叉，要用點力，將肉按住固定妥，否則一不小心，炸雞、龍蝦便會滑溜出盤外，手肘要放穩在桌上，然後再以刀尖切割。

◆水果類食物之吃法

1.吃水果時，水果的核或渣應吐在手中，再放置盤上，不可直接當衆吐在盤碟上。

2.西方人吃葡萄之方法有二：一爲左手握葡萄，右手以刀尖取出種子，再以右手送入口；另一種吃法，係將整粒葡萄放入口中咀嚼，吞食其果肉及汁，一般均不吐核。

學習評量

一、解釋名詞

1.禮儀
2.三P原則
3.刺箸
4.State Banquet
5.Grand Banquet
6.Buffet

二、問答題

1.現代宴會在安排席次時，須遵循哪些基本原則？
2.中式宴會時，若男女主人併肩而坐面對男女主賓時，請試繪圖來安排六人席位的方桌。
3.如果你在餐廳貴賓包廂安排三圓桌宴會時，請試繪圖說明其席次之排列。
4.宴會入席時，須注意的禮儀有哪些？你知道嗎？
5.當你在宴席中途暫時離席，請問你的餐巾及刀叉該如何放置，始較合乎禮節？試述之。
6.餐廳服務人員應注意的接待禮儀有哪些？

三、實作題

請就席次安排的原則，依序安排桌次，如主桌、次桌……桌數分別爲二桌、三桌、四桌、五桌。

Note

Chapter 6

餐廳服務基本技巧

單元學習目標

◆瞭解餐巾摺疊的基本原則
◆熟練常見餐巾的摺疊技巧
◆熟練餐廳餐桌架設及拆除的技巧
◆熟練檯布鋪設及更換的技巧
◆熟練餐廳各類托盤的持托技巧
◆熟練餐廳服務叉匙的操作技巧
◆培養良好安全衛生工作習慣

所謂「基本服務技巧」，係指爲營造餐廳客人的進餐氣氛，滿足其用餐體驗而提供的各種餐食所需的用具，及呈現此餐食的方法與技巧。舉凡各類餐具之服務、餐巾摺疊、托盤操作、檯布鋪設與更換等均屬之。

由於餐廳類別性質不同，訴求對象互異，因此所提供的服務方式皆是針對滿足顧客特殊需要及不同狀況的需求而設計，所以並沒有哪一種服務方式或技巧是最好的，只要符合餐廳營運需求，並能滿足顧客欣愉用餐體驗，即爲最好的餐飲服務。

第一節　餐巾摺疊

餐巾係放在餐桌上給客人使用，同時對於餐廳用餐環境及餐桌布設均有美化的功能，能增進餐廳進餐氣氛，或使整個宴會布置更加生動活潑、光鮮亮麗。

餐巾的材質有布質與紙質兩種，在較正式的用餐場合大部分是以布質餐巾爲多。至於餐巾的摺疊方法相當多，但最重要的是端視餐廳本身營運性質、餐廳環境擺設、服務人員的技巧，以及可供用來摺疊餐巾的時間而定。

一、餐巾的緣起

餐巾俗稱「口布」，又稱席巾、茶巾、茶布等，英文稱之爲“Napkin”、“Serviette”。清朝皇帝用膳所用的餐巾則稱之爲「懷擋」，質地非常考究，繡工精細，花紋多采多姿，有各種福祿壽喜等吉祥圖案。此餐巾用法與目前使用方式不大一樣，它係將餐巾上角的扣套，套在衣扣上，作爲保潔防止弄髒衣襟之用，可見餐巾在我國已有相當的歷史。

至於國外餐巾最早在羅馬時代曾被使用，是繫在脖子下，作爲進餐取食前擦拭手指用。到了十六世紀，餐巾才正式在餐廳出現，不過其主要目的，係爲了防止弄髒當時流行的廣邊、漿硬的大衣領，因此以餐巾繫在脖子，以防用餐汙損衣領。至於餐廳的外場負責人，則將餐巾披掛在左肩上，以象徵其職別，此做法極類似我國古代餐廳店小二，習慣性將餐巾披在肩上一樣。

餐巾在當時皇室也被用來包裹刀、叉，再放置在金質的船形容器上，供皇室權貴進餐使用，後來才在法國逐漸發展出系列的精巧餐巾摺疊，並且在其上面灑些香水增添情趣。

二、餐巾摺疊的類型

餐巾摺疊的類型很多，大致上可依其造型及用途來區分。摘述如下：

(一)依餐巾造型而分

◆杯花

所謂「杯花」，係指將餐巾經由專業化摺疊技巧完成，再將摺疊好的餐巾置入玻璃杯者，稱之爲杯花（**圖6-1**）。目前常見的杯花款式有：花蕾、蠟燭、扇子、玫瑰、蘭花、花束及孔雀等多種。

圖6-1　杯花

◆盤花

所謂「盤花」另稱「無杯花」，係指經由專業化摺疊完成的餐巾即可直接放置餐桌上或餐盤上擺設，不必再借助其他杯皿即可挺立者，稱之爲盤花（**圖6-2**）。例如：濟公帽、立扇、星光燦爛、酒店型、雞冠型、帆船、三明治、土地公及「法國摺」（French Fold）等多種。

圖6-2　盤花

法國摺在歐美餐廳甚受歡迎，日本稱之爲「波浪」（Wave），在國內有人稱之爲樓梯，或取其意義稱之爲「步步高升」。

(二)依餐巾用途而分

◆客用餐巾

係指專供顧客使用的餐巾，因此其造型以簡單大方，摺疊次數愈少愈好，也較符合衛生原則。例如：帳棚、濟公帽、土地公及法國摺等均是。

◆觀賞用餐巾

係指以供營造餐廳氣氛爲主，客用爲輔的餐巾，因此其造型以美觀大方、醒目爲原則。例如：星光燦爛、花蝴蝶、立扇、燭光及天堂鳥等均是。

◆服勤用餐巾

係指專供餐廳服務人員在餐飲服務作業中使用的餐巾，因此其造型以簡單方便實用爲原則。例如：服務臂巾、自助餐刀叉口袋、蓮花及麵包籃巾等均是。

三、餐巾摺疊的基本原則

餐巾摺疊須遵循的基本原則，有下列四項：

(一)乾淨衛生原則

1.餐巾摺疊好放在餐桌除了美觀裝飾外，最主要的目的是供客人進餐時使用，因此要力求清潔衛生，此乃餐巾摺疊最重要的原則。

2.餐巾摺疊之前，務必要先將桌面清理乾淨，並將雙手洗滌乾淨，以免汙染餐巾。

3.餐巾摺疊儘量以手刀，避免用手掌來壓線，以免汙染。

4.餐巾若有汙損或破損，須報廢不可再使用。

(二)簡單方便原則

1.餐巾摺疊之款式，最好簡單高雅方便即可。因爲在摺疊處理時，愈簡單款式手部接觸次數將愈少，也較符合衛生原則。

2.餐廳服務前的準備工作很多，時間又有限，如果餐巾摺疊款式太複雜，可能會造成時間上之浪費，不符合經濟效益。

3.餐巾要便於顧客拆卸使用，若摺疊過於複雜，客人拆解會造成不便，同時摺紋太多不但欠美觀、衛生，顧客使用上也不方便。

(三)美觀高雅原則

1.餐巾之質料要柔軟、吸水，避免使用尼龍人造纖維（Textile Cotton, TC）之布料，最好爲純棉布料縫製。

2.餐巾之顏色以高雅亮麗、素色爲原則，唯須考量餐廳整體之布置，力求和諧及氣氛之營造。

3.餐巾摺疊時，須選擇避免縫製之邊緣暴露在外的款式，才會更美觀高雅。

(四)統整和諧原則

餐廳所使用之餐巾色調、摺疊方式，務必考量一致性之統整原則，亦即同一餐室所使用之餐巾、色系要力求一致性，避免同一餐室有各種不同款式或色調之餐巾擺設。

四、餐巾摺疊的方法

餐巾摺疊的方法不勝枚舉，唯其基本樣式，不外乎長方型、正方型及三角型等三種款式的變化。至於其摺疊法有：二摺法、三摺法、四摺法及對角法等四種。茲就幾種較爲常見之餐巾摺疊法，介紹如下：

(一)二摺法

係將餐巾平放桌面，再取中心線，由下往上對摺。如下圖所示：

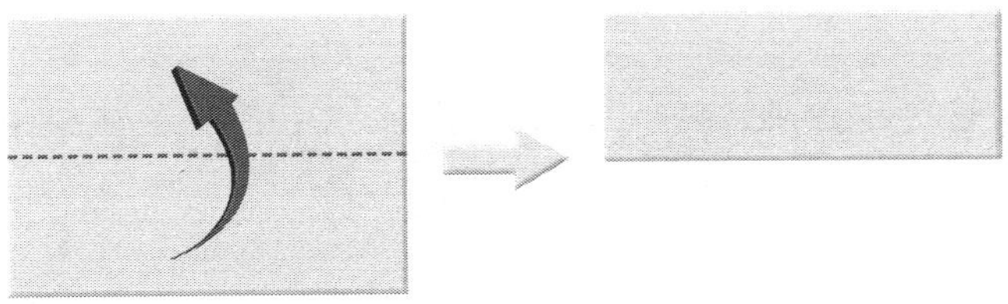

(二)三摺法

係將餐巾平放於桌面，再將餐巾先由下以三分之一等份寬往上摺，再由上方以同樣三分之一等份寬朝下摺。

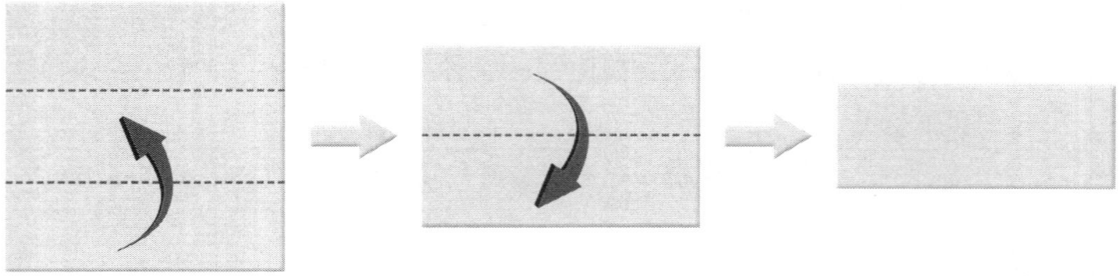

(三)四摺法

係將餐巾平放於桌面，再將餐巾由上、下端分別以四分之一等份寬朝中心線對摺，然後再由下端往上對摺成四分之一等份寬。

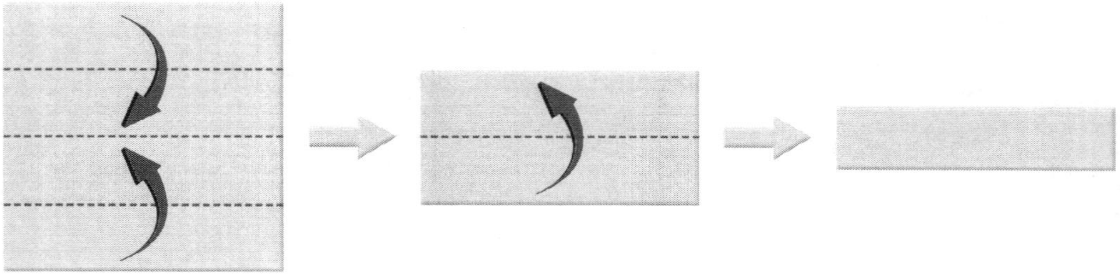

(四)對角法

係將餐巾以菱型方式平放桌面，再取中心線，由下往上朝對角摺成三角形。

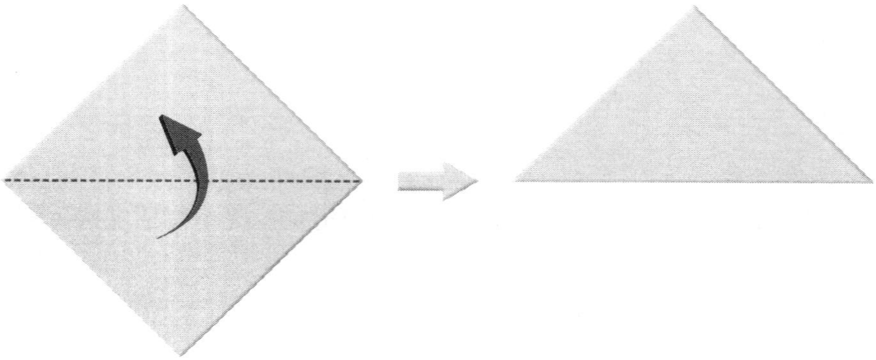

五、餐巾摺疊實作

(一)杯花系列

花蕾

1

2

3
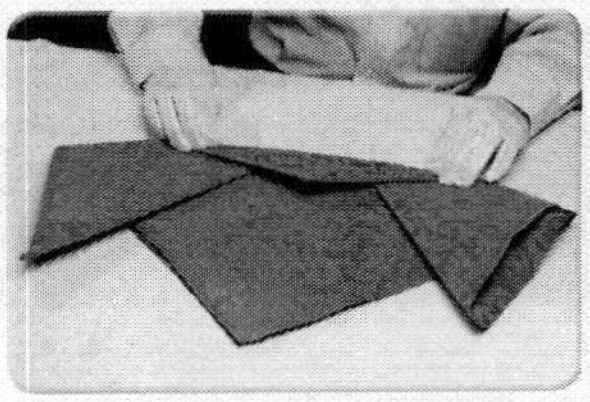

4
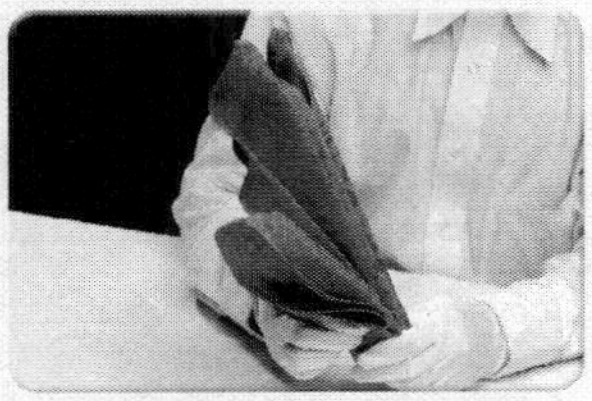

5
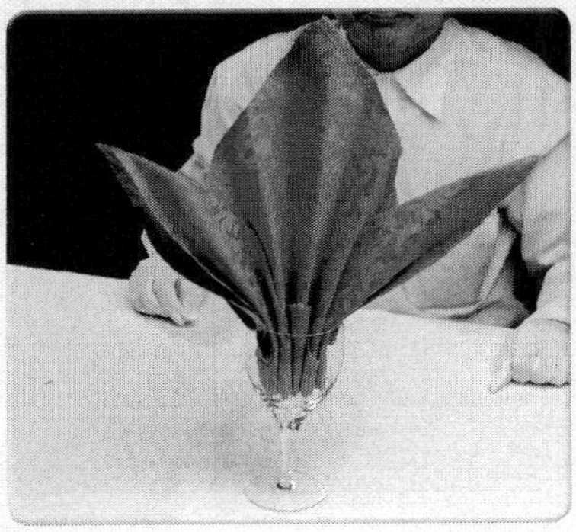

1. 先將口布摺成三角形，直角在上，斜邊在下。
2. 以斜邊中點為支點，將左右兩斜角往距直角頂約四分之一邊長處，摺成三角形。
3. 下面尖端處，往上摺成小三角形。
4. 翻到背面，摺段摺。
5. 修整後放入杯中即完成。

蠟燭／燭光

1

2

3
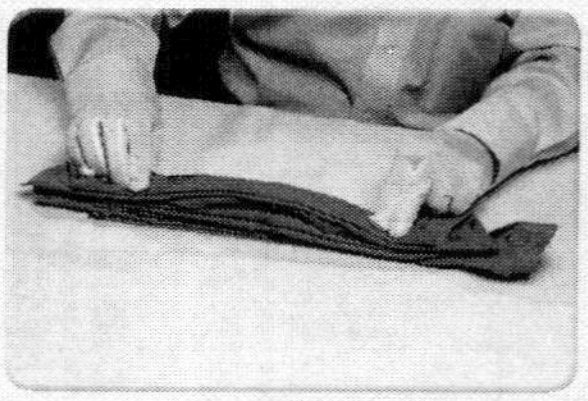

4
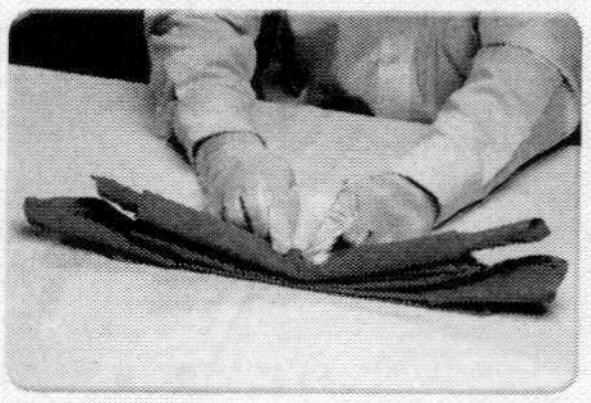

5

1. 口布上下兩邊，各向中央線對摺。
2. 對摺後，向外側翻出四個角。
3. 一側摺段摺成扇形。
4. 另一側用捲的方式，捲成柱狀。
5. 取中心點，兩邊對彎再放入杯中即完成。

扇子

1 

2 

3 

4 

5 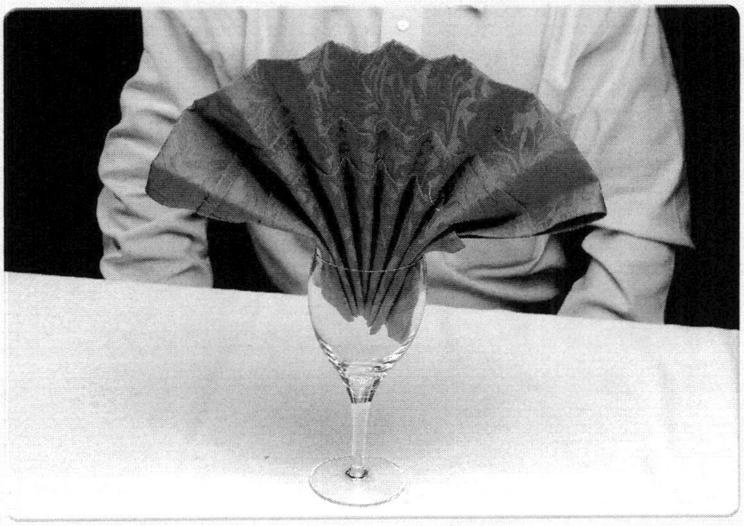

1 口布向下對摺，成爲二分之一寬的長方形，開口朝下。

2 上半摺往上摺，使摺邊距長方邊約5公分。

3 下半摺再往上摺，使摺邊距第一摺邊約3公分。

4 摺段摺成扇形。

5 底端壓緊後，置入杯中即完成。

玫瑰

1

2

3

4

5

1 口布摺成四摺的正方形，以菱形方式擺放，四摺開口朝下。

2 將前二摺，由對角線往上摺成三角形。

3 再將其餘二摺，由對角線自背面往上摺成三角形。

4 自三角形底部斜邊之一端，向另一端摺段摺約五至六摺。

5 壓緊底端，再拉出左右兩花瓣及中間之花蕊，置入杯中即完成。

蘭　花

1

2

3

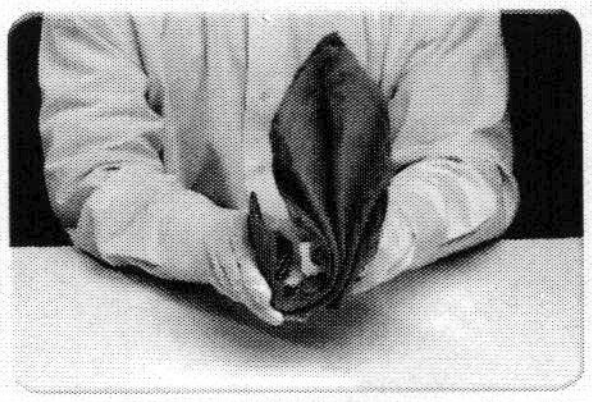

4

5

1. 口布摺成四摺的正方形，以菱形方式擺放，四摺開口朝左。
2. 由下端往上摺小摺約六至七摺，成蝴蝶狀。
3. 捏緊中間，將四摺開口朝上，尾端四分之一處，往上彎摺做底部。
4. 將上端四摺開口，左右各二瓣拉成花瓣形狀。
5. 底部壓緊後置入杯中即完成。

(二)盤花系列

法國摺／步步高升

1

2

3
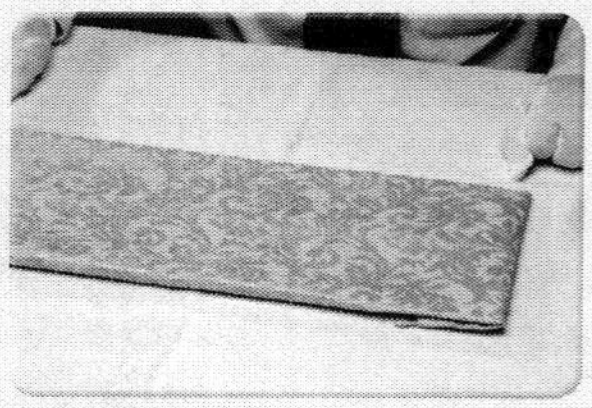

4

5

1. 口布反面朝上，平放桌上，並將正方形口布上下端朝內摺成三分之一長條摺。
2. 將口布一端取八分之一長，往下摺第一摺。
3. 接著於口布八分之四位置，再摺第二摺。
4. 然後在口布八分之六位置，再摺第三摺，並將剩下約八分之一的口布往內摺，鋪平即可。
5. 將三摺之摺線壓平修整即完成。

濟公帽／主教帽

①

②

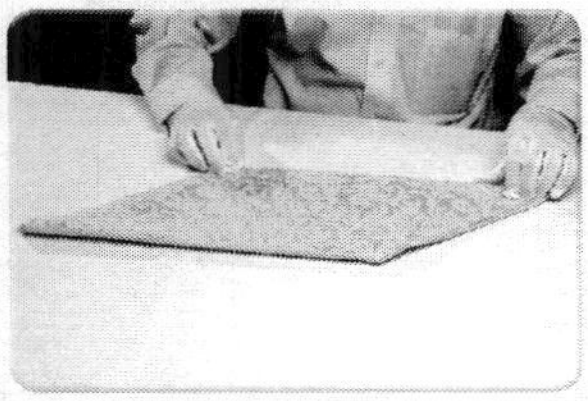

③

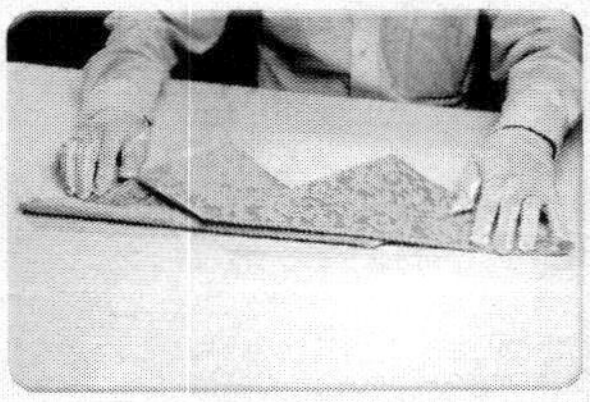

④

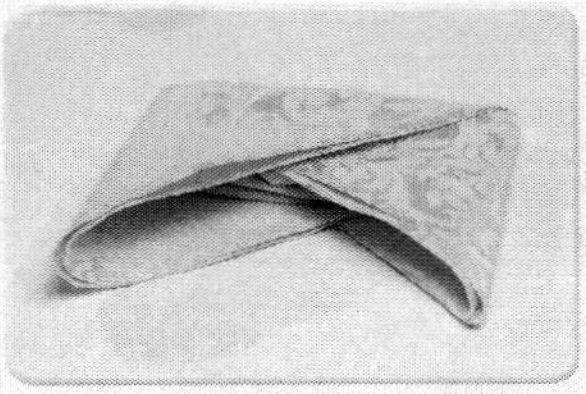

⑤

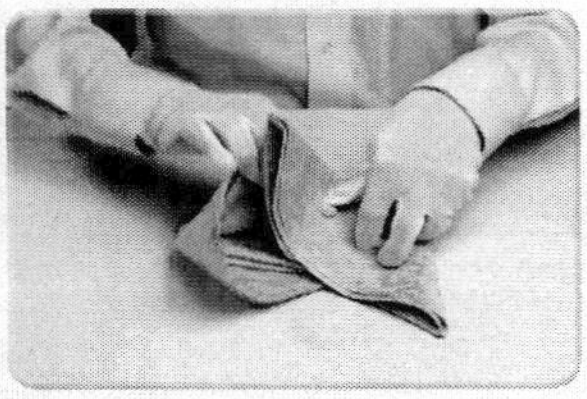

⑥

⑦

① 口布反面朝上，上下對摺二分之一，成爲長方形。

② 長方形對角端點，朝中間線內摺，構成兩個三角形之平行四邊形。

③ 將此平行四邊形的口布翻面平放。

④ 將較長一雙平行邊對摺，並拉出另一三角形之頂角。

⑤ 將一側邊角向上往內摺入。

⑥ 翻面，以同前方法，將另一側邊角摺入。

⑦ 將底部展開，使其站立即完成。

立 扇

1

2
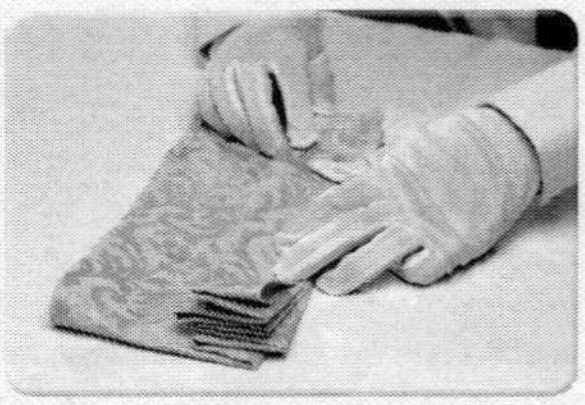
3

4
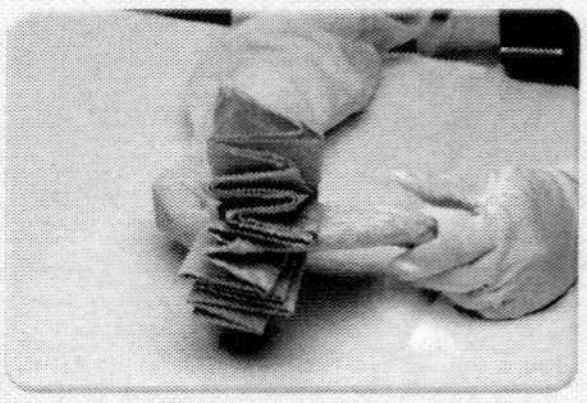
5

1 口布反面朝上，再對摺成二分之一寬長的長方形。

2 自口布一端開始摺段摺至距另一端約四分之一處止。

3 將段摺部分壓緊，再向後對摺。

4 再將外露部分之摺邊開口對角，往中間段摺底端摺夾入摺縫中。

5 捏緊摺夾部位後，將其展開即完成。

星光燦爛

1

2

3

4

6

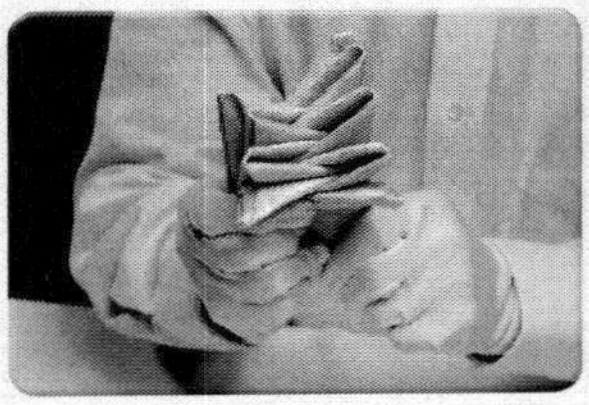

5

1 將口布反面朝上，平放桌面。

2 將口布上下各取四分之一長向中間線內摺成長方形。

3 再將此長方形上下對摺，成爲四分之一寬的長條形。

4 取八分之一摺寬，由一端朝另一端摺段摺成扇形。

5 一隻手握緊扇形三分之二處，另一隻手將兩側邊角及內角往外拉出並摺成三角形狀。

6 捏緊修整後，展開此扇形即完成。

酒店型／自助餐型／刀叉口袋

1 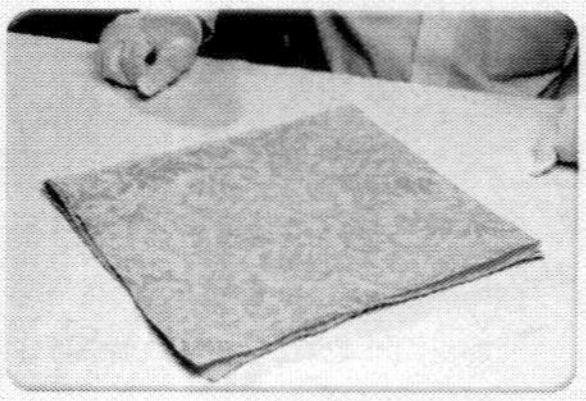

2 

3 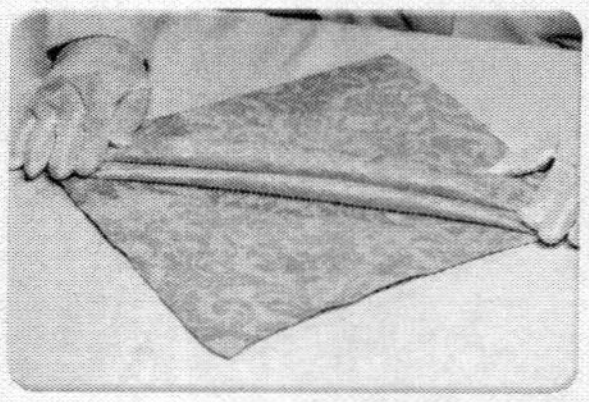

4 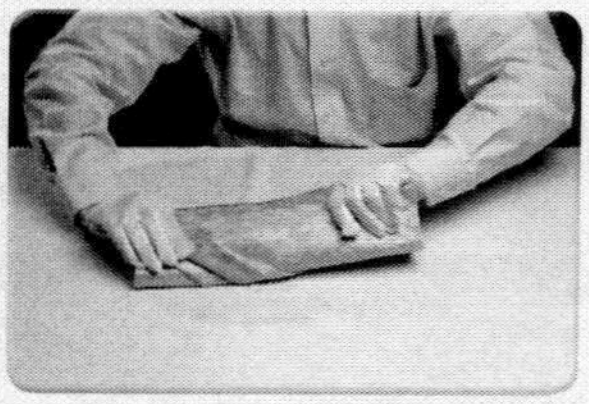

5 

1 將口布對摺再對摺，四摺開口朝上，以菱形方式平放桌面。

2 將開口摺片最上層的第一片，向下捲摺至對角線上。

3 第二片向下摺入第一片之後面，露出部分的寬度與捲摺同寬。

4 將對角兩側向後各摺入四分之一寬長。

5 將摺痕修整壓平即完成。

帳棚／三明治

①

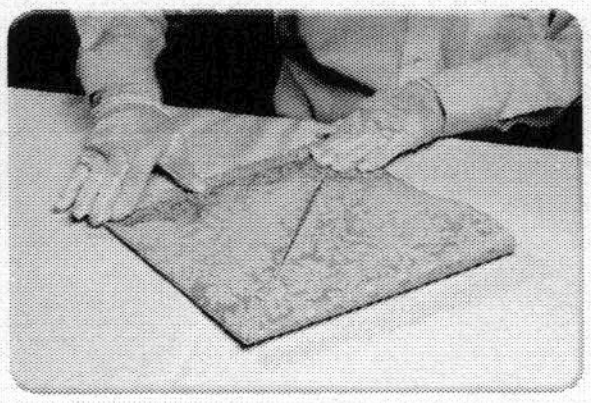

②

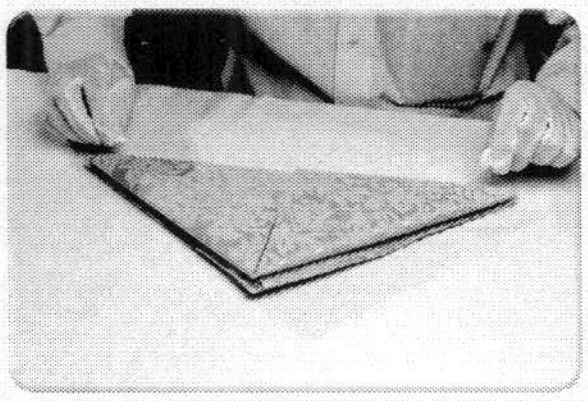

③

④

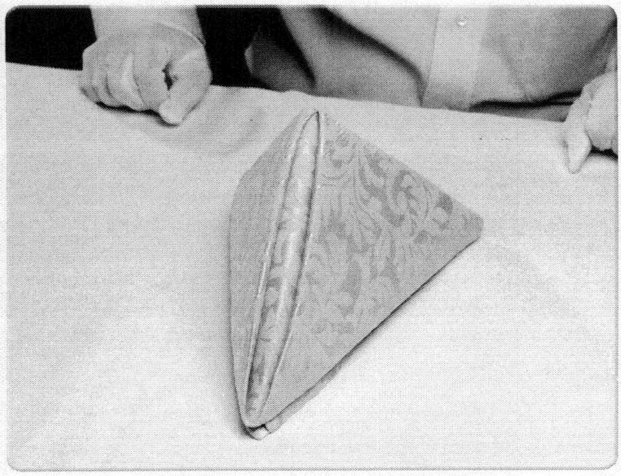

⑤

① 將口布對摺成三角形，頂角朝下。

② 以斜邊中央位置爲中心點，將左、右兩邊角往頂角處內摺，使口布成爲菱形。

③ 將菱形對角線下半部口布，往後翻摺成三角形。

④ 再將三角形，以頂點及斜邊中心點之摺縫爲軸，將左右兩邊朝後摺入。

⑤ 捏緊修整後，展開即完成。

土地公

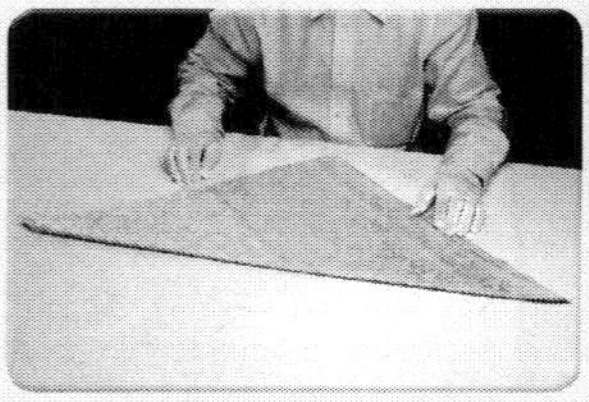

①

②

③

④

⑤

① 將口布對摺成三角形，頂角朝下。

② 以斜邊中央位置爲中心點，將左、右兩邊角往頂角處內摺，使口布成爲菱形。

③ 將菱形對角線下半部口布，往後翻摺成三角形。

④ 再將三角形以頂點及斜邊中心點之摺縫爲軸，將左、右兩邊朝上翻捲，並將兩邊角相互夾住。

⑤ 夾緊後，將正面左、右各一片摺片往外翻即完成。

(三)服勤系列

無蓋麵包籃

1

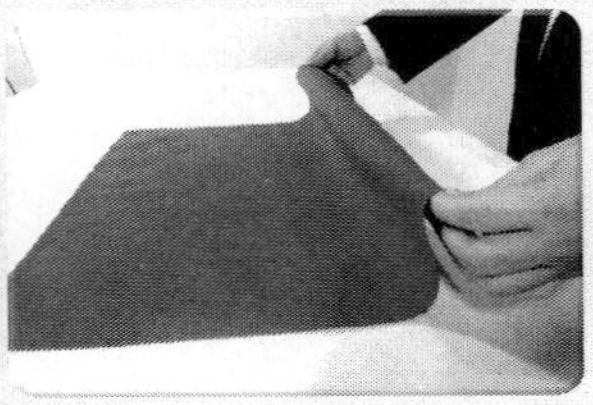

2

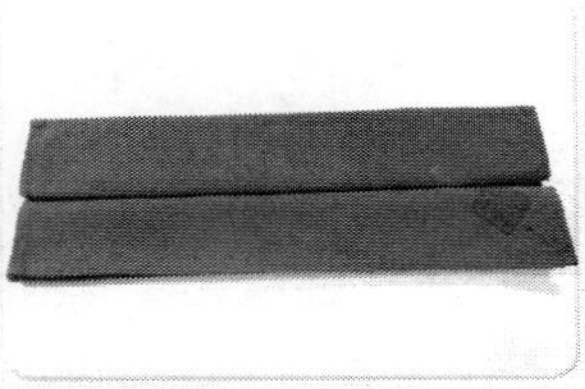

3

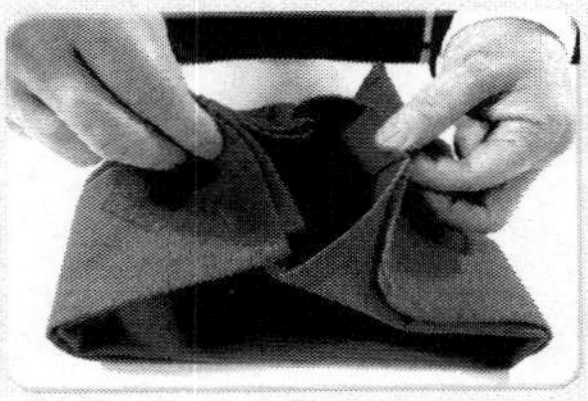

4

5

1. 口布正面朝上，呈正方形，平放桌上。再上下對摺壓緊後，再回復原狀，以取口布中心線。
2. 取口布六分之一長的寬度，將下端口布提起，先往下再往上摺段摺（扇摺）至中心線。
3. 再以同樣方法，將上端口布往下摺段摺至中心線。
4. 將口布翻面，將左右兩端取等長朝中央摺，並將一端塞入另一端口布缺口內，唯須使摺入後的口布剩餘長度與麵包籃底長一樣。
5. 將口布翻面，將口布上端與下端朝內對摺，然後再將其置放在麵包內，調整其開口成袋狀即完成。

有蓋麵包籃

①

②

③

④

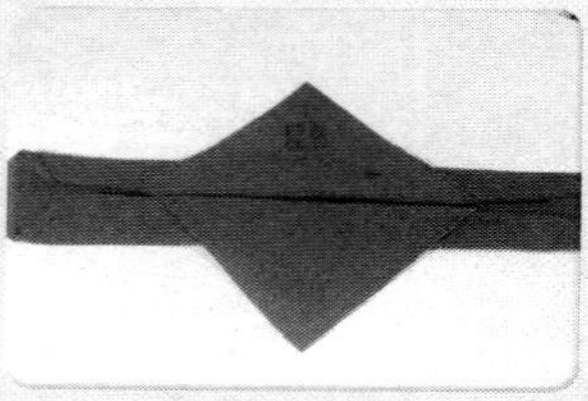

⑤

⑥

⑦

① 口布正面朝上，呈菱形狀，平放桌上。

② 取口布對角線約三分之一長的寬度，由下端往上摺。

③ 再將口布底端往上摺至中心線止。

④ 將小三角形口布往下翻摺。

⑤ 同樣方法，再將上端口布朝下摺三分之一長寬度，然後將底端再朝下摺至中心線，並將小三角形朝上翻。

⑥ 將口布翻面，左右兩端取等長，朝中央摺入，將一端塞入另一端口布缺口內，唯須使摺入後所剩餘口布長度與麵包籃府等長。

⑦ 再將口布翻面，並置入籃內，稍調整開口即完成。

服務巾

1

2

3

1. 將口布反面朝上，呈正方形，並將下端口布朝上摺至中心線。
2. 上端口布也以同樣方法，向下摺至中心線。
3. 最後，再將下端口布朝上對摺，即完成。此摺法爲前述「四摺法」的摺疊方法。

小方巾

1

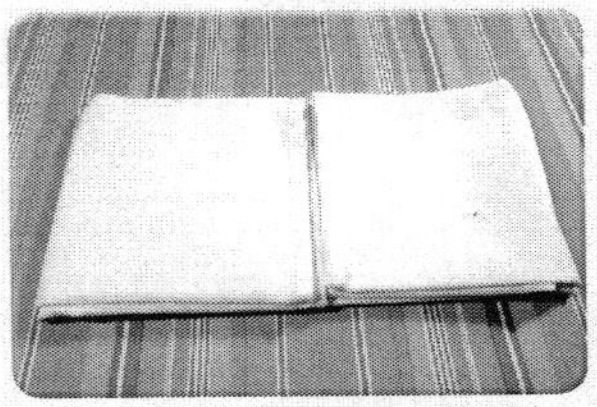

2

1. 將上述服務巾左右兩端，各取口布四分之一長的寬度朝中央對摺。
2. 再將左右兩端對摺後，即完成小方巾。此方巾可供清理餐桌殘餘麵包屑用。

第二節　餐桌架設及拆除

餐廳營業的準備工作之一，乃餐桌的準備。餐廳須先擬訂餐桌座次配置圖，基本上要考慮客人與服務員之動線要流暢，出入口附近勿擺設餐桌，以便於客人進出。餐廳桌次之排列要整齊美觀，動線井然有序爲原則。基本上餐廳的座位均固定，不過有時爲了顧客需要而須將原來餐桌椅異動，如臨時增加餐桌椅等，此時即須架設或拆除移走餐桌。茲就餐桌架設及餐桌拆除之作業要領分別摘述如後：

一、餐桌的架設作業

(一)餐桌架設的時機

1.餐廳服務前必須針對本日訂席，製訂餐桌座次配置圖，並據以安排調整或架設新餐桌。

2.餐廳因爲顧客臨時要求而需要加設餐桌椅。

3.其他特殊原因而架設餐桌，如餐桌不穩、桌腳折損，均須立即更換新餐桌。

(二)餐桌架設所需的器具

如活動腳架、桌面、轉檯底座、轉檯、檯布及轉檯套。

(三)活動式腳架的長方餐桌架設要領及步驟

1.將長方餐桌自存放區搬至餐廳準備定位。

2.將活動腳架放下，並加固定扣穩。

3.檢查餐桌的穩定度，若桌腳高低不均，則須將椅腳調整或以軟木片予以墊平穩。

4.清潔桌面並鋪上檯布，即完成長方餐桌之架設。

(四)活動式腳架的中式圓餐桌架設要領及步驟

1.先將活動腳架及圓桌面自存放區搬到餐廳準備定位。

2.先取活動腳架，加以分開安置在指定位置。

3.將圓桌面，以翻滾方式自存放區移到餐廳定點位置，置放在活動腳架上面。此時須詳加確認是否將桌面底部凹槽卡進桌腳架上之凸起部位。

4.檢查桌面穩定度，確認平穩無誤。

5.如果不加轉檯，則可先清潔桌面後鋪上檯布，即完成餐桌架設之作業。

(五)固定式桌腳的中式圓餐桌架設要領及步驟

大部分高級餐廳的圓桌均以固定式銅質桌腳爲多，以方便客人進餐入座。此類餐桌均設有轉檯，有些餐廳轉檯還加裝轉檯套，更顯得高雅大方（**圖6-3**）。其架設要領及步驟分述如下：

◆先鋪設圓桌檯布

1.鋪設檯布時，雙手先將檯布拉開，再向前端拋出，使檯布攤平，使檯布中心十字摺痕落在餐桌中心點。

2.然後再調整檯布下襬，使其垂下長度一致對稱即可。

3.最後再檢查檯布是否平整，是否有破損或汙點，經確認無誤即告完成檯布鋪設工作。

圖6-3　套上轉檯套的中餐圓桌

◆安置轉檯底座（軸承座）

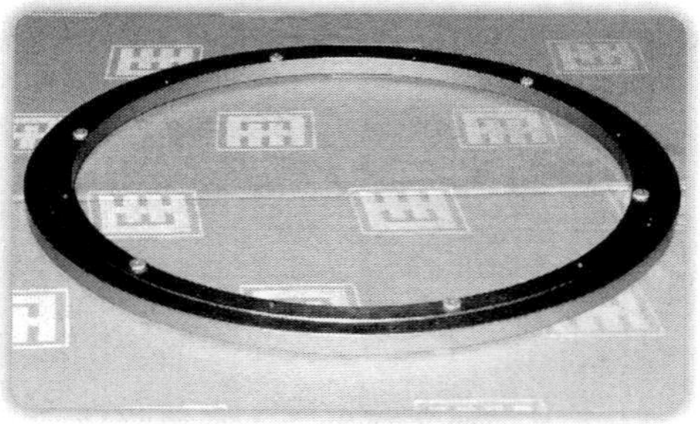

圖6-4 轉檯底盤

1.先檢查轉檯底座滑輪是否可做三百六十度旋轉、是否轉動靈活、功能是否正常，如果試轉不順，可稍加調整或添加一、二滴潤滑油即可。
2.將轉檯底座擦拭清潔，避免汙垢或油漬沾汙檯布而有礙觀瞻。
3.確認功能正常且擦拭乾淨後，再將轉檯底座平穩安置在已鋪設檯布的餐桌正中央位置（圖6-4）。放置底座時要再三確認正中央位置後，始輕輕放下，以免位置不對而需再重新調整之困擾。
4.通常圓桌直徑若超過150公分（5呎）者，均須增置轉檯（轉盤），轉檯直徑約50～70公分，轉檯距桌緣大約30公分較適宜。

◆套上轉檯套

1.先取一面轉檯，另稱轉盤，英文稱之爲Lazy Susan或Turn Table。確認是否乾淨，是否有破損缺口。
2.確認轉檯潔淨無瑕疵，此時可將轉檯套予以套上，如果轉檯套無鬆緊帶，則須將套子結帶繫緊，確認完全平穩、扎實始可。
3.檢查確認轉檯套攤平、牢固即完成。

事實上，如果轉檯面很美觀、材質高貴，則不一定要使用轉檯套，唯高級餐廳或宴會，均會加裝轉檯套，始較爲正式且大方美觀。

◆鋪放轉檯

1.將已套好轉檯套的轉檯，或經檢查確認清潔無汙損之轉檯，輕輕置放在轉檯底座上面。
2.再以手輕壓檯面並轉動，以確認是否平穩、轉動功能是否順暢正常。
3.經確認無誤，再將桌面以抹布擦拭一遍，以免留下手印或指紋，尤其是未加轉檯套之轉檯面。如果是玻璃或麗光板之檯面，只要手指碰觸就會留下汙痕，因此最後的善後處理甚重要（圖6-5）。

圖6-5　中餐圓桌玻璃面轉檯

二、餐桌拆除作業

(一)餐桌拆除時機

1.當宴會結束後，須立即展開收拾餐具、桌面整理及將臨時加設之餐桌拆除復原，並歸定位存放。

2.當餐廳營業時間結束，須清理桌面、打掃清潔地板時，須先移動或拆除餐桌，以利善後清潔整理工作之進行。

3.餐廳為因應顧客臨時要求而拆除多餘餐桌。

(二)餐桌拆除所需器具

1.布巾車或布巾袋。

2.轉檯存放車（圖6-6）。

3.抹布。

4.其他手工具，如起子、鉗子等等。

圖6-6　玻璃轉檯存放車

圖片來源：寬友公司提供。

(三)活動式腳架長方餐桌拆除要領及步驟

◆先將檯布收起

1.乾淨檯布須先摺疊好再歸定位存放或置放在布巾車上。至於使用過且汙損之檯布則放在布巾車汙衣袋或布巾袋中準備送洗。
2.布巾收拾前須檢視是否有菜餚殘渣、牙籤等異物，並將乾、溼布巾分開放置，以免交互汙染。

◆鬆開活動腳架固定扣，再將桌腳收回

1.活動腳架均附有固定扣，拆除長方桌時，須先鬆開一端兩腳架之固定扣，再將兩支桌腳收回，輕輕將桌面放下置於地板上。
2.然後再鬆開另一端桌腳之固定扣，並將腳架收回。

◆依規定置放於指定位置

將桌腳均收回的餐桌，依規定整齊堆放於指定位置，此拆除作業始告完成。

(四)活動式腳架中式圓餐桌拆除要領及步驟

◆先將檯布收起

收拾檯布之要領同前所述，唯須特別注意依據檯布乾、溼及汙損情節輕重來嚴加分類送洗。

◆將圓桌面收起

1.將圓桌面先往上抬起，使桌面底部凹槽與桌腳凸起部位分離，再將桌面移下。
2.以滾桌方式將桌面置存於指定位置，即完成餐桌拆除的作業。

(五)固定式腳架中式圓餐桌拆除要領及步驟

◆先將轉檯收起

1.以雙手握持轉檯左右兩邊，再向上抬起，使轉檯脫離底座。

2.取下轉檯布套集中置放於布巾車待送洗。

3.將轉檯依規定放置在轉檯存放車或存放架上。如果是玻璃轉檯務必小心搬運，輕輕放置在指定存放位置。一般大型餐廳均備有玻璃轉檯存放車來收藏這些轉檯。

◆收取轉檯底座

1.以雙手握持底座左右兩邊，再向上抬起，使轉檯底座離開桌面，以免收取時不慎刮破或汙損桌面及檯布。

2.將取下的底座集中置存於定點存放區，不可任意棄置地板上，以免不慎碰撞受傷或絆倒。

◆收取圓桌檯布

1.檯布收取後不可任意置放在地板上，須先將乾、溼檯布或有特別汙損之檯布，予以分別放置在布巾車或汙布巾袋以便送洗。

2.檯布若有殘菜、牙籤、骨頭，須先剔除後，再將檯布集中送洗。

◆整理清潔桌面

以乾淨抹布將桌面清潔擦拭乾淨，座椅歸定位擺整齊，此拆除餐桌作業即告完成。

第三節　檯布鋪設及更換

現代餐飲業為求有效經營管理，提供高品質之服務，對餐桌之擺設極為講究，除了考慮器皿本身之用途外，更須注意其材質、體積、尺寸、色澤之搭配，使得原本僅供進餐之平凡桌子，頓時宛如一個統一和諧之藝術體。在整個餐桌擺設之作業流程中，最重要的是檯布鋪設與更換，茲就檯布鋪換應注意之事項及技巧分述於後：

一、檯布鋪換作業應注意之事項

1.檯布尺寸乃視餐桌大小而定，不過通常均有標準尺寸規格，因此餐飲服務員須依本身工作責任區之餐桌來準備各類不同尺寸之檯布以備用（**圖6-7**）。

2.檯布標準數量多寡，係依各餐廳營業情況而定。一般而言，每桌除桌面鋪設外，應另準備一至二條置放在工作服務櫃備用。

3.檯布更換之主要時機，乃當餐桌一經客人使用，不論是否髒汙，一律須重新更換，或是發現檯布有汙損現象時，不論客人是否使用過，均應立即更換，以免因而影響客人對餐廳之評價。

4.更換後檯布須分開置放，以免新舊檯布雜陳，影響衛生及服務品質。

5.檯布更換動作要乾淨俐落，以一次作業完成爲原則。

二、檯布鋪換作業要領

1.鋪設檯布之前，須先以手輕壓桌面，檢視其穩定度，若餐桌不穩，則須先加

圖6-7　檯布尺寸須配合餐桌規格大小

以調整修正或以軟木片墊桌腳，然後再將雙手洗淨。

2.鋪設或更換檯布前須先確保桌面乾淨。

3.檯布尺寸大小要合適、正確。

4.檯布正面朝上，布邊摺縫處爲反面要朝下。

5.以摺痕爲基準，使檯布中間摺紋剛好在餐桌正中央。

6.垂落桌邊之布長要平均，通常爲12～18吋。但以垂下桌面約30公分（12吋）最好，剛好落在椅面上方。

7.鋪換檯布姿勢要端莊、優雅，動作要熟練，手臂勿高舉。儘量避免動作太大影響到鄰座客人。

8.最重要的一點是須特別注意勿使桌面露出爲原則，以免影響觀瞻，破壞餐廳美感與高雅氣氛。

三、檯布鋪設的基本步驟及要領

檯布鋪設本身不但是一種藝術，更是一種專業技術。其本身標誌著餐廳服務品質之水準，因此，餐飲從業人員必須熟悉檯布鋪設的基本要領與步驟才可。茲分述如下：

步驟一：檢查餐桌清潔與穩定度

檯布鋪設的第一步驟必須先檢查餐桌是否乾淨平穩。可以用手掌輕壓一下桌面，確定乾淨平穩，始可開始鋪設檯布。

步驟二：選取正確尺寸的新檯布

爲便於鋪設檯布，摺疊好的正確尺寸檯布先置放在桌緣，且檯布開口摺邊朝向自己，正面向上。

步驟三：站立桌前正中央位置

1.鋪設檯布時，爲便於操作且避免影響到鄰座客人進餐，應站在餐桌中央正前方約10公分距離的位置。

2.兩腳姿態採一前一後，重心力求平穩爲原則。

步驟四：打開並夾緊新檯布

1.首先將檯布打開平放桌緣，開口摺邊朝向自己。

2.以雙手拇指與食指夾緊第一層檯布；食指與中指夾緊第二層檯布（圖6-8）。

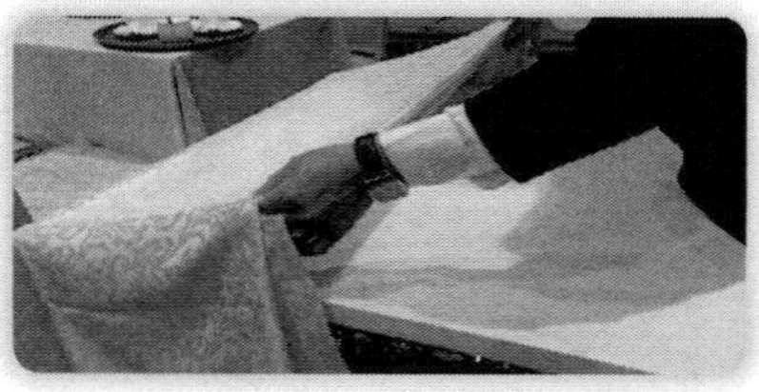

圖6-8　打開並夾緊新檯布

步驟五：鋪設檯布，用力拋擲攤開檯布

1.拋擲檯布時，雙腳須一前一後站穩。

2.身體微向前傾，身體重心落在前腳。

3.拋擲檯布時，先將雙手夾緊檯布再將檯布往上提約10～15公分，身體微向前傾，手臂用力向前將最下層檯布朝桌子另一端拋出，同時雙手略往下壓可順利將空氣壓出，並使檯布能完全覆蓋住整個餐桌，且檯布摺痕剛好落在餐桌另一端桌邊。

圖6-9　用力拋擲檯布，使其落在餐桌另一端，再輕輕往後拉

4.然後鬆開食指與中指，身體微向後傾，以拇指與食指夾緊第一層檯布輕輕往後拉，直到檯布完全攤開覆蓋整個桌面爲止（圖6-9）。

步驟六：調整修正檯布

1.檯布鋪好之後，務須使檯布中心摺痕落在餐桌中央，且與餐椅中央對齊。

2.檯布四邊之下襬，其垂下之長度要等長。

3.檯布下襬四桌腳部位，要以拇指與食指拉住下襬往同方向理順拉襯。爲避免移動桌布，可將左手按住桌角，再以右手來修整。

4.整個餐廳檯布鋪設與修整要力求整齊一致美觀。

四、更換檯布的方法與步驟

不論是鋪設或更換餐桌檯布，一般而言，其基本動作是一樣的，只是更換檯布之時機往往是在餐廳客人進餐時間或營業時間爲之，因此爲避免影響客人進餐氣氛或破壞餐廳高雅之藝術美感，通常檯布之更換以不露出桌面爲原則，其次再講究鋪設之純熟優美動作。檯布更換之基本步驟及要領說明如下：

步驟一：將舊檯布遠端移至餐桌邊緣

1.首先以雙手輕輕地將舊檯布朝自己慢慢拉下，使舊檯布的遠端（另一端）剛好拉至餐桌邊緣。

2.移動舊檯布的動作要輕巧，勿太用力。絕對嚴禁露出桌面，更不允許將舊檯布整個拉下來再重新鋪換新檯布，此舉相當不雅觀且嫌粗魯。

步驟二：選取正確尺寸新檯布，平放桌緣

爲避免錯誤、浪費時間，更換檯布之前須正確選取合適、無破損之新檯布，正面朝上，開口摺邊朝向自己，放置桌邊備用。

步驟三：站立桌前正中央位置，準備更換檯布

1.站在餐桌前方約10公分之距離，儘量避免妨礙到鄰桌客人。

2.站好鋪設位置後，雙腳姿勢採一前一後，重心力求平穩。

步驟四：打開並夾緊新檯布

1.將新檯布左右打開，開口摺邊朝自己，平放桌緣。

2.以雙手拇指與食指夾緊第一層布；食指與中指夾緊第二層布。

步驟五：鋪換檯布，用力拋擲攤開檯布，夾取舊檯布

1.拋擲檯布時，雙腳須站穩，身體微向前傾，重心落在前腳。

2.雙手微撐開並將檯布往上提高約10～15公分（**圖6-10**），檯布中央摺痕對準餐桌中央後，再用力朝前將檯布拋擲出。

3.務使最下層檯布能完全覆蓋住遠端整個桌面，且垂下的下襬約30公分。

圖6-10　鋪換檯布的動作示範

4.鬆開食指與中指，並以小指與無名指夾取底層舊檯布後，再往上提高約10～15公分，身體稍微向後傾，同時將新舊檯布往後拉，直到上層新檯布完全覆蓋整個桌面為止。

5.將小指與無名指夾住的舊檯布鬆開，並順手抽出舊檯布。

步驟六：調整修正新檯布，並將舊檯布摺疊送洗

1.舊檯布抽出後，不可任意棄置地板上，須加以摺疊並放置於專用布巾袋或布巾車待送洗。

2.新檯布鋪設更換後，須再檢視中央摺痕是否對稱，下襬是否等長，桌腳布邊要理順，其要領同檯布鋪設。

第四節　托盤、服務架及服務車的操作

餐飲業為提升餐廳服務品質，加強服務的效率，使客人能夠享受溫馨、迅速、賓至如歸的優質餐飲服務，每位餐飲服務人員平常應多加強專業知能與服務技巧的訓練。尤其是對各式托盤之持托要領與技巧，以及服務車或服務架之操作，務須勤加練習，期使各項動作與技巧能精湛純熟。唯有如此，才能提供客人高品質的典雅溫馨之舒適餐廳服務。

一、托盤的種類

(一)依形狀分

圖6-11　圓形抗滑托盤
圖片來源：寬友公司提供。

◆圓托盤（Round Tray）

圓托盤其尺寸大小不一，通常直徑約12～18吋爲多。所有各種托盤中，以此類托盤使用頻率最大，用途也最廣（圖6-11）。

◆方托盤（Rectangular Tray）

方托盤尺寸有多種，通常長度約在10～25吋。此托盤主要用途係作爲搬運較重、量較多之餐具或菜餚時使用。

◆橢圓托盤（Oval Tray）

橢圓托盤之尺寸大約12～18吋之間。此類托盤主要用途通常係在高級餐廳或酒吧用來端送飲料或食物用。

(二)依質料分

◆金屬托盤（Metal Tray）

此類托盤常見的有不鏽鋼、銅、鍍金、鍍銀等金屬爲材質的托盤。

◆塑膠托盤（Plastic Tray）

塑膠托盤係以一種耐高溫的合成聚酯製成，如市面上各餐廳最常使用的抗滑托盤即是例。這類托盤的優點爲質輕、硬度高、耐熱、易洗，並且不容易傳熱。目前大部分餐廳均使用此類托盤爲多。

◆木質托盤（Wooden Tray）

此類托盤較少爲人使用，主要原因爲成本較高、維護不易且使用年限較短。唯高級古典餐廳或茶藝館仍喜愛採用此類較傳統、藝術化之木質托盤。

二、托盤持托的要領

托盤的操作通常有兩類基本方式，即單手托盤端法與雙手托盤端法。無論是哪一類方式的托盤操作，其持托的基本要求均應力求安全、平穩、自然、美觀。茲將其操作要領分別敘述於後：

(一)單手托盤端法

此種托盤端法使用時機最多（如平托法），也最受餐飲業推崇使用。因為服務人員在餐廳服務時，必須保有一隻可靈活運用的手才可以，如桌邊服務，或持托盤經過人群時，也可以另一隻空閒的手作為保護托盤的前導。因此每位餐飲服務人員平常須勤加練習，使其熟能生巧，應用自如。此類托盤端法可分兩種：

◆平托法（Hand Carry）

平托法另稱低搬法或手托法，係所有托盤端法當中最常見、也是使用時機最頻繁的方法（圖6-12）。其操作要領如下：

1. 一般係以左手來端托盤。左手掌平伸微向內彎，左手拇指朝左，四指分開微向上彎，以掌心及手指來托住托盤，力求平穩。唯重心仍落在手掌心上方（圖a）。
2. 平托法搬運操作托盤時，為確保托盤的穩定度，雙肩要平，勿聳肩或側彎，儘量使肩膀向後挺。因為若肩膀向前彎，容易使托盤搖晃重心不穩（圖b）。
3. 左手上臂緊靠身體腰際，上臂與前臂成垂直狀約90度角，五指張開微向上彎（圖c）。
4. 勿使托盤重量倚靠在前臂，而是在手掌部位，否則托盤很容易翻覆或傾倒。
5. 當以平托法搬運器皿經過擁擠之人群時，務必要以另一隻手來護持托盤前方，以免碰撞他人。

圖6-12　平托法

餐飲小百科

指尖托法

所謂「平托法」也就是以手掌心為重心，五指為輔的一種「低搬法」。不過有些人則喜歡以指尖來替代伸平微彎的手掌來撐托托盤，認為此「指尖托法」較為靈活方便，如美國，至於歐洲或其他國家則較不鼓勵此方式。事實上，只有自己親身體驗，勤加練習，才能選定哪一種方式較適合自己使用。

◆肩托法（High Carry）

肩托法又稱高搬法或高舉法，此方法較適合以大托盤（如長方托盤等）來搬運較笨重的東西，或是穿越人群時使用（圖6-13）。至於小圓托盤則不太適合此肩托法。其操作要領分述如下：

1.抬舉托盤時，先使托盤凸出於托盤架或工作檯邊緣約6吋，較方便將手掌平伸置放在托盤之下托舉托盤。

2.肩托法手部的姿勢爲：手掌五指張開，手拇指朝前，四指撐開在後，以手掌心爲支點（圖a）。將托盤高舉至肩膀與耳際之間的高度，儘量使托盤朝身體緊靠，並以另一隻手扶握托盤前緣（圖b）。

3.肩托法手臂的位置相當重要，上臂儘量緊靠身體，使手肘固定於適當位置。此方式可增加支撐力，手臂之負荷量也較輕，不易疲乏（圖c）。

4.若以肩托法搬運笨重物品時，應該避免以臂力將托盤直接舉起，以免扭傷或發生意外。肩托法搬運重物的要領爲：

(1)抬起托盤前，先將此托盤移出工作桌，使其凸出離桌緣約15公分（6吋）之距離。

圖6-13　肩托法

(2)身體稍微蹲低，彎曲膝蓋，再將手掌伸平，置放於托盤邊緣，另一隻手握住托盤，再慢慢站立起來，藉著肩膀來支撐，利用雙腿及背部之力，將重托盤舉起，而不是靠手臂之力道。

(3)肩托法手臂之位置，儘量使上臂緊靠身體較不易疲勞，能增加支撐力；至於手部的姿勢爲五指微張或拇指在前，其餘四指微張朝後。

(二)雙手托盤端法

雙手托盤端法，係適用於搬運量多質重之餐食或器皿時使用，如速食餐廳、速簡自助餐廳或一般大眾供食餐廳較廣爲使用。其操作要領分述如下：

1.將較高、較重，或盛裝湯汁、液體之器皿容器先置於托盤中央靠近自己身體的位置。
2.將較小較輕之物品分置托盤四周。
3.托盤搬運之物品不可堆砌太高，避免高於鼻梁以免發生危險；也不可因負荷太重而影響走路姿勢。
4.以雙手分持托盤兩端，拇指在上握住托盤邊緣，其餘四指置於托盤兩側底端。

三、服務架或服務車

餐廳爲求服務之效率，除了以托盤來搬送餐具、菜餚外，有時也會以服務車來協助搬運，並以服務架來擺放餐具或菜餚，以分攤工作檯之工作量。

(一)服務架

服務架係一種活動式之邊桌，其性質類似工作檯。它是一種可摺疊的活動式工作架，展開固定後再放置大型托盤於上面，以供桌邊服務或收拾餐具擺放（**圖6-14**）。其操作時須注意以下幾點：

圖6-14　服務架

1.服務架置放位置必須地板平坦，以免

重心不穩傾倒而產生意外。

2.活動架之帆布綁帶要確定無裂痕或破損。

3.活動架展開後，要檢查其支架的穩定度，若不平穩可先墊軟木片。

4.確定穩固後，再將大托盤放在支架上方以擺放收拾之餐具。若是作爲現場桌邊服務，則須另鋪上白色檯布，再擺放其他餐具備品，並將自廚房端出的菜盤、餐盤端送到服務架，作爲旁桌服務用。

(二)服務車

服務車（Service Trolley）之種類很多，其功能用途不一。一般而言，有些是供作搬運餐具、菜餚、收拾檯面餐具用，如General Purpose Service Cart，係一種多功能服務用手推車。此外，有些是用來準備食物、現場烹調表演廚藝用，如法式服務現場烹調車、點心前菜車、沙拉車、保溫餐車等多種，此類餐廳手推車已在本書「餐廳設備」中介紹過，不再贅言。茲就多功能服務車操作時應注意事項摘述如下：

◆注意安全，防範意外

1.勿裝載過重，或將器皿堆砌過高。

2.須檢查車輪及煞車是否正常（圖6-15）。

3.每一種手推車均有特定功能與用途，勿任意變更用途使用。

4.若裝置有瓦斯桶及瓦斯開關，則須事先詳細檢查是否點火開關正常，瓦斯是否有外洩。

5.操作服務車時要注意速度勿太快，且要留意用餐室環境及硬體的限制，以免造成意外或客人的不便。

圖6-15　服務車要確保車輪及煞車系統正常

◆注意整潔、美觀

1.服務車如現場烹調車、酒車、保溫餐車，其主要目的乃在吸引顧客，增進餐飲銷售量，因此務必隨時保持整潔、亮麗美觀，始能吸引客人。

2.即使是工作服務車或一般服務車，在搬運餐具時也要注意整潔、衛生，以免影響或破壞餐廳客人進餐的情緒或氣氛。

◆完善齊全的設備與全套的器材

爲確保服務車能發揮其服務或促銷的功能，每部服務車所需配備的器材或設備必須齊全，始能適切地執行所賦予的任務。

第五節　餐具服務的技巧

餐廳服務所需的餐具種類很多，如陶瓷類、金屬類、玻璃類等各式餐廳器皿。不過每一種餐具均有其特定用途與功能，不可誤用。因此，餐飲服務人員除了要瞭解餐廳各類器皿之名稱，還要進一步熟悉其正確用途及其操作技巧，唯有如此，才能夠提供客人所需的服務。

一、餐具服務的基本原則

餐具服務工作的主要原則要依據客人所點的菜單、宴席類型、菜餚的需要，以及客人進餐的舒適與方便。除此之外，有些餐廳爲配合其餐廳本身的營運特色或需求，因此在餐具服務之做法上可能並不完全一樣。餐具服務應遵循的基本原則有下列幾點：

1.餐具須依菜單內容來調整及服務。
2.裝盛食物的餐具須視菜餚性質、形狀及分量而定。
3.裝盛食物的餐具須與菜餚的色彩相搭配。
4.餐具的質地須與菜單或宴席規格、價值相稱。
5.餐具供應須整套服務，齊全的組合搭配。
6.餐具服務力求安全、衛生、美觀。

餐飲小百科

餐具正確的持法

拿取餐具要注意不可用手觸摸到客人進食會吃到的餐具部位，如杯口、刀叉匙尖端、餐盤正面內緣等地方。

正確餐具的端拿方法為：端餐盤時拇指僅扣盤緣，其餘四指置於盤底支撐；拿取玻璃杯要端取底部或高腳杯之腳座；端取扁平餐具時僅准許端持柄端，不可觸及刀刃、匙面或叉尖等部位。

二、餐具服務的技巧

餐具服務除了要遵循前述各項基本原則外，還要熟練正確服務叉、服務匙的操作，以及其他各種分菜餐具如魚刀、杓子的正確服務方法。

(一)服務叉與服務匙的服務作業

服務叉匙的運用，爲當今餐飲服務人員應備的一種分菜技巧，尤其是高級歐式餐廳的服務，經常需要運用此分菜叉匙來爲客人服務。如何使分菜服務的動作既優雅又迅速，則有賴正確的操作技巧及平常的精熟學習演練。

一般而言，服務叉匙的操作方式可分爲三種，即指握法、指夾法以及左叉右匙法等。

◆指握法

指握法操作較方便，適用於夾取較小食物、舀取湯汁，深受國內外餐廳歡迎並廣爲採用，其操作步驟及要領分述如下：

步驟一：將服務叉與服務匙置於右手掌上

1.先將服務叉匙一對，正面朝上，柄端置放在右手掌上。

2.服務叉在服務匙上方，叉尖朝上，除非夾取較大型或圓形狀食物時，爲便於操作空間加大，始將叉尖朝下（**圖6-16**）。

3.服務叉、服務匙柄端斜放橫置於中指、無名指與小指之上，唯須注意勿使叉匙柄之末端超出小指之外。易言之，叉匙柄端要與右手小指底部對齊勿外露（**圖6-17**）。

指握法步驟一

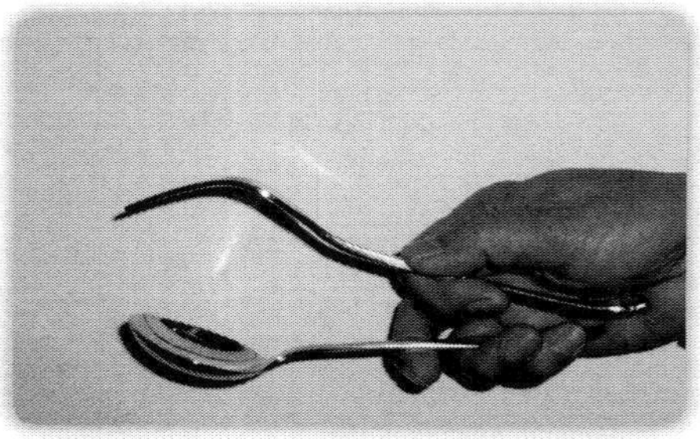

圖6-16　圓形食物指握法

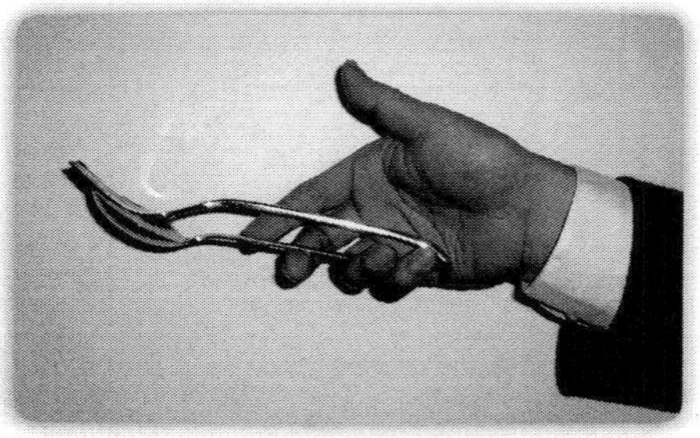

圖6-17　叉匙端與小指底部對齊，勿外露

步驟二：將食指伸入叉匙之間，以拇指與食指夾住服務叉

1.將食指伸入叉匙之間（**圖6-18**），以拇指與食指之指尖固定並夾住服務叉（**圖6-19**）。

2.以小指夾住並控制叉匙柄末端，期使叉匙末端結合在一起，並試著將固定支撐好的叉匙予以舉起，並使叉匙上下搖動，練習至熟練爲止。

3.操作時，避免使拇指與食指在滑動或移動時，超過服務叉匙握柄部位的上半段，即勿超過握柄的一半，否則叉匙取食服務之動作將會受影響。

指握法步驟二

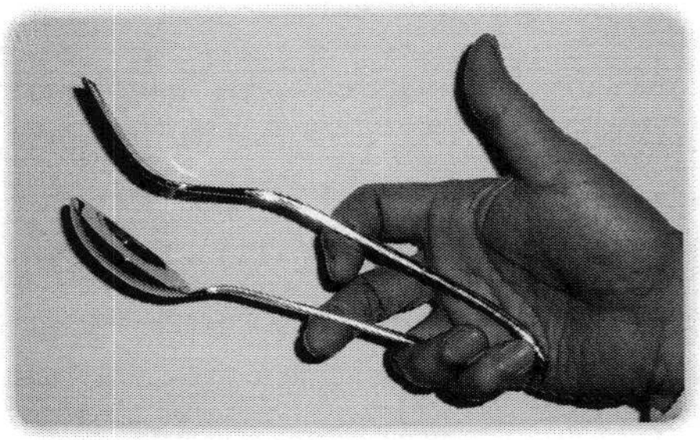

圖6-18　食指伸入叉與匙之間

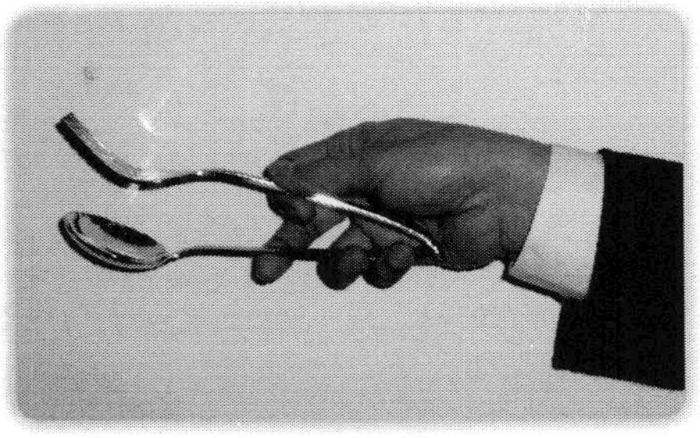

圖6-19　以拇指與食指之指頭夾住服務叉

步驟三：實際操作夾取食物的分菜服務

1.服務時，先以服務匙挑起並托住食物。

2.以服務叉從上方固定，緊夾穩定食物（圖6-20）。

3.如果所夾取的食物體積極小或極薄，此時可將食指自叉匙之間移開，以便於穩定夾緊食物，放下食物時，才將食指伸入叉匙之間，以便於將叉匙分開放下食物。

指握法步驟三

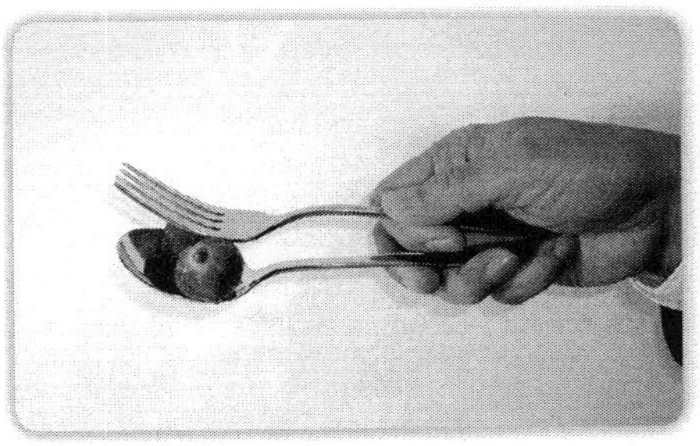

圖6-20　以服務匙挑起食物，服務叉由上方固定

◆指夾法

指夾法在使用上較靈活，適於夾取圓形狀食物，唯操作上較之指握法難度高，需要多花時間始能運用自如。目前中餐服務分菜較常見此方式，其操作步驟及要領摘述如下：

步驟一：將服務叉與服務匙置放在右手掌上

1.先將服務叉匙一對，正面朝上，置放在右手手掌心上面。
2.服務叉在服務匙上方，叉尖朝上。如果所要夾取食物爲圓形或體積較大的食物，可將叉尖朝下。
3.將服務叉、服務匙斜放橫置於中指、無名指與小指之區位，不過服務匙係置放在中指與小指之上、無名指之下，藉無名指與中、小指來固定服務匙之柄端，並使匙柄末端與小指底部對齊勿外露（**圖6-21**）。

指夾法步驟一

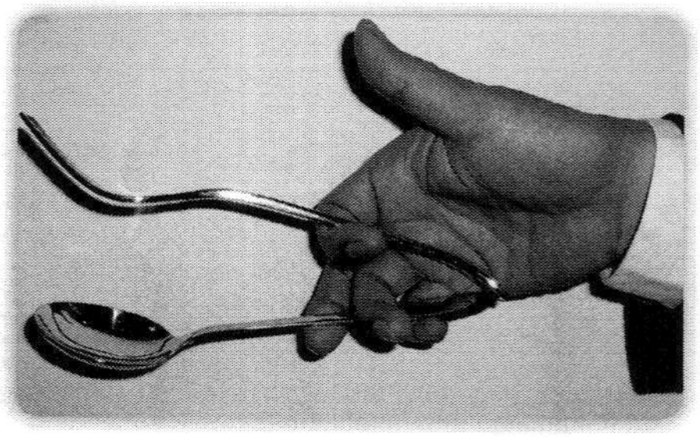

圖6-21 服務匙置放中指、小指之上，無名指之下

步驟二：以拇指與食指夾住服務叉

1.以拇指與食指之指尖固定並夾住服務叉。
2.以無名指與小指固定服務匙。
3.操作時，係以中指與拇指之力道爲主，小指爲輔來控制叉匙之分合與上下動作（**圖6-22**）。

指夾法步驟二

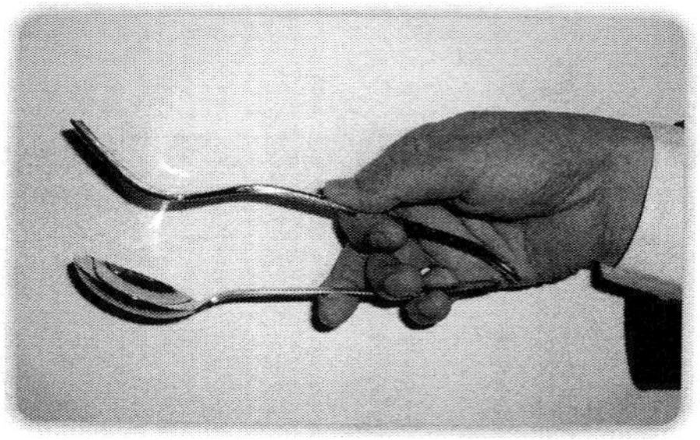

圖6-22 以拇指與食指固定服務叉

步驟三：實際操作夾取食物的分菜服務

1.服務時，先以服務匙與服務叉來挑選食物，再以服務匙托住食物。
2.以服務叉由上方以下壓方式來夾穩食物（**圖6-23**）。
3.夾取食物後，先將手往自己的方向拉回，確定平穩再繼續此夾取分菜服務。

指夾法步驟三

圖6-23　服務叉由上方以下壓方式來夾穩食物

◆左叉右匙法

此類服務方式是在歐式餐廳現場烹調或旁桌服勤時，最常見的一種叉匙餐具服務（**圖6-24**）。此方式之優點爲：

1.操作方便，運用自如。
2.適於派送長型、大型、較重或軟而易碎之食物，如魚排、蛋捲。
3.服勤動作較典雅。

圖6-24　左叉右匙的服務方式

步驟一：備妥旁桌、服務叉匙、餐盤及檯布

1.先將事先備妥的旁桌鋪上乾淨的檯布。
2.準備好一對服務叉、服務匙。
3.空餐盤置於旁桌備用。

步驟二：左手持叉，右手拿匙來夾取食物

1.以左手握住叉柄末端，再以右手握緊匙柄之尾端。
2.叉匙之正面朝向自己。
3.夾取食物時，重心要在叉匙中央位置，再以叉匙緊夾穩固食物後，才可徐徐舉起食物，以免因重心不穩，致使食物掉落桌面。
4.餐飲服務員平常要多加練習左右手之協同配合，始能爲客人提供最優質的叉匙分菜服務。

(二)魚刀分菜服務作業

餐廳服務人員分菜服務時，若菜餚較大或質地較軟（如嫩豆腐），此類食物之分菜則不大適合以叉匙來夾取食物，以免破壞菜餚本身的形制美。此時若以刀身較寬的魚刀兩支來取代服務叉匙，則分菜服務的效果將更好，茲就魚刀分菜服務的操作步驟及要領分述如下：

步驟一：將兩支魚刀置放在右手掌心上面

1.將兩支魚刀正面朝上，刀刃朝外，柄端置放在右手掌上。
2.魚刀柄端部分靠近中指、無名指及小指之上面，唯須注意勿使刀柄末端超出小指底部而外露。

步驟二：將食指伸入兩支魚刀之間，以拇指與食指夾穩

1.以拇指與食指之指尖固定並夾住上方之魚刀。
2.藉著食指將兩支魚刀上下分開，並以小指固定兩支魚刀的刀柄末端，須注意刀柄末端勿超出小指底部而露出在外。
3.操作時，可先試著上下移動食指與拇指所夾住的魚刀，但兩支魚刀末端不可分開，須以小指夾穩。此動作要多勤加練習，一直到確定熟練爲止。

步驟三：實際操作夾取食物的分菜服務

此要領與指握法之服務技巧一樣，唯一不同的是以魚刀替代叉匙而已。此外，在運用魚刀來分菜服務尚須留意下列幾點：

1.菜餚質地若是非常柔軟，可先將魚刀扁平刀面伸入菜餚底部，再徐徐舉起置放在客用餐盤。當食物接觸到盤子時，即可移開魚刀。

2.夾取食物時，宜力求保持菜餚外觀造型之完整，不可因夾取分菜服務而破壞其形制美。

(三)湯杓及調味料杓的服務作業

湯杓的分菜服務大部分在中餐服務較爲常見，至於調味料杓的服務則以西餐爲多，茲分別敘述如後：

◆湯杓的服務作業

通常在中餐廳有許多菜餚需要提供湯杓分菜服務，如宴席的甜湯、海鮮粥、魚翅羹等等多種菜餚，均要以湯杓來分菜服務，其操作步驟及要領分述如下：

步驟一：端送菜餚上桌，呈現並介紹菜色

1.依據客人人數備妥足量的湯碗，置放在服務工作檯或旁桌上備用。

2.將湯類菜餚先呈現在餐桌，並加以簡單介紹菜餚特色。

3.如果是一般餐食服務，則此步驟可省略，直接進入第二步驟的分菜服務即可。

步驟二：分菜服務

1.將湯類之菜餚置放工作服務檯，如果是大衆化一般餐廳，則可直接在餐桌上分菜。

2.舀取湯汁菜時，可先舀取菜餚，再舀湯汁。力求每份的量要均勻適中，以免分派不均。

3.舀取湯汁菜時，量要適中勿溢出杓子外緣，大約杓子容量的八分滿即可。

4.舀取食物的方向，應由外往內，朝自己方向來舀取食物。

5.舀好後，爲避免湯汁滴落桌面，可先將杓子底部在湯汁菜盛器之開口端邊緣稍微輕輕刮一下，以去除杓底多餘的附著汁液。

6.將舀取之食物分別倒入小湯碗內，再以托盤端送到餐桌，由客人右側上桌服務。

◆調味料杓的服務作業

西餐服務作業中，有很多食物必須另外提供調味料或醬汁，如生菜沙拉必須另外提供各式醬汁（Sauce）給客人選用，此時即需要以醬汁盅（Sauce Boat），另稱之爲「鵝頸」，以及杓子來爲客人服務，其作業的服務步驟及要領分述如下：

步驟一：準備好醬汁盅、杓子及底盤

1.以左手掌心持托附有底盤的醬汁盅（**圖6-25**），尖嘴開口朝右。

2.底盤上須墊上布巾，再將醬汁盅放置在布巾上，以免服務時醬汁盅滑動或傾倒。

圖6-25　附底盤的醬汁盅

圖片來源：寬友公司提供。

步驟二：服務醬汁

1.自客人左側提供醬汁，徵詢客人意願。

2.將底盤傾斜壓低，剛好位在客人餐盤上方相距約5公分之距離；右手持杓子柄端，其位置大約在醬汁盅開口之上方。

3.以杓子由外往內，朝自己的方向來舀取及服務醬汁。

4.舀好醬汁後，須先在醬汁盅開口上方稍微停頓片刻，並輕輕將杓子底部在醬汁盅開口邊緣刮拭一下，再將醬汁淋灑在客人菜餚上面。

第六節　餐具的清理與收拾

爲確保餐廳高雅的進餐環境氣氛，在餐飲服務之過程中，對於客人已不再使用或多餘的餐具應立刻收走，尤其是殘杯與殘盤更應儘快優先清理乾淨，並予以分類整理後送洗，以隨時保持用餐室之整潔。茲就餐具清理收拾的原則、作業要領及其工作應注意事項予以介紹。

一、清理收拾餐具的基本原則

餐中清理收拾餐具的基本原則有下列三項：

(一)以服務員最遠離客人的手來收拾清理

圖6-26　右邊收拾，以右手操作

1.所謂「最遠離客人的手」，係指須自右邊收拾時，服務員應以右手操作（圖6-26），若須自左邊服務則以左手爲之。此外，爲了服務方便起見，右側服務時須先上右腳，以右手服務；反之，自左側服務時須先上左腳，並以左手來服務，此爲服務的最基本原則。

2.中餐餐具收拾時，原則上係以服務員的右手，自客人右側來收拾殘盤殘杯。

3.西餐餐具收拾時，除了上菜服務係放置在客人左側之麵包盤碟與沙拉外，其餘菜餚盤碟、杯皿均以右手自客人右側清理。

4.上述麵包盤及沙拉盤皿則以左手由客人左側收拾。

(二)服務員以在不影響客人用餐情境下來收拾

清理收拾餐具以不妨礙客人最爲重要，例如當服務員前往收拾殘盤時，依規範係由客人右側清理，但是若客人正與右側鄰座客人談話，此時服務員必須懂得權變，改由左側來清理收拾，以免妨礙客人的談話。

(三)服務員伸手時，以勿跨越客人正前方爲原則

1.餐桌禮節強調勿伸手跨越鄰座取調味料罐，同樣道理，服務員也不應該爲清理桌上殘盤、殘杯而伸長手臂跨越客人正前方來收取餐具。

2.服務時除了不跨越客人正前方外，儘量避免自客人正前方來收取餐具或服務茶水、菜餚。

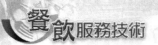

二、收拾清理餐具的作業要領

餐具收拾清理不論中餐或西餐其作業流程大致相同，基本上必須先將殘盤或殘杯上的殘渣刮除倒掉，再分類堆疊後分開送洗。

(一)殘盤收拾的要領

收拾殘盤的方法很多，在此僅介紹較常見的英式收盤法供參考：

1.首先服務員須先在客人右側向客人說聲：「您好！可以爲您收盤嗎？」以提醒客人注意。

2.服務員自客人右側，以操作手收取桌上殘盤，然後退到客人身後再左轉，並將殘盤轉交給持盤手。

3.持盤手以拇指在上，食指與中指分開在下的方式來夾取殘盤（**圖6-27**）。此時手臂呈直角彎曲，前臂與地面呈平行狀，至於拇指係壓在盤緣，以食指與中指來支撐盤子；無名指與小指則伸出盤緣外，指尖朝上，約與拇指同高度。其目的乃運用拇指根部，無名指尖以及小指尖構成「三角支撐點」，以擺放陸續收拾的殘盤（**圖6-28**）。

圖6-27　持盤的方法

圖6-28　以「三角支撐點」收拾殘盤

4.持盤手殘盤持穩之後，再以操作手將殘盤上之刀叉擺成「十字型」之交叉狀，再以拇指壓住叉柄固定之（**圖6-29**）。

5.依順時鐘方向走到第二位客人右側，以操作手拿取殘盤，然後退到客人身後再左轉，並將操作手殘盤置放在持盤手前述「三角支撐點」之位置，再以操作手將殘盤上的餐刀先插入第一盤餐叉之下面，然後以餐叉刮除殘盤殘渣於第一盤上。清理完畢，最後再將餐叉疊放在第一盤餐叉上面，到此即完成第二盤之收拾清理工作（**圖6-30**）。

6.依上述要領，可視手臂力量繼續收拾約六至八個盤子左右。

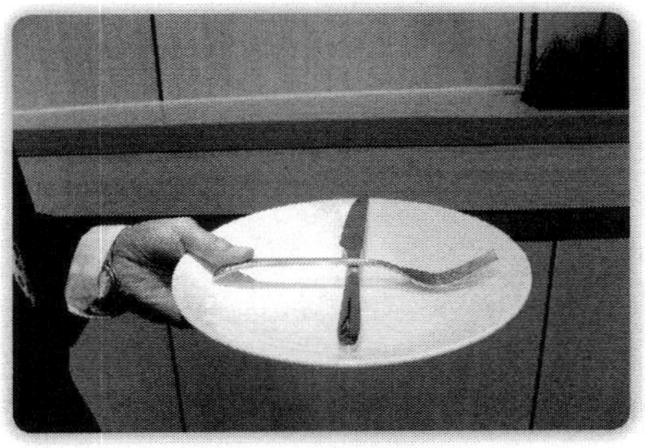

圖6-29　殘盤刀叉擺成十字形狀

圖6-30　收拾第二盤殘盤之姿勢

(二)殘杯、扁平餐具及其他餐具的收拾要領

1.收拾清理殘杯等各種餐具必須使用托盤來操作。

2.收拾殘杯必須一個一個，以手持杯腳或杯子底部的方式，將殘杯放置在抗滑托盤上。絕對不可將手指伸入杯口內，一次抓取數個杯子。

3.杯子、餐刀、餐叉、餐匙、碗、筷、味碟等餐具之清理，均要先剔除殘渣或倒掉湯水，再分類堆疊後以托盤搬運到廚房送洗，唯玻璃杯皿不可堆疊，以免破損或卡住。

4.大型宴會結束時，通常係以多功能餐廳服務車來收拾搬運。唯仍須遵循刮（Scrape）、堆（Stack）、離（Separate）三S收拾殘盤之原則。

餐飲小百科

殘盤三S處理原則

殘盤收拾後，須遵循下列三S原則：

- 刮（Scrape）：先刮去盤上殘菜。
- 堆（Stack）：依序堆疊整齊，同規格尺寸者擺在一起。
- 離（Separate）：分類堆疊，再以托盤或手搬方式送到廚房清洗。

三、收善整理的作業原則

服務員在清理及分類餐具時，無論是在營業中或結束後，均須注意下列三項原則，另稱收善餐務工作三S原則。茲分述如下：

(一)靜肅（Silence）

1. 餐廳無論是否還有客人在進餐，服務人員收拾餐具時應儘量避免太大的聲響或碰撞聲，尤其當餐廳還有其他客人在用餐時，更要特別注意，以免影響客人用餐的情趣與氣氛（**圖6-31**）。
2. 收拾清理餐具時，不可大聲叫嚷或聊天，須儘速清理就緒再重新擺設。

(二)快速（Speed）

1. 當客人結帳離去後，服務人員應以最迅速、最熟練的動作來收拾整理餐桌。一方面可準備再迎接新客人的光臨，提升營業額與翻檯率，另一方面也可保持餐廳高雅柔美的氣氛。
2. 餐廳服務品質之高低與服務人員的工作士氣及工作效率息息相關，因此任何餐飲服務工作均須講究快速。

(三)安全（Safe）

1. 餐廳收善餐務工作除了強調靜肅、迅速外，最重要的是安全第一。絕對不可爲了爭取時效而在忙亂中或一時疏失而刮傷、扭傷或跌倒。

圖6-31 收拾餐具避免太大聲或碰撞聲

2.餐盤搬運時絕對不可堆疊太高，或是搬運超過體力、臂力所能負荷之重物，以免發生意外傷害。

3.搬運餐具時須先依規格、尺寸大小，分門別類來搬運，絕對不可以將各種餐具混合堆砌在一起，因爲不但不雅觀，餐具也容易因碰撞而破損。

4.收善整理工作在安全方面，須注意下列幾點：

(1)避免奔跑或突然止步、轉身，以免碰撞。

(2)即時清除溢出之食物。

(3)即時將置於桌面邊與櫃檯面之盤碟放回原處。

(4)使用托盤方法要正確，以免盤碟滑落。

(5)勿將盤碟堆積過高，以防傾覆。

(6)咖啡杯柄要朝相對方向排列，才能相互緊密排列。

(7)勿以手指將數個玻璃杯持取在一起，以免邊緣碰碎或產生刮痕。

(8)須將容器之長柄移離熱板或櫃檯邊緣。

(9)櫥櫃門要隨時關好，以免不小心撞傷。

(10)須依規定門戶進出或按指定動線方向行走。

學習評量

一、解釋名詞

1.Napkin
2.French Fold
3.Hand Carry
4.High Carry
5.Service Trolley

二、問答題

1.餐巾摺疊的款式很多，唯其摺疊時須注意哪些基本原則？你知道嗎？
2.請列舉杯花與盤花各三種款式的餐巾摺疊名稱。
3.中式圓桌安置轉檯及底座的要領爲何？試述之。
4.檯布鋪設的基本步驟有哪些？試摘述之。
5.餐廳常見的托盤操作方式有哪幾種？其中以哪種方式使用時機爲最多？
6.餐具服務的基本原則有哪些？試摘述之。

三、實作題

1.餐巾摺疊實作，分別試以杯花、盤花（無杯花），各三種形式來實作；時間約十分鐘。
2.檯布鋪設實作，分別以鋪設檯布及更換檯布兩單元來實作；時間約十分鐘。
3.托盤實作，請分別以平托法與肩托法兩單元來實作練習，托盤上須置放裝滿杯之水杯三個；準備檯與操作檯之距離至少10公尺；時間十五分鐘。
4.餐具服務技巧實作，以指夾法與指握法兩種方式來練習派送圓麵包之服務，時間十分鐘。

四、教學活動設計

(一)餐巾摺疊實作評量

主題	餐巾摺疊
性質	期中術科能力評量
地點	專業教室
時間	每梯次20分鐘
方式	1.測驗前，教師先備妥五份試題籤，每份試題有杯花與無杯花各五種不同款式之餐巾摺疊名稱。 2.測驗時每梯次有五位同學受測。先抽題目，再依題目內容所示款式來操作。 3.每位同學站在指定操作檯正後方準備受測，試題一律置於操作檯左下角。 4.哨音響即開始計時，全程二十分鐘。 5.完成作品須依序排列整齊，力求整體美。
評分標準	1.在規定時間內正確完成餐巾摺疊。 2.成品須美觀大方、具創意。 3.動作熟練、儀態端莊。 4.良好安全衛生之工作習慣。

評分表

項次	評分項目	評分內容	配分	評分	總計
1	服裝儀容（15%）	1.整潔服裝（工作服）	10		
		2.儀容端莊	5		
2	動作熟練（15%）	1.姿勢正確	5		
		2.動作迅速	5		
		3.時間控制	5		
3	衛生習慣（10%）	1.工作習慣	5		
		2.手指甲衛生	5		
4	工作態度（10%）	1.愛惜公物	5		
		2.敬業精神	5		
5	成品展示（50%）	1.創意	10		
		2.美感	20		
		3.雅致	20		
評審人員			總分		

(二)檯布鋪設及更換作業評量

主題	餐桌檯布鋪設及更換					
性質	期中術科能力評量					
地點	專業教室					
時間	每梯次10分鐘					
方式	1.測驗前，教師先指定同學在餐具檯備妥摺疊整齊、漿燙好的乾淨白色檯布三十條，以及操作檯（西餐方桌）五張備用。 2.測驗時，每梯次五位同學受測，每梯次測驗時間十分鐘。 3.測驗時，每位同學先到餐具檯選取白檯布二條，置於操作檯旁邊的椅子上備用。 4.哨音響即開始計時，先取一條檯布，依檯布鋪設要領完成鋪設動作後，再進行檯布更換作業。 5.經評分完，立即進行善後收拾工作，將檯布重新摺疊整齊放回餐具檯歸定位，再回到操作檯站好，等候教師指令，始完成全程測試。					
評分標準	1.服裝儀容整潔，工作態度良好。 2.動作熟練，技巧純熟。 3.成品美觀。 4.良好安全衛生之工作習慣。					
	評分表					
	項次	評分項目	評分內容	配分	評分	總計
	1	服裝儀容（15%）	1.整潔服裝（工作服）	5		
			2.儀容端莊	5		
			3.手指甲衛生	5		
	2	動作熟練（15%）	1.姿勢正確	5		
			2.動作迅速	5		
			3.時間控制	5		
	3	工作習慣（10%）	1.安全習慣	5		
			2.衛生習慣	5		
	4	工作態度（10%）	1.愛惜公物	5		
			2.敬業精神	5		
	5	成品展示（50%）	1.鋪設檯布	20		
			2.更換檯布	20		
			3.整潔美觀	10		
	評審人員			總分		

Chapter 7 餐廳營業前的準備工作

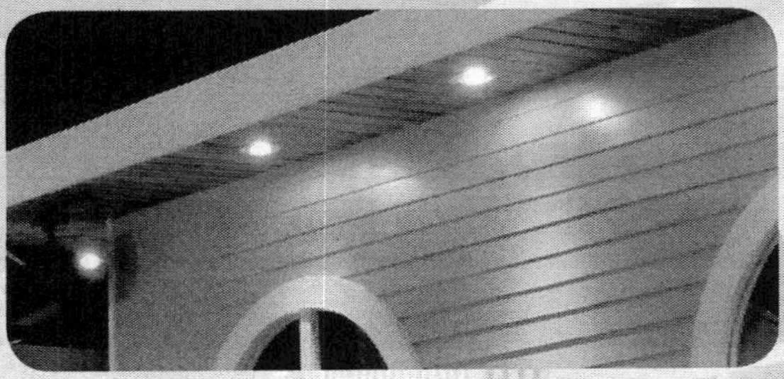

單元學習目標

- ◆瞭解餐廳營業前的主要準備工作
- ◆瞭解餐廳環境清潔的作業要領
- ◆瞭解餐廳營運前設備與設施的檢查要領
- ◆瞭解餐具擦拭作業與整理的要領
- ◆瞭解餐廳服務工作檯的清潔整理方法
- ◆瞭解餐廳布巾的選購與整理方法
- ◆培養良好的餐飲管理專業知能

餐飲業爲提升其服務品質，建立企業良好形象，對於服務前各項準備工作均十分重視，力求完美無缺，以滿足顧客視覺、聽覺、嗅覺、味覺、觸覺及心理上等多元化的需求，亦即滿足顧客的「五感一心」。

餐廳營業前的準備工作很多，主要可分爲餐廳環境的清潔整理工作（House Work）以及各項服務前準備（Mise en Place）等兩大項工作，例如依餐廳標準作業程序（Standard Operating Procedures, SOP）來完成場地布置、餐桌平面圖、檯布鋪設、餐具清潔整理及工作檯準備等工作，即所謂的「服務準備」，英文稱之爲Put in the Place，也就是說一切準備就緒。當上述兩大項工作完成後，即召開「服務前的會議」（Briefing），檢查服裝儀容、工作分配、告知本日訂席狀況與菜單特色，以及宣布注意事項等工作後，始正式完成餐廳營業前的準備工作（圖7-1）。

第一節　餐廳環境及設備的清潔整理

氣氛乃顧客所追求的進餐情境，但它必須在一個充滿清潔衛生的乾淨環境下始能孕育而生。因此餐飲服務人員必須在第一位客人光臨前，即做好餐廳內外環境之清潔維護工作，並將服務所需的各項設備、器皿，以及相關備品予以整理、分類

圖7-1　營業前須召開服務工作會議

或補充，以便能提供客人最適性的優質服務。

一、餐廳內部環境設施的清潔整理

餐廳內部進餐環境的清潔與設施功能是否完善，均足以影響顧客在餐廳的用餐情境，進而關係到餐廳企業的形象，因此在營業前務必做好下列清潔維護工作。

(一)地毯、地板

餐廳地毯要以吸塵器澈底清潔乾淨，並定期以洗滌機來消毒清洗地毯。若是一般木質或石質地板，除了吸塵器清潔外，尚須以打蠟機打亮。

(二)天花板

1. 餐廳天花板須定期維護清潔，擦拭前須先戴上口罩，將鋁梯固定，以溼抹布將灰塵拭乾淨，但避免太用力，以免塵埃落下或飛入眼睛。
2. 若有殘留汙垢，可以去汙劑沾抹布清除之。
3. 天花板廣播喇叭或音響罩須仔細擦拭，以免積塵太多而導致金屬表面氧化生鏽。

(三)牆壁

餐廳牆壁要以扭乾之溼抹布擦拭，若有汙垢則以去汙劑去除。如果牆壁為壁紙，則須小心擦拭，以免損毀壁紙或造成顏色褪失。

(四)玻璃、鏡面

餐廳大門玻璃、窗戶玻璃或鏡面飾物，務必保持晶瑩亮麗一塵不染，可使用專用清潔劑先噴灑少許後，再以乾淨的軟質布拭淨即可。

(五)木質家具、大門

1. 餐廳木質家具如桌椅、工作檯、櫃檯及置物櫃等須特別注意擦拭保養，它往往是餐廳最能彰顯氣氛與格調的配備，為避免掉漆失去光澤，須經常打蠟以保持光亮。

2.木質家具若有掉漆或損壞，須通知主管請人修護後再保養。

3.一般木質家具最好以熱溼抹布扭乾再擦拭，效果最好。然後再定期上蠟保養即可。

(六)銅質飾條或飾物

1.餐廳大門門把或飾物若是銅質，則須永遠保持光亮之色澤，因此每天營業前務必要以銅油來擦拭，以保持光彩亮麗。

2.若銅質飾物有縫或凹凸處，可使用刷子沾銅油拭亮。

3.不可留下油漬於銅器或銅質金屬面上，須另以乾淨布澈底擦亮為止。

(七)電話

1.餐廳通常備有館內電話與公共電話，須注意聽筒、話筒、電話線及機座之清潔，保持美觀衛生。

2.聽筒及話筒部分須以酒精棉擦拭消毒，但不可以清潔劑直接噴灑或以溼布直接擦拭，以免受潮而導致雜音。

3.電話機座及電話線可使用清潔劑來擦拭。

(八)花卉盆栽

1.餐廳室內之盆花或花卉植物須小心維護照顧（**圖7-2**），且每天要澆水，尤其是在室內冷暖氣之空調下，花卉植物很容易枯黃失水。

2.若有枯葉、凋零之葉片或花卉須加以修剪，以免給顧客留下不良的印象。

二、餐廳外部環境的清潔整理

1.餐廳外部環境往往是顧客的第一印象，它可以美化整個用餐氣氛，同樣的也會破壞客人的用餐體驗。因此，餐廳外部周圍的環境如等候區、公共樓梯、走道、地板、外牆、招牌，甚至於停車場環境或標示牌等，均須加以定期保養維護外，每天營業前仍須加以清潔打掃，此乃餐廳的門面，不可等閒視之。

2.餐廳客用化妝室在營運前，須特別加以清潔整理乾淨，不可殘留水漬於地

圖7-2　餐廳室內花卉要小心維護

板、牆壁或洗手檯鏡面等處。此外，化妝室備品如擦手紙、洗手乳、衛生紙或相關備品要適時補充，並定時更換清香劑。

3. 一般觀光旅館餐廳之清潔工作大部分係由房務部協助派員來維護清潔工作，不過餐廳服務員也應隨時注意平時之清潔與整理，藉以提供客人良好的進餐環境，提升餐飲服務品質。

三、餐廳營運前設備與設施之檢查

餐廳氣氛之營造必須配合餐廳本身之特性，基本上須注意餐廳之燈光、空調、音響等設施之功能是否正常、應修繕的部分是否立即處理、場地桌椅擺設是否美觀、動線是否流暢？上述各項設施與設備務須詳加檢查，以利餐廳營運工作之順利推展。

1. **空調**：餐廳營運前半小時，務必先將空調系統之開關打開，使其先行運轉以調節餐廳內部之溫度。

2.**燈光**：餐廳營運前半小時可先將部分燈光打開，柔和的燈光可增進餐廳視覺上之美感，同時可讓客人知道餐廳已開始營運，以吸引其注意力。
3.**音響**：餐廳爲增加客人進餐氣氛，同時提高服務人員之工作士氣，可播放輕音樂等背景音樂。
4.**動線**：餐廳桌椅必須安排在最佳視線之位置，以客人進出方便爲原則。

第二節　餐具的清潔整理

餐廳營運前之準備工作，其主要目的乃確保餐廳服務工作之順暢，提供客人高品質的接待服務與安全衛生之舒適進餐環境。因此在餐桌擺設前，通常會將餐具再檢查並擦拭一遍，以確保餐具光亮潔淨。

一、餐具擦拭清潔前置準備作業

1.先備妥數條乾淨、柔軟的布巾。
2.準備蒸薰（Steaming）餐具之裝熱開水容器，其大小如香檳桶般即可。
3.待擦拭餐具集中在一起，可分置於托盤或工作檯。
4.將布巾對摺成爲三角形，以增加面積及長度，便於擦拭用。

二、餐具擦拭清潔作業要領及步驟

餐具擦拭作業之步驟依序爲：蒸薰、擦拭、檢查、存放等四步驟，茲分別就刀、叉、匙、杯及盤之擦拭作業，摘述如下：

(一)餐刀的擦拭

1.以右手取餐刀，手持刀柄，先將餐刀之刀身置於熱開水容器上方，以蒸氣蒸薰一下或浸泡約一至二秒（**圖7-3**）。
2.將餐刀移於左手，以布巾包裹刀柄，刀口朝左。
3.將右手置於布巾右端內層，抓取布巾擦拭刀刃、刀身（**圖7-4**）。再以右手用布巾握住刀身，以左手端布巾擦拭刀柄。

圖7-3 餐具要先蒸薰，以利清潔擦拭

圖7-4 以布巾擦拭刀刃、刀身

4.擦拭完畢，再檢查確認是否乾淨。

5.將擦拭乾淨的餐刀，置放於餐具存放櫃，分類置放，如餐刀、牛排刀、魚刀等等。

(二)餐叉的擦拭

1.以右手取餐叉，手持叉柄，先將餐叉之叉身置於熱開水容器上方，以蒸氣蒸薰一下，或浸泡約一至二秒。

2.將餐叉移於左手，以布巾包裹叉柄。

3.將右手置於布巾右端內層，抓取布巾擦拭叉尖、叉縫。再以右手用布巾握住叉身，以左手端布巾擦拭叉柄。

4.擦拭完畢，再檢查確認是否乾淨。

5.將擦拭乾淨的餐叉，置放於餐具存放櫃，分類置放，如餐叉、沙拉叉、甜點叉等等。

(三)湯匙的擦拭

1.以右手取湯匙，手持匙柄，先將餐匙之匙身置於熱開水容器上方，以蒸氣蒸薰一下，或浸泡約一至二秒。

2.將餐匙移於左手，以布巾包裹匙柄。

3.將右手置於布巾右端內層，抓取布巾擦拭匙身，再以右手用布巾握住匙身，以左手端布巾擦拭匙柄。

4.擦拭完畢，再檢查確認是否乾淨。

5.將擦拭乾淨的餐匙，置放於餐具存放櫃，分類置放，如圓湯匙、橢圓匙、點心匙、茶匙等等。

(四)餐盤的擦拭

1.以右手取餐盤，手指勿伸入盤面，先將餐盤正、反面置於熱開水容器上方，以蒸氣蒸薰一下，或浸泡約一至二秒。

2.將餐盤移於左手，以布巾持握之。

3.將右手置於布巾端內層，抓取布巾覆於盤面上轉動擦拭餐盤正面及盤緣（圖7-5）。

4.再將餐盤反面放置在左手布巾上，然後以右手抓布巾來擦拭盤底面。

5.擦拭完畢，再檢查確認是否乾淨。

6.將擦拭乾淨的餐盤，置放於餐具存放櫃，分類置放，如主菜盤、沙拉盤、甜點盤、麵包盤等等。

(五)杯子的擦拭

1.以右手取杯子，手持杯腳，將杯子舉起面對光源來檢視是否破損及其汙損程度，以免擦拭時因破裂而不慎刮傷。

2.將右手持杯腳，杯身置於熱開水容器上方，以蒸氣蒸薰一下，約一至二秒時間即可（**圖7-6**）。若杯身很髒必須浸泡，則要特別小心，徐徐放入，以免爆裂。

圖7-5　右手抓取布巾覆於盤面上擦拭

圖7-6　杯子擦拭前先檢查有無破損，再蒸薰後才擦拭

3.將杯子移於左手，以布巾包裹握住杯腳。右手端取布巾塞入杯內，以右手拇指及其餘四指夾住布巾及杯口，以左、右手旋轉擦拭杯身內外及杯座。
4.擦拭完畢，將杯子舉起，面對光源檢視是否乾淨（**圖7-7**）。
5.將擦拭乾淨的杯子，分類置放於餐具存放櫃。

三、餐具清潔整理應注意事項

1.清潔擦拭玻璃杯皿，避免用強烈或異味的清潔劑，或不適當的洗滌，以免影響或遮蓋酒或飲料的品質與風味，如肥皀水。
2.最有效的杯子清潔整理準備方法為先「蒸薰」，再以乾淨布擦拭即可。
3.蒸薰杯子的熱水容器約三分之二的熱開水即可，若再加入少量的「醋」，將更有助於清除汙垢。
4.蒸薰杯子時，可以鋁箔紙蓋住容器上方，並且在中央挖一個小孔，使蒸氣散發出來以便於薰杯。
5.杯子儲存放置時要正立，若為防止塵埃或汙物，可以在杯口上方以乾淨的布或紙予以蓋住即可。若是杯子倒置可能會沾上放置點的任何味道，至於高掛杯架上也容易沾染油煙或異味。
6.任何餐具須依規定分類放置，除了便於快速服勤，增進效率外，更可避免餐具因不當存放而破損。

圖7-7　擦拭完，將杯子面對光源檢視是否乾淨

7.餐盤、杯皿等餐具若發現有缺角、裂縫等破損情形，須立即更換並報廢，絕對不可再使用。此類破損餐具容易孳生細菌造成食物中毒，同時也影響餐廳之形象。

8.餐具清潔維護工作應該利用營業以外的時間來進行清潔維護，如開店營運前、下午空班或晚上打烊後來進行。

第三節　工作檯的清潔整理

餐廳服務前之準備工作，除了餐廳內外環境之清潔、餐具之擦拭整理外，每位服務員必須將其服務責任區所需器具備品等服勤相關物品，逐項加以清潔整理，並置放在工作檯備用，以利餐飲服務作業之順暢運作。

一、工作檯之意義

工作檯（Service Station），另稱爲服務櫃、服務站、服務桌（Service Table）、服務檯（Service Console）、備餐檯（Sidestand）或餐具櫃（Sideboard）；法文稱之爲服務桌（Table de Service）。餐廳設置工作檯之主要目的爲：減少服務員往來於餐廳與廚房之間的時間與精力浪費，藉以方便服務員有效率地提供客人最迅速便捷的貼心即時服務。

有些餐廳爲求充分運用其設備，能機動性移動，特別在工作檯裝置輪子，或以輕便的托盤架（Tray Stand）（**圖7-8**），來補助工作檯之不足。

餐飲小百科

餐廳服務員的工作檯

為便於提升餐廳服務工作效率，有時候在工作檯旁邊或後面另訂做一個有活動門之小櫥櫃，以便存放換下待洗之餐巾或桌布。工作檯通常為三層，層架上須墊白布巾，可利用舊的桌布來墊底板，但口布或餐桌巾不可拿來使用做墊布。在一些規模大的宴會中，餐廳工作檯有時會擺些玻璃杯皿及托盤以備用。

圖7-8　工作檯與托盤架

二、工作檯之清潔整理工作

爲求有效率提供高品質的餐飲服務，餐廳服務人員必須在營業期間能全心投入於顧客之服務，而不能浪費時間於備品或準備供應品上面，因此務必在餐廳開店之前即完成工作檯各項清理準備工作。工作檯之清潔整理工作之步驟依序說明如下：

(一)擦拭工作檯

1.先以扭乾之溼抹布擦拭工作檯外表及上層檯面。
2.移出工作檯內布巾、備品及墊布。
3.工作檯內部格層架，以乾淨抹布擦拭或以抹布蘸清潔劑去汙。

(二)更換乾淨墊布

俟工作檯擦拭乾淨後，再將乾淨的墊布予以鋪設在餐具存放處之層架，或放置刀、叉、匙之抽屜格內。

(三)補足定量的餐具、備品

1.整理餐盤、餐刀、餐叉、餐匙及服務用備品，依序分類清點整理歸類存放。

2.補足所需之數量。可先填物品領料單，再到庫房領取。

(四)擦拭保溫器、水壺及各式佐料瓶罐容器

服務用之不鏽鋼水壺或玻璃瓶罐容器之外表，須保持清潔亮麗光澤（圖7-9）。

(五)備妥服務臂巾

餐桌服務無論是端送熱盤、倒茶水、飲料，均需要輔以服務臂巾（Arm Towel/Service Towel），尤其是高級餐廳每位服務員均須配戴服務巾。

(六)補充各式調味料、佐料醬及備品

餐桌上所需之備品，如牙籤盅、糖罐、鹽罐、胡椒罐及番茄醬罐，均須詳加檢查並補充，以保持一定容量。

圖7-9　工作檯上的不鏽鋼水壺應擦拭乾淨

三、工作檯應備的物品

服務員的工作檯通常須準備下列物品備用：

(一)進餐所需餐具、盤碟

所有客人在餐廳進餐所需之餐具，如各類餐盤、餐刀、餐叉、餐匙、奶油刀、甜點叉匙、茶和咖啡匙；至於中餐廳則須備有筷子、湯匙、筷子架等之餐具。

(二)服務用叉、匙、開瓶器

服務用叉匙較一般叉匙尺寸大，其主要用途爲幫客人分菜時使用，其他服務用器具如開瓶器、除麵屑器具等。

(三)玻璃杯皿

如水杯、果汁杯、啤酒杯、烈酒杯及紅白酒杯等各類酒杯及裝酒器。

(四)茶及咖啡服務用器具

此類器具有保溫器、奶盅、糖罐及咖啡杯皿等。

(五)餐廳布巾

餐廳常見的布巾計有：餐巾、桌巾、桌裙、小檯布、服務巾及墊布等。

(六)其他

1.菜單、酒單、點菜單、便條紙、杯墊及筆。
2.各式托盤或保溫器。
3.調味品、佐料、牙籤等營業所需物品。

第四節　餐廳布巾的選購與準備

餐廳營運所需之布巾主要有餐巾、檯布、服務巾、桌裙、桌墊或稱靜音墊（Silence Pad）等多種布巾。由於餐廳營運項目及類別不同，所需布巾之品名、規格、數量也互異，有些餐廳如速食餐廳、外帶餐廳或速簡餐廳則較少使用布品，至於較高級桌邊服務的餐廳，則相當重視。

一、餐廳布巾之選購原則

餐廳布巾品質的良窳不僅影響餐廳的形象，也會增加成本費用的支出，因此對於布品的選購務必要多加留意，並遵循下列原則：

(一)配合餐廳的特色與營運型態

選擇餐廳布巾之色調、式樣、編織方式時，務須配合餐廳整體規劃設計，始能營造出餐廳的獨特性與高雅的氣氛（圖7-10）。

(二)須考慮布料材質的適宜性

1.餐廳所需之布巾類別不同，所需布料材質也不一樣，因此要特別加以注意。

2.布的質料有純棉（Cotton 100%）、混紡、人造纖維。其中以純棉的質感、吸水性較佳，其次爲混紡，其棉花成分50%以上，至於人造纖維之吸水性則較差。

3.餐巾、檯布之布料以純棉的質感及吸水性最好，至於餐巾宜避免採用人造纖維之布料。

(三)須考慮耐用性與經濟性

1.餐廳布料之選用除了考慮質地、顏色之美觀外，還要考量其經濟效益與使用年限。

2.各類布品使用年限與耐洗次數有關，例如：

圖7-10　餐廳布巾的色調須配合餐廳整體設計

(1)全棉白色餐巾、檯布耐洗次數平均為150次。

(2)全棉染色餐巾、檯布耐洗次數平均為180～200次。

(3)混紡餐巾、檯布之耐洗次數最多，約250次。

3.有色之布料易褪色，不易修補及替換，容易造成外觀色調不一致的失調感，此為有色布巾之最大缺失。

二、餐廳布巾之整理與準備

營運前，餐飲服務員須將責任區所需之布品加以清點、整理，並做好各項準備工作，茲分述如下：

(一)布巾的整理工作

◆清點核對

餐飲服務員須依工作檯所需之布品項目及數量清單逐一清點、檢查、核對，務必確認品名、規格、數量是否正確無誤。

◆分類存放

清洗整燙完畢的布品，須依規格尺寸分類整理，再存放於工作檯或指定存放架上，唯須注意摺疊方向。為避免不慎汙損，最好以塑膠袋分別打包儲存。

餐飲小百科

布巾應備數量

餐廳所需的布巾量，通常每桌至少應備三條檯布，一條使用中，一條存放備用，另一條送洗。

(二)布巾的準備工作

◆檯布鋪設

1.檯布鋪設之前，需要先清潔桌面。
2.檢查桌子的穩定度，確保餐桌之平穩。
3.鋪上靜音布或海綿墊底布。
4.最後才將檯布鋪上，並確定摺痕在正中央或四邊下襬長度要等長，檯布面要平整。
5.調整修飾四邊角，再經檢視無誤後，始算完成。

◆餐巾摺疊

1.餐桌必須在營業前即完成基本擺設，同時須先摺好一些餐巾備用，如客用、服勤用或裝飾用等餐巾。
2.餐巾摺疊的方法很多，但可依餐廳本身之類型與特色來選擇合適之款式。
3.餐巾摺疊之基本原則爲簡單、高雅、衛生，不必花費太多時間於複雜的摺疊款式上，如法式高級餐廳最喜愛的波浪型摺法即是例。

三、餐廳布巾送洗作業流程

餐廳布巾若一經使用過或有汙損必須立即更換並送洗，以確保用餐環境之清潔與衛生，給予客人良好的第一印象。關於餐廳布巾送洗之作業流程及其注意事項，摘述如下：

(一)分類

1.餐飲服務人員須將更換下來待洗之布巾，依種類、規格大小、顏色之不同分類清點。

2.送洗布巾乾、溼要分開處理，尤其是特別潮溼的要分開放置。

3.髒布巾禁止堆積超過三小時，否則容易長黴、孳生黴斑，尤其是白色布巾更甚。

4.特別汙損的布巾要另外挑選出來放置，以便特別洗滌處理，如沾染油湯、雜漬者。

(二)檢查

1.特別注意檢查檯布、餐巾是否有破損或特別汙點，若有需要可另行打結做記號，以提醒洗衣單位特別處理或修補。

2.注意送洗布巾內是否有異物夾雜在裡面，如魚刺、牙籤、骨頭、尖銳物品或殘渣，需先剔除掉，以免工作人員操作時，不慎受傷或損及其他布巾。

(三)打包

1.將所有需要送洗的檯布、餐巾、轉檯套分別打包。

2.檯布、餐巾每十條一捆。

3.特別溼或髒的布巾，需要分開打包，以免造成汙染。

(四)填寫布品送洗單

根據所打包清點之數量、規格，填妥送洗單並簽名，再將擬送洗的布巾放入指定的布巾車連同送洗單統一送洗。

學習評量

一、解釋名詞

1.House Work
2.Mise en Place
3.Briefing
4.Service Station
5.Tray Stand
6.Arm Towel

二、問答題

1.餐廳營運前，須針對哪些設施或設備予以事先詳加檢查，以確保營運順序推展？

2.餐具擦拭作業的步驟及要領爲何？試以餐盤之擦拭爲例，加以說明之。

3.餐廳杯皿清潔整理時，應注意的事項有哪些？你知道嗎？

4.如果你是餐廳服務人員，請問你將會如何清潔整理工作檯？請就其步驟摘述之。

5.餐廳服務人員工作檯應備的物品有哪些？

6.假設你是餐廳經理，當你在準備選購餐桌檯布時，你會考慮哪些問題？試申述之。

三、實作題

餐具擦拭技巧實作，請分別就餐具擦拭作業要領來練習二人份西餐套餐的餐具擦拭。

四、教學活動設計

<table>
<tr><td>主題</td><td colspan="6">餐具擦拭作業評量</td></tr>
<tr><td>性質</td><td colspan="6">期中術科能力評量</td></tr>
<tr><td>地點</td><td colspan="6">專業教室</td></tr>
<tr><td>時間</td><td colspan="6">每梯次10分鐘</td></tr>
<tr><td>方式</td><td colspan="6">1.測驗前，教師先指定同學在餐具櫃備妥圓托盤五個、布巾十條，蒸薰熱水容器以及十二套西餐套餐所需餐具，並分類擺放整齊備用。
2.測驗時，每梯次五位同學受測，每梯次測驗時間十分鐘。
3.測驗時，每位同學先到餐具櫃選取所需餐具，置於操作櫃備用。
4.哨音響即開始計時，同學須依餐具擦拭要領來操作。
5.經評分完，立即進行善後收拾工作，將所取餐具整齊放回餐具櫃歸定位，再回到操作櫃站好，等候教師指令，始完成全程測試。</td></tr>
<tr><td rowspan="13">評分標準</td><td colspan="6">1.服裝儀容整潔，工作態度良好。
2.動作熟練，技巧純熟。
3.良好安全衛生之工作習慣。</td></tr>
<tr><td colspan="6">評分表</td></tr>
<tr><td>項次</td><td>評分項目</td><td>評分內容</td><td>配分</td><td>評分</td><td>總計</td></tr>
<tr><td rowspan="3">1</td><td rowspan="3">服裝儀容
（30%）</td><td>1.整潔服裝（工作服）</td><td>10</td><td></td><td rowspan="3"></td></tr>
<tr><td>2.儀容端莊</td><td>10</td><td></td></tr>
<tr><td>3.手指甲衛生</td><td>10</td><td></td></tr>
<tr><td rowspan="3">2</td><td rowspan="3">動作熟練
（30%）</td><td>1.姿勢正確</td><td>10</td><td></td><td rowspan="3"></td></tr>
<tr><td>2.動作迅速</td><td>10</td><td></td></tr>
<tr><td>3.時間控制</td><td>10</td><td></td></tr>
<tr><td rowspan="2">3</td><td rowspan="2">工作習慣
（20%）</td><td>1.安全習慣</td><td>10</td><td></td><td rowspan="2"></td></tr>
<tr><td>2.衛生習慣</td><td>10</td><td></td></tr>
<tr><td rowspan="2">4</td><td rowspan="2">工作態度
（20%）</td><td>1.愛惜公物</td><td>10</td><td></td><td rowspan="2"></td></tr>
<tr><td>2.敬業精神</td><td>10</td><td></td></tr>
<tr><td colspan="3">評審人員</td><td></td><td colspan="2">總分</td><td></td></tr>
</table>

Chapter 8

餐廳餐桌布置與擺設

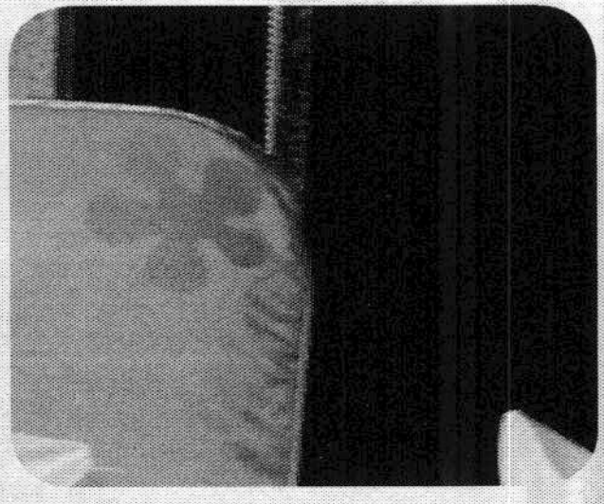

單元學習目標

- ◆瞭解各類中餐餐桌布置與擺設的方式
- ◆瞭解各類中餐餐桌擺設的差異
- ◆瞭解西餐餐桌布設的基本原則
- ◆瞭解西餐餐桌擺設的基本型態
- ◆熟練技術士檢定餐桌擺設的要領
- ◆培養專精純熟的餐桌布置與擺設技巧

所謂「餐桌布設」，英文稱之為“Table Setting”或“Place Setting”，其意思係指餐桌布置及餐具擺設。由於中西餐的餐食內容不同，用餐方式互異，因此餐桌布設方式也不盡相同，唯其基本原則均一樣，係以菜單內容、用餐方式與場合為餐桌布設的依據，並以提供客人安全衛生、舒適便利之服務為考量。

第一節　中餐的餐桌布置與擺設

客人前往餐廳用餐的動機與目的不一，有些顧客係為美食果腹，有些係因社交應酬或宴請賓客。由於每位顧客的需求不同，其用餐場地之布置與餐桌布設要求也互異。此外，雖然同為中餐廳，但每家餐廳均有其獨特的餐具與擺設方式，所以業界間對於餐桌布設之做法乃不盡一致。茲在此分別就一般中餐廳最常見的中餐小吃、中餐宴會及貴賓廳房的餐具擺設，以及目前職訓局餐旅服務檢定中餐餐桌布設要領，分別介紹如後：

一、中餐小吃餐具擺設

中餐小吃所需的餐具主要有骨盤、味碟、口湯碗、湯匙、筷子、茶杯及餐巾紙等器皿（**圖8-1**）。中餐小吃的餐具較少，其擺設方式以整潔美觀、方便實用為原則，通常餐桌之餐具擺設以一至四人份為多。茲就中餐小吃餐具擺設的順序及要領，說明如下：

(一)骨盤

1.餐具擺設的順序，最先要放置「骨盤」，將骨盤置放在餐位正中位置，作為餐具擺設定位用。

2.骨盤上之標幟（Logo）正面朝上，骨盤距桌緣約二指幅寬（3～4公分）。

3.同桌骨盤間距須等距，其標準間距約45公分。

圖8-1　中餐小吃餐具擺設

4.骨盤之尺寸規格約6～7吋（約15～18公分），通常係以6吋（約15公分）之麵包盤作爲骨盤使用，不過若以7吋盤替代則較美觀大方。

(二)味碟

1.味碟通常置於骨盤右上方或正上方，標幟朝上。
2.味碟與骨盤之間距約一指幅寬（約1～2公分）。

(三)小湯碗或湯匙底座

1.小湯碗另稱「口湯碗」，置於骨盤左上方，位於味碟左側約一指幅寬之位置。
2.小湯碗與味碟之間距，剛好在骨盤中央上方。
3.較正式中餐小吃，小湯碗暫不擺設，待上羹湯時，才由服務員將湯碗擺上桌爲客人服務湯菜。
4.湯匙底座擺置於骨盤左上方，即前述口湯碗放置處。

(四)湯匙

1.湯匙置放在口湯碗內時，正面朝上，「匙柄朝左」（**圖8-2**）。
2.湯匙若置於湯匙底座時，正面朝上，但「匙柄朝右」（**圖8-3**）。

(五)筷子

1.筷子直放，置於骨盤右方，距離骨盤約一指幅寬。
2.筷子正面標幟朝上，筷子尖端向上，筷子尾端距桌緣約二指幅寬，即與骨盤

圖8-2　湯匙置放碗內，匙柄須朝左

圖8-3　湯匙置底座時，匙柄朝右

下方盤緣切齊。

(六)茶杯

1.一般中餐小吃餐桌擺設，係採茶杯倒扣於骨盤上，杯底朝上。唯有些餐廳係將杯口朝上擺設，如勞委會職訓局餐旅技術士檢定即採杯口向上。

2.茶杯標幟要朝向客座。

(七)餐巾紙

將摺疊好的餐巾紙置於骨盤左方約一指幅寬的位置。

(八)芥末醬碟、辣椒醬碟

將芥末醬碟或辣椒醬碟置於桌面中央位置。

(九)其他備品

1.牙籤盅置於芥末醬碟左側，或飯後再呈上也可以。

2.聯單夾（帳單夾），置於左側距桌緣約二指幅寬之位置。

3.擺放意見卡時，可置放桌面靠近牆或較內側位置。

4.擺設菜單時，以45度開口立於檯號座前方，菜單封面朝向大門入口。

(十)椅子

當各項餐具均擺設完畢，最後再將椅子定位，使椅面前緣靠齊桌布下垂處即可。

二、中餐宴會餐具擺設

中餐宴會係一種較正式的社交應酬場合，因此其所使用的餐具無論在質或量等各方面，均較中餐小吃的餐具多且質優（**圖8-4**）。通常中餐宴會所須擺設的餐具，每桌約十至十二人份爲多。中

圖8-4　中餐宴會餐具擺設

餐宴會餐具擺設原則，除了重視美觀實用外，尚須注重整體美與和諧感。

(一)骨盤

中餐宴會骨盤之擺設要領同前中餐小吃骨盤擺法，唯其骨盤最好以7吋盤較大方。

(二)味碟

味碟之擺設要領同前中餐小吃味碟擺法。

(三)銀筷架

1. 銀筷架另稱「龍頭筷架」或稱「雙生筷架」（**圖8-5**），擺銀筷架時，須將龍頭對準味碟中心直徑，橫置於味碟右方或骨盤右上方。
2. 龍頭與味碟之間距約二指幅寬。
3. 銀筷架「左端」可擺湯匙；「右端」可作爲筷架用。

圖8-5　雙生筷架湯匙與筷子的擺法

(四)銀湯匙

1. 將銀湯匙擺在龍頭架上，匙柄垂直，尾端朝向客座。
2. 湯匙係置放在龍頭架左端之匙座上，正面朝上。

(五)筷子

1. 宴會所使用的筷子通常均加筷套，將筷子直架於龍頭上，置於湯匙右方。
2. 筷套標幟朝上，並使開口端向上，筷套底端距桌緣約二指幅寬（3～4公分）。

(六)小湯碗

小湯碗擺設要領同中餐小吃之擺法。

(七)湯匙

湯匙擺設要領同中餐小吃之擺法。

(八)水杯（高飛球杯）

水杯或高飛球杯置於味碟正上方約一指幅寬之位置，或置於筷架右側一指幅寬之位置，其底部與筷架正好成一直線。

(九)餐巾

1.將事先摺疊好的餐巾置於骨盤上。
2.餐巾標幟或開口處須朝向客座。

(十)味壺

1.味壺通常係指醋壺與醬油壺而言，擺設之前須先在味壺底盤置放杯墊，以防弄溼或汙損壺底。
2.擺設時，醋壺置放在底盤右端，醬油壺在左端，壺嘴朝同方向，再將味壺組置放在餐桌中央位置。

(十一)芥末醬碟、辣椒醬碟

芥末醬碟及辣椒醬碟放置在餐桌中央，位於醋壺前方。

(十二)盆花／花瓶

盆花、花瓶擺在餐桌中央，位於醋壺後方（**圖8-6**）。

(十三)牙籤盅

牙籤盅置於餐桌中央，或擺在味壺右方即可。

(十四)椅子

椅子擺設要領同中餐小吃。若宴會場地不大，爲避免太擁擠，可將椅面推入

圖8-6　餐桌上盆花擺設

餐桌，使椅背與桌緣靠齊即可。

三、貴賓廳房餐具擺設

貴賓廳房係私人小型宴會之場所，因此餐桌布設所需餐具也最講究，無論餐具的質與量均較一般宴會精緻且量多、種類雜。係因私人宴客場所並不一定十分正式，其擺設方式往往須根據客人需求而定。茲就目前較常見的貴賓廳房餐具擺設的順序及其作業要領分述如下（圖8-7）：

圖8-7　貴賓廳房餐具擺設

(一)檯布

1.貴賓廳房餐具擺設的第一步驟係先鋪設大圓桌檯布，務使檯布中央十字形摺紋落在餐桌中央處。

2.調整檯布時，務使桌布下襬等長，且加以修整成圓弧狀。

(二)轉檯底座（轉圈）

1.轉檯底座在鋪放前，須先確認是否運轉功能正常，並注意底座是否已擦拭乾淨，以免汙損檯布。

2.底座經檢查後，再將其置放在已鋪上檯布之餐桌正中央位置。

(三)轉檯

1.以雙手將轉檯提起，並使其平置於轉檯底座上，然後以雙手輕壓並轉動，藉以確認是否平穩正常。

2.確認無誤再以抹布輕拭檯面清除指紋。

3.爲求美觀，有些餐廳木質轉檯均套上轉檯套，唯玻璃轉檯不必套。

餐飲小百科

轉檯小常識

轉檯的材質通常是木質或玻璃，其規格尺寸不一，端視圓桌大小來搭配。唯須考量其直徑，務必小於餐桌面直徑至少60公分。易言之，轉檯外緣距餐桌外緣至少須保留30公分以上間距，始夠擺設各類餐具。

(四)銀盤

1.銀盤數量須與宴席座位數相同。

2.貴賓廳房餐具擺設係以「銀盤定位」，其定位順序以時鐘12點→ 6點→3點→9點的位置排列，以銀餐盤作爲定位基準點。

3.銀餐盤標幟朝上，置於餐桌距桌緣約兩指幅寬之位置。同桌所有銀盤之間距務必等距，最好的標準間距約18吋寬（45公分）。

(五)骨盤

骨盤置於展示盤或銀盤上，標幟朝上（圖8-8）。

(六)味碟

味碟係擺在骨盤右上方或正上方，距骨盤約一指幅寬，其要領同前宴會、小吃擺設。

(七)銀筷架

銀筷架橫置於味碟右方約二指幅寬，其龍頭要對準味碟中心直徑。

(八)銀湯匙

銀湯匙擺在龍頭架上，匙柄垂直，尾端朝向客座。

圖8-8　骨盤置於展示盤上

(九)筷子

1.將筷子附加筷套，再直接置放於銀筷架上，位於湯匙右方。
2.筷套標幟正面向上，筷套開口在上，套底朝客座距桌緣約二指幅寬（3～4公分）。

(十)水杯（高飛球杯）

水杯或高飛球杯擺在味碟正上方約一指幅寬的位置，或放置於筷架右側約一指幅寬位置。

(十一)酒杯

1.酒杯擺在銀湯匙上方，其位置剛好在水杯右下方。不過在非正式宴席上，中式小酒杯有時直接併排分置轉檯面兩側，與公杯併列。
2.通常中餐使用的酒杯，係指小型的紹興酒杯，即俗語所謂的「小酒杯」。
3.目前國人盛行於用餐中搭配紅酒，若須擺設葡萄酒杯時，則其排列順序及要領爲：
(1)先將紅酒杯置於水杯右斜下方。
(2)再將小酒杯擺在紅酒杯右斜下方位置。

(十二)公杯（分酒杯）

每桌擺設公杯二至四個，杯口朝左，併排分置於轉檯上，距轉檯邊緣約一指幅寬位置。

(十三)小湯碗

1.小湯碗置於骨盤左上方，位於味碟左側一指幅寬的距離，與味碟併列成直線。
2.在貴賓廳房所使用的小湯碗之材質較優，通常以瓷碗或銀碗爲之。

(十四)毛巾碟

毛巾碟直擺於骨盤左側，底端與骨盤下緣對齊。

(十五)餐巾

將摺疊好的餐巾（口布）放在骨盤正中央，餐巾標幟或開口朝向客座。

(十六)味壺、芥末醬碟及辣椒醬碟

1.味壺、芥末醬碟、辣椒醬碟等調味料碟同前宴會擺法，置於餐桌轉檯上，調味醬匙柄朝右。
2.原則上味壺等調味碟，每桌擺設一套即可。

(十七)牙籤盅

牙籤盅置於味壺組右側。

(十八)盆花

1.貴賓廳房餐桌桌面布設最後一項步驟爲「擺設盆花」。
2.盆花擺在餐桌轉檯正中央位置。盆花的功能主要在美化及綠化用餐環境，增添柔美氣氛，因此上菜前，須先將盆花移走，才開始上菜服務。

(十九)椅子

最後一項工作乃將椅子定位，其要領同一般宴會布設。

以下分別中餐小吃、宴會及貴賓廳房等各類餐桌布設列表比較，如**表8-1**。

表8-1　中餐各類餐桌布設之比較

項目＼類別	中餐小吃	中餐宴會	貴賓廳房
1.檯布	—	—	○
2.轉檯	—	—	○
3.銀盤	—	—	○
4.骨盤	○	○	○
5.味碟	○	○	○
6.銀筷架	—	○	○
7.銀湯匙	—	○	○
8.筷子	○	○	○
9.杯子	茶杯	水杯	水杯
10.酒杯	—	—	小酒杯、公杯
11.小湯碗	○	○	○
12.毛巾碟	—	—	○
13.餐巾	餐巾紙	○	○
14.味壺	—	○	○
15.芥末醬碟、辣椒醬碟	○	○	○
16.牙籤盅	○	○	○
17.飾花	—	花瓶	盆花
備註：1.以上中餐擺設係以一般常見的中餐餐具擺設及交通部觀光局「旅館餐飲實務」規範為資料整理而成。 2.為提升服務品質，目前有些餐廳均以貴賓廳房之擺設運用在一般中餐宴會擺設及中餐小吃擺設中，不過每家餐廳的規定均不同，本表僅供參考。			

四、餐旅服務技術士檢定「中式餐桌擺設」

(一)中式餐桌擺設的步驟

國家證照考試「餐旅服務技術士技能檢定」，關於中餐宴席餐桌基本擺設之規定，其作業先後順序及其要領，說明如下：

◆圓桌面架設

首先取圓桌面，自存放區以滾桌面方式移至操作區，先將方桌檯布四角往上摺到桌面再將圓桌面平放於餐桌，並檢視桌面穩定度。

圓桌架設妥後，須先洗手，再持長托盤至器材區，選取所需布巾、餐具等器皿，將其搬運至服務桌上備用。

◆鋪檯布

將檯布平鋪於桌面，務使中央十字形摺紋正好落在圓桌中央，最後再調整桌布下襬成圓弧狀。

◆口布摺疊、擦拭餐具

摺疊六種不同款式的口布備用，再擦拭餐具，唯須注意衛生。凡擦拭過的餐具勿再以手觸摸。

◆骨盤定位

餐桌擺設首先須以骨盤定位，其要領為：先在12點鐘與6點鐘位置來定位，然後再擺其餘四個餐位。將骨盤置於距桌緣約二指幅寬之位置來定位。

◆擺味碟

味碟擺在骨盤上方或右上方，其間距約一指幅寬，正面標幟朝上。

◆擺口湯碗及湯匙

1.口湯碗另稱小湯碗，置於骨盤左上方，位於味碟左側，其間距均為一指幅寬。

2.湯匙置於碗內，匙柄「朝左」，正面朝上。

（註：中餐小吃基本擺設不擺設口湯碗，湯匙係置於「湯匙筷架」上）

◆擺筷架及筷子

1.將筷架橫置於味碟右側，其間距為一指幅寬。

2.筷架須對準味碟中心直徑，使其擺設呈一直線。

3.將筷子放置在筷架上，筷子正面標幟朝上，尾端距桌緣約一指幅寬。

（註：中餐宴會基本擺設是採用純筷架）

◆擺茶杯（水杯）

1.茶杯或水杯擺在筷架右側，開口朝上，標幟朝向客座，其間距約一指幅寬。
2.茶杯或水杯底端須與筷架呈一直線。

◆擺口布（餐巾）

1.最後一項步驟係將摺疊好的餐巾置於骨盤正中央。
2.餐巾開口或標幟朝向客座，經修整後即完成單人份餐具擺設。由於技檢規定須同時擺六人份餐具，其餐巾款式也彼此互異。易言之，須先摺好六種不同款式餐巾備用。

(二)中式小吃基本型餐桌擺設範例

餐具名稱	單人份擺設參考圖
1.茶杯 2.湯匙筷架 3.筷子 4.小味碟 5.湯匙 6.骨盤 7.口布 8.圓盤	

資料來源：勞委會職訓局。

(三)中式宴席基本型餐桌擺設範例

餐具名稱	單人份擺設參考圖
1.茶杯 2.筷架 3.筷子 4.小味碟 5.口湯碗 6.瓷湯匙 7.中式骨盤 8.口布	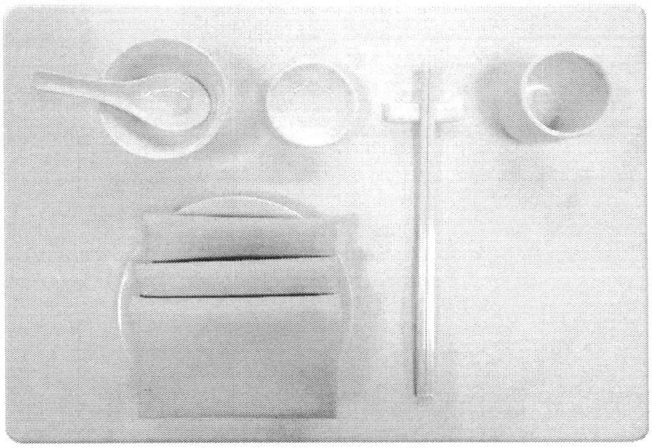

資料來源：勞委會職訓局。

五、中餐餐桌布設應注意事項

(一)餐桌擺設之前須先檢查桌椅之穩定度

爲確保顧客用餐環境之安全，餐桌布設之前須以雙手輕壓桌面，在確認桌椅平穩、安全無虞的前提下，才正式進行餐桌餐具擺設工作。

(二)確保餐具之清潔衛生

1. 服務人員擺設餐具時，須注意勿以手指碰觸客用餐具「入口處」，如杯口、碗內、匙面、筷子尖端等處（圖8-10）。
2. 如果餐具不愼掉落地板，切忌拾起擦拭再使用，務必更換新餐具。
3. 餐具擺設之前先檢查，確認是否乾淨、無破損或裂痕。
4. 端取餐具一律使用墊有布巾之托盤，避免徒手端取餐具。

錯誤的持法(一)

錯誤的持法(二)

圖8-10　擺設餐具勿碰觸「入口處」

(三)講究整潔、美觀、實用、舒適之原則

1.餐桌餐具擺設，餐具之間距要「等距」，同桌餐具擺設要有一致性，如餐具花色、尺寸規格等等。

2.餐桌擺設所需器皿種類雜、數量多，但並不一定要如數全部陳列上桌。例如有些貴賓服務之餐廳，湯碗係在上湯羹菜時才擺上桌，由服務員來爲客人現場服務。

(四)餐桌擺設定位要明確

1.中餐圓桌擺設定位的方法除了貴賓廳房以銀盤或展示盤外（**圖8-11**），通常係以骨盤作爲基點來定位，較常見且方便，此外也有人以座椅來定位。

2.中餐圓桌定位順序可依時鐘「12點→6點→3點→9點」的方位來定位。

(五)杯皿擺設須由左往右、由大而小

傳統中餐餐具所使用的杯皿，不外乎以茶杯、小酒杯爲主，但如今西風東漸，飲食習慣也受影響，國人中式宴會飲用紅酒者相當多，因此紅酒杯漸漸取代紹興酒杯（即小酒杯）。

此時餐桌杯皿之擺設，務必要顧及服務人員斟酒服務及客人取用之方便，所以杯皿擺設應依「水杯→紅酒杯→小酒杯」之高低大小順序陳列之。

圖8-11　餐桌定位可以展示盤或骨盤定位

(六)餐桌擺設儘量遵循手不跨越，以客爲尊之原則

客人進餐所常使用的餐具，如筷子、湯匙、水杯、酒杯、骨盤、味碟、湯碗及口布等，儘量成套齊全供應，每人一份，避免讓客人跨越鄰座去端取。

(七)中餐西吃刀叉餐具擺設須符合西餐禮儀

1.右刀左叉原則，若隨菜所附餐刀，須置於筷子右側。

2.不使用餐刀時，食用水果所附餐叉須置於骨盤右側。

第二節　西餐的餐桌布置與擺設

現代化的餐廳，除了重視餐廳內部裝潢、格局規劃，以及外部造型設計外，對於餐廳餐桌擺設也相當講究，藉以增添餐廳柔美氣氛，使客人步入餐廳即能產生良好的第一印象。

西餐餐桌擺設方式，往往因地而異，不過其基本原則均一樣，係根據菜單餐食內容、餐廳服務方式與場合來做適當調整，俾以提供客人溫馨、舒適的完美用餐體驗。茲分別就餐桌布設的基本原則、餐桌布設形式，以及作業要領臚陳於後：

一、西餐餐桌布設的基本原則

西餐餐具種類繁多，每種餐具均有特定用途，因此餐桌擺設之前，務必依據菜單內容來準備所需餐具，再依傳統規範及餐廳制式規定來擺設餐具。

(一)確認餐具與餐桌之安全、衛生、整潔及統一

1.餐桌擺設之前，須依餐桌用餐人數、菜單餐食內容、服務方式來選取所須陳列之餐具，並加以檢視是否乾淨、無破損、餐具款式花色是否一致。

2.餐桌擺設之前，務必先檢查「餐桌穩定度」，以雙手輕壓桌面，確認穩定度無安全之虞始可，否則要先調整桌腳使其平穩。

(二)餐桌餐具擺設要先定位

1.餐具定位之前，須考慮到要擺設多少套餐具或多少個“Cover”，再據以著手定位工作。“Cover”一詞可定義爲「一套餐具」或「一個擺設」。質言之，係指餐廳爲每位客人所擺設的整套進餐餐具而言；若是整桌的餐具擺設則稱爲“Table”。此外，“Cover”也可作爲餐廳可容納客人的人數或座位。

2.餐廳餐具擺設定位的工具，計有：展示盤、餐盤、餐巾、椅子等多種，但椅子定位較不方便。

(三)餐具擺設以左叉、右刀匙；點心餐具擺餐盤上方

1.餐叉直擺餐盤或餐巾左邊；餐刀、湯匙直擺餐盤或餐巾右邊。刀刃朝左，叉尖與匙凹面朝上。

2.西餐甜點所需的點心叉，橫置於餐盤正上方，叉柄朝左；點心匙橫置於點心叉上方，匙柄朝右橫放桌上（**圖8-12**）。

(四)左右餐具先外後內，點心餐具先內後外

1.所謂「左右餐具先外後內」，係指客人最先會使用之餐具要擺在最外側；較後使用之餐具則置於內側近餐盤處。至於點心餐具使用係由內而外。

2.餐桌餐具擺放要領：由內而外等距（約1公分）擺放。

3.客人餐具使用時係「由外而內」；服務員擺設餐具順序係「由內而外」。

4.若供餐服務的點心不只一種，如尙有蛋糕、甜點或水果時，可於服務前再另外擺放即可。餐桌不必同時擺放兩套點心餐具。

(五)左右每側餐具，以不超過三件爲原則

1.餐桌擺放餐具，一次不要同時放置「六件」的扁平餐具。易言之，餐盤左右

圖8-12　餐具擺設左叉、右刀匙

每側勿同時一次擺設三件以上之扁平餐具，唯湯匙例外，以免占用桌面空間且欠美觀。例如歐洲特色餐廳，通常僅擺設前兩道菜的餐具於桌面，其餘所需餐具則待上菜服務前，始爲客人增補之。

2.在美國及德國較講究服務工作效率之餐廳，有時在宴會場合爲追求效率而犧牲美觀，將餐桌供食所需爲客人準備的餐具一次同時擺上桌。

(六)避免規格尺寸相同的餐具同時陳列桌面

1.扁平餐具除了「大餐叉」外，餐桌勿同時擺設相同的餐具。

2.如果餐廳政策係採用「通用型」餐具，則此原則將不適用，例如大衆化平價餐廳，爲節省成本與便利，較喜歡採用此通用型餐具。

(七)特殊餐具不預先擺設

1.爲講求餐桌美觀，通常較特殊的餐具除了魚刀、魚叉外，通常並不事先擺設在餐桌上。

2.例如開胃菜的蝦考克（Shrimp Cocktail）所須使用的考克叉（Cocktail Fork），可在上菜時附在襯盤上，一併端上桌服務即可。

(八)餐具擺設力求整齊劃一，餐具間距要等距

1.餐具擺設力求整體美，尤其同桌餐具款式力求一致。

2.餐具擺設時，餐具距桌緣通常爲2公分，國外爲1吋；餐具間距要等距約1公分，國外爲3/4吋，但並非爲絕對值。唯餐廳內部須統一規定，力求一致性。

(九)酒杯擺設以左上右斜，由大而小順序排列

1.餐桌酒杯擺設，一次不可超過四個杯皿。

2.不可同時擺放兩個形狀大小相同的杯子。

3.酒杯之排列最大者置於左上方，最小者放在最右下方（**圖8-13**），以便於服務員斟酒。

4.擺放玻璃杯皿係以最靠近主餐盤的大餐刀爲基準點，置於大餐刀之正上方。

圖8-13　酒杯擺設由大而小；左上右斜

圖8-14　鹽罐、胡椒罐之正確擺法

(十)鹽罐與胡椒罐必須預先擺設在餐桌中央

1.西餐餐桌擺設的調味品當中，僅有「鹽罐與胡椒罐」是唯一必須預先擺放在餐桌中央位置的調味品（**圖8-14**）。

2.餐桌擺設所謂的"Center Pieces"，係指餐桌擺設時餐桌中央的備品、飾物，除了鹽罐、胡椒罐外，尚有花瓶及牙籤盅等物品。

(十一)座位每一套餐具擺設至少要有18吋寬，16吋深

1.餐桌餐具擺設，必須給客人適當的空間。

2.每一套餐具擺設，至少其空間有18吋（45公分）寬（通常爲18～24吋）、16吋（40公分）深。

二、西餐餐桌擺設的主要型態

西餐餐桌擺設的型態無論國內外的餐廳，其擺設方式均不大相同，其主要原因乃在於每家餐廳經營政策及其菜單內容互異，因此爲客人所提供的標準餐具擺設（Standard Covers）也就有差異。

西餐餐桌擺設的基本型態主要有三種：基本餐桌擺設、單點餐桌擺設及套餐（全餐）餐桌擺設等。至於一般常見的早餐餐桌擺設、特殊菜單餐桌擺設，乃屬於上述基本型與單點擺設之應用。茲分述如後：

(一)基本餐桌擺設（Basic Table Setting Simple Cover）

所謂「基本餐桌擺設」，係指餐廳餐桌僅擺設最簡單且不可缺少的基本餐具，待客人點菜後再調整或增補餐具，如咖啡簡餐等類型餐廳擺設即屬之。

基本餐桌擺設

所需擺設餐具項目	擺設步驟及要領
1.餐巾 2.餐刀 3.餐叉 4.水杯	1.首先檢查餐桌穩定度。 2.以餐巾定位，將餐巾置於座位正中央，距桌緣約2公分。 3.將餐刀置於餐巾右側約1公分處，刀刃朝左，柄端距桌緣約2公分距離。 4.將餐叉置於餐巾左側約1公分處，叉齒朝上，柄端距桌緣約2公分距離。 5.最後將水杯置於餐刀正上方約2公分處。杯腳與餐刀刀尖對齊成直線。

(二)單點餐桌擺設（À La Carte Table Setting / À La Carte Cover）

一般單點餐桌擺設較適用於法式或俄式服務的餐廳，俟客人點菜後，再將所須提供的額外餐具在菜餚上桌前擺設即可，如此可節省服務人力與時間。

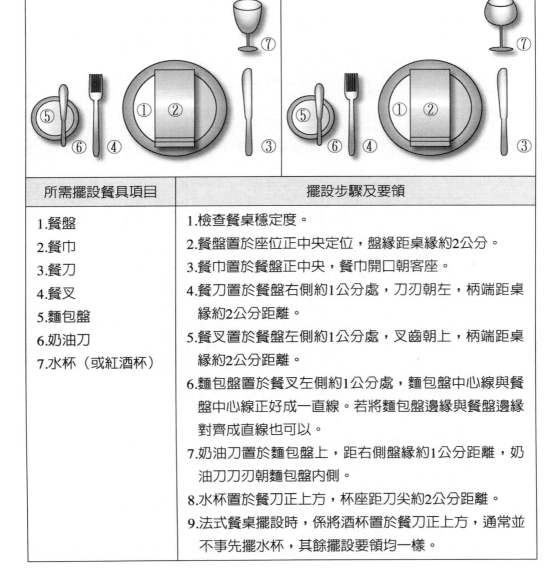

所需擺設餐具項目	擺設步驟及要領
1.餐盤 2.餐巾 3.餐刀 4.餐叉 5.麵包盤 6.奶油刀 7.水杯（或紅酒杯）	1.檢查餐桌穩定度。 2.餐盤置於座位正中央定位，盤緣距桌緣約2公分。 3.餐巾置於餐盤正中央，餐巾開口朝客座。 4.餐刀置於餐盤右側約1公分處，刀刃朝左，柄端距桌緣約2公分距離。 5.餐叉置於餐盤左側約1公分處，叉齒朝上，柄端距桌緣約2公分距離。 6.麵包盤置於餐叉左側約1公分處，麵包盤中心線與餐盤中心線正好成一直線。若將麵包盤邊緣與餐盤邊緣對齊成直線也可以。 7.奶油刀置於麵包盤上，距右側盤緣約1公分距離，奶油刀刀刃朝麵包盤內側。 8.水杯置於餐刀正上方，杯座距刀尖約2公分距離。 9.法式餐桌擺設時，係將酒杯置於餐刀正上方，通常並不事先擺水杯，其餘擺設要領均一樣。

(三)套餐（全餐）餐桌擺設（Set Menu Table Setting / Full Dinner Table Setting）

所謂「套餐或全餐餐桌擺設」，係指將宴會菜單所需供食服務用的餐具，在賓客到達之前即預先擺設在餐桌上。此類套餐全餐服務擺設較適用於美式、英式及宴會服務。

套餐是否附前菜，其擺設方式也不同，如套餐餐桌擺設(一)爲不含前菜之擺設方式，套餐餐桌擺設(二)爲含前菜之擺設方式：

套餐餐桌擺設(一)（不含前菜）

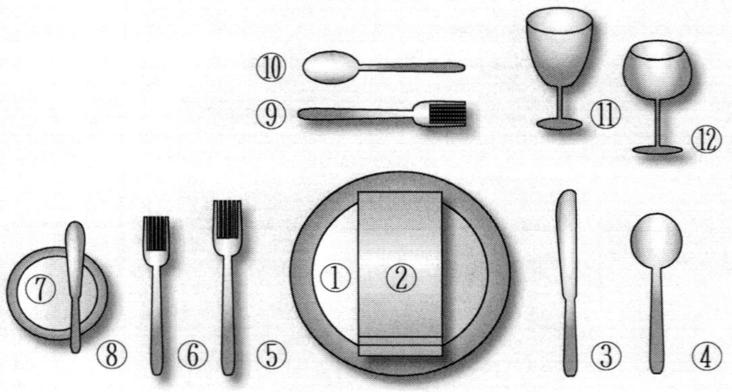

套餐餐桌擺設(二)（含前菜）

所需擺設餐具項目	擺設步驟及要領
1.餐盤 2.餐巾 3.餐刀 4.餐匙 5.餐叉 6.沙拉叉 7.麵包盤 8.奶油刀 9.點心叉 10.點心匙 11.水杯 12.酒杯 13.小餐刀 14.小餐叉	1.檢查餐桌穩定度。 2.餐盤或展示盤定位，標幟朝客座。 3.餐巾置於餐盤或展示盤正中央。 4.餐刀置於餐盤右側，要領同前。 5.餐匙置於餐刀右側約1公分間距，正面朝上，柄端距桌緣約2公分。 6.餐叉置於餐盤左側約1公分間距，叉齒朝上，柄端距桌緣約2公分。 7.沙拉叉置於餐叉左側，約1公分間距，叉齒朝上，柄端距桌緣約2公分。 8.麵包盤置於沙拉叉左側，約1公分間距，麵包盤中心線與餐盤中心線，正好成一直線。若將麵包盤與餐盤邊緣對齊成直線也可以，唯須統一規定。 9.奶油刀置於麵包盤上，要領同前。 10.點心叉置於餐盤正上方約1公分間距，叉齒朝上，柄端朝左；甜點匙置於點心叉上方，匙柄朝右。 11.水杯置於餐刀正上方，杯座距刀尖約2公分間距。 12.酒杯置於水杯右下方約45度，距水杯約1公分間距。若尚有其他酒杯則以右斜方式直線放置，以「左大右小」、「左上右斜」方式放置，以整齊統一為原則。
備註： 以上餐具1～12項係不含前菜之套餐餐桌擺設，若含前菜則需另加小餐刀與小餐叉，如前圖(二)即是例。	備註： 1.以上擺設係以不含前菜之套餐餐桌擺設步驟。如果另加前菜則須再增列小餐刀與小餐叉。此外若甜點爲水果，則要將點心匙更換爲小刀，刀柄朝右。 2.展示盤、服務盤或秀菜盤均指Show Plate。

三、早餐餐桌擺設

西餐早餐餐桌擺設可分爲歐陸式早餐與美式早餐之餐桌擺設兩種，茲分述如下：

(一)歐陸式早餐餐桌擺設（Continental Breakfast Table Setting）

歐陸式早餐通常僅供應果汁、麵包以及咖啡、茶、牛奶等飲料，因此歐陸式早餐所需餐具擺設較美式簡單。

歐陸式早餐擺設

所需擺設餐具項目	擺設步驟及要領
1.餐盤 2.餐巾 3.餐刀 4.餐叉 5.咖啡杯皿（杯、盤、匙） 6.鹽罐、胡椒罐、花瓶	1.先檢查餐桌穩定度。 2.餐盤定位後，再依序擺設餐巾、餐刀、餐匙，要領同前。 3.咖啡杯皿置於餐刀右側，咖啡杯底盤緣距餐刀約2公分間距。 4.咖啡杯耳把朝右，咖啡匙橫置底盤，匙柄朝右。 5.最後再將鹽罐、胡椒罐、花瓶置於餐桌中央。

(二)美式早餐餐桌擺設（American Breakfast Table Setting）

美式早餐另稱全套早餐（Full Breakfast），其餐食內容較歐陸式早餐豐富，此二者之最大不同爲美式早餐有供應蛋類及肉類，如煎蛋、火腿、培根等餐食。

美式早餐擺設

所需擺設餐具項目	擺設步驟及要領
1.餐巾 2.餐刀 3.餐叉 4.麵包盤／奶油刀 5.咖啡杯皿（杯、盤、匙） 6.鹽罐、胡椒罐、花瓶	美式早餐之擺設步驟及要領除了下列幾項外，其餘均與歐陸式早餐擺設一樣，茲摘述如下： 1.美式早餐通常係以餐巾來定位，而不另擺餐盤。 2.美式早餐須擺麵包盤及奶油刀，而歐陸式早餐則不擺設麵包盤，直接將麵包籃置於餐桌左上方供食。

四、特殊菜餚的餐桌擺設

餐桌擺設所需服務用的餐具，係依據客人所點叫的菜色內容來決定所須搭配提供的餐具。至於擺設的步驟與要領其原則均一樣，茲列舉較常見的幾種菜色餐具擺設方式，摘述如下：

(一)龍蝦餐具之擺設（單點）

龍蝦餐具單點擺設

所需擺設餐具項目	擺設步驟及要領
1.餐盤 2.餐巾 3.餐刀 4.龍蝦叉 5.餐叉 6.龍蝦鉗 7.麵包盤／奶油刀 8.骨盤（裝殼用） 9.洗手盅 10.白酒杯 11.鹽罐、胡椒罐、花瓶	1.先以餐盤定位，盤上置口布一條。 2.餐刀置於餐盤右側，餐叉置於餐盤左側。 3.龍蝦叉置於餐刀右側，龍蝦鉗置於餐叉左側。 4.麵包盤放置在龍蝦鉗左方。 5.洗手盅置於龍蝦鉗上方（若空間不夠，可置於龍蝦叉右側）。 6.骨盤置於餐盤正上方。 7.白酒杯置於餐刀上方。

(二)田螺餐具之擺設（單點）

<table>
<tr><td colspan="2">田螺餐具單點擺設
</td></tr>
<tr><th>所需擺設餐具項目</th><th>擺設步驟及要領</th></tr>
<tr><td>1.餐盤
2.餐巾
3.甜點匙
4.田螺叉／田螺夾
5.麵包盤／奶油刀
6.白酒杯
7.鹽罐、胡椒罐、花瓶</td><td>1.先以餐盤定位，盤上置口布一條。
2.甜點匙置於餐盤右側。
3.田螺夾置於餐盤左側。
4.田螺叉置於甜點匙右側。
5.麵包盤附奶油刀，置於田螺夾左側。
6.白酒杯置於甜點匙上方。</td></tr>
</table>

備註：田螺餐具單點擺設，須在餐盤上放置口布一條，上菜時，口布位置再放置田螺烤盤，如上圖所示。

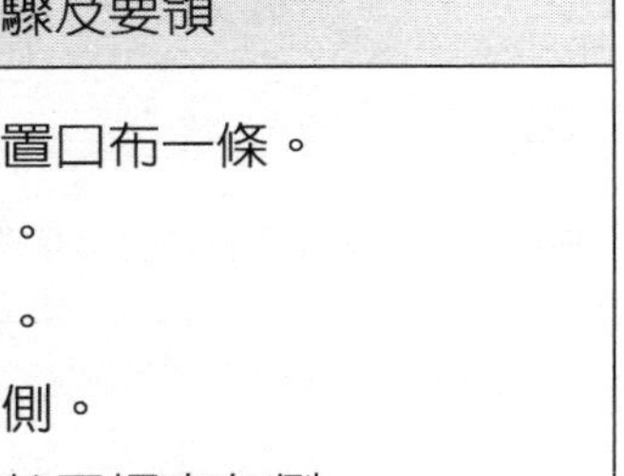

(三)義大利麵（Pasta）餐具擺設

義大利麵餐具擺設

所需擺設餐具項目	擺設步驟及要領
1.餐盤 2.餐巾 3.餐叉 4.餐匙 5.麵包盤／奶油刀 6.水杯 7.鹽罐、胡椒罐、花瓶	1.先以餐盤定位，盤上置口布一條。 2.餐叉置於餐盤右側。 3.餐匙置於餐盤左側。 4.麵包盤附奶油刀，置於餐匙左側。 5.水杯置於餐叉正上方。

五、餐旅服務技能檢定餐桌擺設

當前餐旅服務技術士證照檢定，關於西餐餐桌擺設係要求考生依菜單內容來擺設二至四人份的餐具擺設。此外，每人份餐具擺設之口布款式也互異；同時麵包盤上均要派兩種款式的麵包及附上奶油。為使讀者能熟悉餐旅服務技能檢定之規範，茲摘錄其要介紹於後供參考。

(一)擺設四人份西式菜單

單人份擺設參考圖

菜單	佐餐酒	餐具名稱
奶油蘆筍湯 義大利肉醬麵 附餐：紅茶		1.水杯 2.紅茶杯／底盤 3.咖啡匙／茶匙 4.圓湯匙 5.橢圓湯匙 6.口布 7.餐叉 8.奶油刀 9.圓盤（B. B. Plate）

備註：1.每位顧客都須附上兩款麵包及奶油。

2.每桌擺設都須配置胡椒、鹽罐及花瓶，依題意擺設於適當之位置。

3.茶匙可依圖擺設或擺設於茶杯後方。

4.口布四種款式，外加麵包籃巾。

資料來源：勞委會職訓局。

(二)擺設三人份西式菜單

<table>
<tr><th colspan="3">單人份擺設參考圖</th></tr>
<tr><td colspan="3"></td></tr>
<tr><th>菜單</th><th>佐餐酒</th><th>餐具名稱</th></tr>
<tr><td>蘇格蘭羊肉湯
脆綠蔬菜沙拉
奶油洋菇鱸魚
附餐：咖啡</td><td>白酒</td><td>1.水杯
2.白酒杯
3.咖啡杯／底盤
4.咖啡匙／茶匙
5.橢圓湯匙
6.沙拉刀
7.魚刀
8.口布
9.魚叉
10.沙拉叉
11.奶油刀
12.圓盤（B. B. Plate）</td></tr>
</table>

備註：1.每位顧客都須附上兩款麵包及奶油。

2.每桌擺設都須配置胡椒、鹽罐及花瓶，依題意擺設於適當之位置。

3.咖啡匙可依圖擺設或擺設於咖啡杯後方。

4.口布三種款式，外加麵包籃巾。

資料來源：勞委會職訓局。

(三)擺設二人份西式菜單

單人份擺設參考圖

菜單	佐餐酒	餐具名稱
手工陶罐鵝肝醬	白酒	1.水杯
義大利蔬菜湯	紅酒	2.紅酒杯
馬鈴薯沙拉		3.白酒杯
燒烤菲力牛排		4.沙拉刀
酒汁薄餅		5.橢圓湯匙
		6.餐刀
		7.展示盤
		8.餐叉
		9.沙拉叉
		10.沙拉叉
		11.奶油刀
		12.圓盤（B. B. Plate）
		13.點心匙
		14.點心叉
		15.口布

備註：1.每位顧客都須附上兩款麵包及奶油。

2.每桌擺設都須配置胡椒、鹽罐及花瓶，依題意擺設於適當之位置。

3.口布兩種款式，外加麵包籃巾。

資料來源：勞委會職訓局。

學習評量

一、解釋名詞

1.Table Setting
2.Cover
3.Show Plate
4.Center Pieces
5.À La Carte Cover
6.Set Menu

二、問答題

1.中餐小吃所需擺設的餐具有哪些？並請說明其擺設原則。
2.中餐宴會及貴賓廳房的餐桌擺設，其最大不同點爲何？試比較之。
3.中餐餐桌擺設的定位要領爲何？請申述之。
4.西餐餐桌刀叉餐具的擺設原則爲何？試述之。
5.西餐餐桌擺設的基本型態有幾種？其中以哪一種較適合於咖啡簡餐餐廳所使用？
6.美式早餐與歐陸式早餐，此二者最大差異爲何？

三、實作題

1.請依中餐餐桌擺設的要領，完成下列型態的餐具擺設：
(1)中餐小吃餐桌擺設。
(2)貴賓廳房餐桌擺設。
(3)六人份中式宴席餐桌擺設。
2.請依西餐餐桌擺設的要領，完成下列型態的餐具擺設：
(1)基本餐桌擺設。
(2)法式單點餐桌擺設。
(3)四人份西式菜單餐桌擺設。
（菜單內容：奶油蘆筍湯、義大利肉醬麵、附餐：紅茶）

四、教學活動設計

主題	餐桌檯布鋪設及餐具擺設
性質	期中術科能力評量
地點	專業教室
時間	每梯次10分鐘
方式	1.測驗前，教師先指定同學在餐具檯備妥托盤五個、西餐套餐餐具十套、口布二十條，摺疊整齊、漿燙好的乾淨白色檯布五條，以及操作檯（西餐方桌）五張備用。 2.測驗時，每梯次五位同學受測，每梯次測驗時間十分鐘。 3.測驗時，每位同學先抽選試題，再依題意內容到餐具檯選取所需餐具布巾，置於操作檯備用。 4.哨音響即開始計時，先取一條檯布，依檯布鋪設要領完成鋪設動作後，再進行餐桌擺設作業。 5.經評分完，立即進行善後收拾工作，將餐具及檯布重新摺疊整齊放回餐具檯歸定位，再回到操作檯站好，等候教師指令，始完成全程測試。
評分標準	1.服裝儀容整潔，工作態度良好。 2.動作熟練，技巧純熟。 3.成品美觀。 4.良好安全衛生之工作習慣。

評分表

項次	評分項目	評分內容	配分	評分	總計
1	服裝儀容（15%）	1.整潔服裝（工作服）	5		
		2.儀容端莊	5		
		3.手指甲衛生	5		
2	動作熟練（15%）	1.姿勢正確	5		
		2.動作迅速	5		
		3.時間控制	5		
3	工作習慣（10%）	1.安全習慣	5		
		2.衛生習慣	5		
4	工作態度（10%）	1.愛惜公物	5		
		2.敬業精神	5		
5	成品展示（50%）	1.鋪設檯布	20		
		2.餐具擺設	20		
		3.整潔美觀	10		
評審人員			總分		

Note

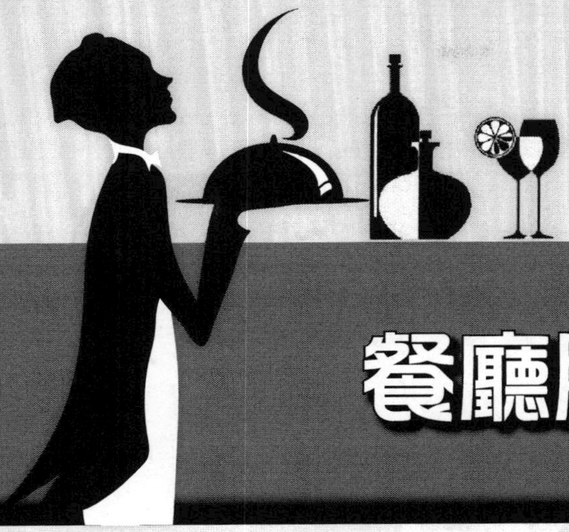

Chapter 9

餐廳服務流程

單元學習目標

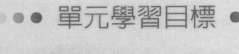

- ◆瞭解中餐服務流程之先後順序
- ◆瞭解中餐服務流程的作業要領
- ◆瞭解中餐宴席上菜的順序
- ◆瞭解西餐服務流程之順序
- ◆瞭解西餐服務流程的作業要領
- ◆瞭解西餐上菜服務的順序
- ◆培養餐飲服務的專精能力

餐廳格調的高低與服務品質的好壞，端視餐廳是否有一套完善標準的服務流程而定。因此為塑造餐飲企業之品牌形象，無論中餐廳或西餐廳均依其實際營運需求，訂有一套餐廳標準服務流程，以利營運管理及穩定服務品質。

一般而言，無論哪一類型的桌邊服務餐廳之服務流程不外乎係指：迎賓、引導入座、倒茶水、點菜、叫菜、上菜、服務、結帳、送客及重新擺設等十大步驟，包括餐前、餐中及餐後服務等三項主要工作。本章分別就中餐廳與西餐廳的服務流程、作業要領予以詳加介紹，期使讀者能對餐廳服務作業有更深入的瞭解，進而奠定未來從事餐飲服務工作成功之基石。

第一節　中餐服務流程的作業要領

所謂「服務流程」，係指客人走進餐廳開始，直到客人用餐結束離開餐廳為止，此期間餐廳所提供給客人的服務項目及各崗位服務人員的行動準則。為提升中餐服務品質，餐廳服務人員務須對整個服務流程中每一環節的服務作業有正確的瞭解，始能提供客人優質的餐飲服務，享有美好的用餐氣氛。

一、迎賓接待

當餐廳營運前的服務準備工作（Mise en Place），如環境清潔、餐桌布設、備品補充以及工作前勤務會議等均就緒後，餐廳所有服務人員均須各就工作崗位。此時餐廳除了保持整潔外，更要注意環境之寧靜，以便隨時迎接顧客光臨。

迎賓工作為整個餐廳服務作業之始，也是餐廳與客人接觸的第一線工作。客人能否對餐廳產生良好的第一印象，攸關餐廳迎賓接待工作的良窳而定。通常餐廳迎賓接待工作係由領檯人員負責，若有重要貴賓光臨，則餐廳主管人員均應在門口陪同接待。茲就餐廳迎賓接待應注意的事項摘述如下：

(一)迎賓接待是每位餐飲服務員的職責

餐廳迎賓接待工作，通常是由領檯來負責（**圖9-1**），但每位餐飲服務員均須有一基本體認，只要有客人光臨，均應主動趨前歡迎接待、問好。

圖9-1 領檯負責餐廳迎賓接待

(二)迎賓接待強調禮貌微笑、親切寒暄致意

當客人步入餐廳，應親切面帶微笑且有禮貌地向客人打招呼，並確認是否訂位、客人人數幾位。

領檯應瞭解禮貌微笑乃贏取客人好感的不二法門，一見到客人應即笑臉相迎，並親切主動打招呼，如「道早」、「問好」，對於熟客更應記熟客人姓氏與頭銜，並以此稱呼，以爭取客人之好感。

(三)迎賓接待要講究主動積極、迅速確實的服務

客人最難以忍受的是久候，身爲餐廳工作人員應瞭解客人這種心理，不要讓他們在餐廳門口久等而無人前來接待，令其感到有受冷落及不被尊重之感，這點應特別注意。

(四)迎賓接待要注意應對進退的高雅儀態與社交禮儀

雖然迎賓接待應講究迅速確實的服務，但高雅的儀態與得體的應對，也容易贏得顧客的激賞，所以餐飲工作人員應經常注意自己的服裝儀容，並保持良好的儀態，如此始足以讓客人留下良好印象。

(五)提供適時貼切的溫馨服務

如果客人攜帶笨重行李或穿戴帽子、外套時，則應盡可能協助妥爲保管。

二、引導入座

領檯人員引導賓客入座之前，須確認是否已訂位，瞭解客人的人數，然後再決定所安排的座位引導客人入座。茲將引導賓客的要領及座位安排原則分別介紹如後：

(一)領檯引導賓客帶位的要領

1.引導賓客入席時，須走在客人右前方二、三步，並將手掌五指併攏，以手勢禮貌性地指引方位（**圖9-2**）。

圖9-2　以手勢姿勢禮貌指引方位

2.行進時須配合客人走路的速度，注意客人是否跟上腳步，尤其是在轉角處須稍停一會兒，以免客人走失。
3.途中若有台階或障礙物，須特別提醒客人留意。
4.到達預定餐桌時，立即介紹負責該責任區之服務員或領班給客人，並協助客人就座。
5.就座時以年長者、女士或小孩為優先，並視實際需要另準備小孩的高腳椅座。

(二)領檯安排座位的原則

1.餐廳剛開始營業，儘量安排客人坐在入口前段較顯眼的地方，但避免將客人集中在同一服務區。
2.年輕情侶客人，儘量安排在牆角寧靜或較隱密之處的餐桌。
3.穿著高貴華麗的客人，可考量安排坐在餐廳中央的餐桌或較顯眼處。
4.行動不便或年紀較大的客人，儘量安排在靠近出入口安全便利的位置。
5.客人若帶有小孩，儘量安排在角落處位置，較不會吵到其他客人。
6.避免安排大桌給少數人，同時儘量以不併桌為原則。
7.座位安排最重要的是公平原則，即依客人來到餐廳之先後順序及人數來做公平合理的安排，以免讓客人感覺受到不公平待遇，這一點須特別加以注意。

三、攤口布、倒茶水、服務毛巾並調整餐具

當客人入座之後，服務員應立即親切有禮地為客人攤開口布，然後為客人服務茶水、毛巾，並調整餐具。其要領如下：

(一)攤口布的作業要領

1.服務員站在客人右側，將餐桌上客用口布輕輕取下，並說一聲：「您好！讓我為您來攤開口布」。
2.攤開口布時，右腳上前半步；雙手分別拿取口布左右兩邊，右手在前由外往內鋪放在客人膝蓋上方雙腿上。
3.口布標幟朝向餐桌，鋪設時不可觸碰到客人身體。

4.攤口布之順序，以年長者及女士為優先。依順時鐘方向依序為客人服務。

(二)倒茶水的作業要領

1.倒茶水前，先檢查水壺是否有汙損或水滴，須先擦拭乾淨。
2.倒水時，不可拿取桌上水杯，須直接在餐桌上服務茶水。
3.倒水時，壺口距杯口約1～2公分，為防止茶水噴灑到客人，可以右手持壺倒水時，左手持一條摺成方形的口布護在壺口前方。
4.倒茶水時，以倒八分滿為原則，通常夏天是服務冰水，冬天則供應熱茶（**圖9-3**）。
5.若茶水是以小茶杯奉上，則須先將盛好的茶杯以托盤端送上桌奉茶，但不可以手直接握取到餐桌給客人。若空的茶壺一般顧客會將壺蓋掀起斜置，此時宜立即主動為客人添加茶水。

(三)服務毛巾的要領

傳統中餐服務在服務茶水之後，會奉上毛巾給客人使用。其作業要領如下：

圖9-3　茶水服務——冬天熱茶，夏天冰水

1.先將捲摺好的毛巾，整齊擺在毛巾盤上。夏天以冰涼毛巾服務，冬天則以熱毛巾供應。
2.左手托毛巾盤，右手以毛巾夾來夾取毛巾，由客人左側來服務，將毛巾置於客人毛巾碟上。
3.服務之順序由長輩或女士爲優先，再依逆時鐘方向逐一爲客人服務。
4.爲了衛生起見，許多餐廳均改用免洗毛巾來替代一般小毛巾，不過有些餐廳並不提供此服務。

(四)調整餐具的作業要領

1.客人入座後，若客人人數與餐桌擺設的餐具份數不符合時，則須立即加以增補餐具或收拾多餘的餐具。
2.調整後，再將餐桌擺設物品予以修整。

四、點酒水飲料、遞送菜單、點菜

服務茶水之後，服務員可先請問客人想喝些什麼飲料或酒，然後再遞送菜單及爲客人點菜。其作業要領如下：

(一)點酒水飲料的作業要領

1.服務員在遞送菜單之前，可先請示客人需要何種飲料或酒。點叫飲料以女士或長者爲優先，由客人右側依順時鐘方向依序爲之。
2.詳細登錄客人所點叫之酒水飲料與特別要求。
3.最後再將所登錄之資料向客人複誦確認，若確認無誤，則可向客人致意後離去，並說一聲：「您所點飲料馬上送來」。
4.服務員塡妥一式三聯的飲料單後，再送到出納處簽證。第一聯送吧檯領飲料，第二聯由出納存查，第三聯夾單置於服務檯或客人餐桌。
5.上飲料時，須由客人右側服務，將飲料置於水杯右下方。
6.服務酒水時，啤酒必須保持冰涼，至於紹興酒則須事先請示客人是否需要溫酒，端上桌時須同時以小碟附上話梅、薑絲及檸檬片供客人使用。
7.紹興酒服務時，通常係先倒入「公杯」約八分滿，再以公杯倒入客人小酒杯，紹興酒瓶除非客人要求，否則不宜直接端上桌。

(二)遞送菜單

點菜之主要目的雖然是在促銷餐廳的產品，但另一方面也應考慮能滿足顧客的需求，此兩者均應相互兼顧。一位優秀的餐飲服務人員除了應設法達到公司預期營運目標外，更應極力滿足顧客心理與生理上的需求。遞送菜單服務要領說明如下：

1.遞送菜單，須先檢查菜單是否汙損，通常是先給女性或年長者，以每人各一份爲原則。
2.如果是團體成群的客人，則從主人右邊的顧客，自客人右側依逆時鐘方向派送菜單。
3.遞送菜單完畢，可簡單介紹主題菜、特色招牌菜供客人參考，以適量爲原則，避免客人誤會你在促銷。
4.親切有禮地向客人致意，告訴客人請客人慢慢看菜單，稍候再來點菜。絕對不可以佇立桌邊等候客人點菜，讓客人有一種被催促之壓迫感。

(三)點菜

點菜工作通常係由領班以上幹部負責，必要時也可由組長協助點菜工作。茲將餐廳點菜服務作業之要領摘述如下：

1.營業前領班以上幹部須與主廚研究當日菜單內容，以利給予客人適時的建議。
2.須先充分瞭解各種菜餚的特色、成分、烹調方式與時間，以便推薦與建議（**圖9-4**）。
3.菜單推薦應以餐廳較特殊或拿手菜爲主，並應考慮客人用餐意願、經濟能力及用餐人數，否則難以奏效。
4.菜餚的材料與烹調方式要避免重複，以力求不同口味的變化。
5.所有點菜工作均由客人右側爲之。
6.將客人所點的菜及所交代的烹調方式，依出菜順序詳列於點菜單內，以免不清楚而弄錯。最後必須再複誦一遍，當確認無誤後，始可再接受下一位客人之點菜。

圖9-4 服務員須熟悉菜單菜餚特色以利客人推薦

7.將客人人數、菜單名稱、分量、桌號，以及負責開單服務員姓名等詳加填入點菜單內。

8.將上述菜單內容複誦一遍，經客人確認無誤後，再送交出納簽字認可，開立菜單任務即完成。

9.將此三聯不同顏色的點菜單，第一聯送交廚房作爲備餐依據；第二聯出納存查；第三聯置放於客人餐桌或餐具服務檯，作爲上菜服務核對確認用。

10.除了上述「開立點菜單」的點菜方式外，目前還有一種「電腦點菜系統」，其基本作業系統爲將終端機分設在餐廳與出納處，廚房設有列表機，只要外場服務員輸入客人所點的菜、桌號等資料，廚房即可列印出菜單據以備菜。

五、叫菜

點菜單經出納簽證後，即可送入廚房備餐，大型的餐廳廚房均設有專門負責的「叫菜員」，其任務爲負責與外場服務員聯絡，並協助內場控制出菜的順序與時間。

國內一般餐廳廚房，此工作係由主廚兼任叫菜員，至於規模較小的中餐廳，主廚仍須下廚烹調，則此叫菜的工作委由餐廳服務員兼任。

餐飲小百科

中餐廚房叫菜術語

營業中廚房工作相當忙碌，因此需要一套餐廳內外場服務人員均有共識的精簡術語，來準確傳達各種備餐指令，以利服務作業之順暢。中餐廳常見的廚房術語如：

一、廣東廚房用語

1.即食：通知廚師立刻開始準備烹調。

2.叫起：通知廚師，該道菜等叫後才準備（目前暫緩準備）。

二、江浙廚房用語

1.先來：表示立刻開始製備菜餚，其意思與「即食」同。

2.催上：表示該道菜暫緩準備，等候通知再做菜，其意思與「叫起」相同。

六、上菜服務

(一)上菜服務的方式

「上菜服務」係指餐廳服務員從廚房端送客人所點的菜餚至餐廳上桌服務之整個過程。上菜服務的方式有三種：

1.由廚房直接以托盤將菜餚端送上桌，此爲最常見的方式。

2.由廚房以餐車或服務車推到餐廳餐桌邊再上桌，此方式在大型宴會或桌次較多的餐會最常見。

3.由廚房將菜餚送到服務桌或旁桌，再端上桌展示秀菜後，端菜回到旁桌或服務桌進行分菜，再將分好的菜餚端送上桌，由客人右側逐一服務，此方式爲貴賓廳房或高級豪華餐廳的服務方式。

(二)上菜服務的作業要領

1.上菜前，傳菜人員須將上菜菜餚所須附帶之佐料、器皿，如保溫用之蓋子、盤碟或調味醬料事先備妥，以便上菜時一併端上桌服務。

2.上菜時間須配合客人用餐之速度快慢，使廚房作業與餐廳服務相配合。

3.上菜前，須將客人所點叫的酒水先服務，以便客人上菜後即可飲用。紹興酒或花雕酒須先倒入公杯約七、八分滿，公杯原則上以二人共用一個爲原則，至於啤酒可先倒入啤酒杯，而小酒杯第一次可由服務員爲客人倒酒，以後則視情況再服務，或由客人自行添加。

4.中餐宴席出菜的順序爲：「冷前菜→熱炒類→大菜類→點心類→甜點水果類→熱茶飲料」。易言之，先涼菜後熱菜、先熱炒菜後燒菜、先菜餚後點心、先鹹味後甜味（**圖9-5**）。

5.出菜的順序應依客人點菜的順序及特別需求詳列於點菜單內來上菜。此外，須遵守「同步上菜，同步收拾」之餐廳服務原則。

圖9-5 中餐宴席上菜以先炒後燒為原則

6.上菜服務必須以托盤將菜餚自廚房端至餐桌，由客人右手邊上菜，此時應先說聲「您好！為您上菜」，藉以提醒客人注意要上菜。上完菜後，應該輕聲細語以愉快的語氣介紹菜餚名稱及特色，並請客人慢用，再致意轉身離去。

7.上菜服務時先由年長者或主賓開始，收盤服務時亦同。

8.桌上或客人骨盤上有食物殘屑等物，應立即小心協助清理桌面或更換乾淨的骨盤。尤其準備上甜點水果前，應先將餐桌清理乾淨，並移走多餘餐具。

餐飲小百科

上菜服務地帶

餐廳服務人員在餐桌服務時，無論是採用哪一類餐飲服務方式，均須熟稔服務地帶（Service Area）。所謂「服務地帶」，係指餐桌顧客的「肩膀」與「桌角」之間的區域。至於上菜地帶則指顧客臉部「人中」與其「胸部」間的區域而言。易言之，服務人員在餐桌服務時，無論是倒茶水、飲料或端菜上桌，均不可逾越此區間，更遑論穿越顧客頭上來服務，不但危險且不符合禮儀。

此外，服務人員在餐桌服務時，若自顧客右側上菜，須以右手為之，採右腳前左腳後的丁字型步；反之，若自顧客左側上菜服務，則應以左手為之，並採左腳前右腳後，側身面向顧客來服務。

七、餐中服務

1.上菜之後如果須為客人提供分菜服務，應先將菜餚端到旁桌進行分菜，儘量避免直接在餐桌上分菜，以免影響客人進餐。至於一般大眾化服務餐廳，係採用直接在餐桌上分菜，此時應選擇在主人右側適當空間為之，儘量勿影響客人為原則。

2.每道菜在分菜完畢後，若仍有剩餘食物時，須予以移至另備的較小盤碟，再送回餐桌轉檯供客人自行添加取食，此項服務在高級中餐廳尤為重要。

3.每道菜客人用畢後，應立即收走並更換乾淨之碗盤，以便配合下一道新菜色使用。收回之殘盤可先置放於服務桌，俟傳菜員上菜後，回程順便送回廚房清洗。

4.餐中服務除了隨時維護供餐區之整潔外，應隨時補充酒水，尤其是當客人杯中酒少於一半時，服務員應主動爲其補充，並時時注意客人的需求與動向，以便適時給予親切的專注服務。

5.當準備供應甜點水果時，須先將餐桌上多餘的餐具撤走，並清除桌面殘餘菜渣。收拾餐具或整理清潔桌面須小心謹慎，一律由客人右側來進行清理工作，但以不影響或妨礙客人爲原則。

6.通常在高級中餐廳，如供應帶殼明蝦、沙蝦、螃蟹及龍蝦，原則上均須同時供應客人龍蝦鉗、龍蝦叉及洗手盅，並附上小毛巾以便於客人使用。

八、結帳

結帳作業最重要的是迅速及正確無誤。當客人欲結帳時，服務人員應迅速將各項點菜單及飲料單拿到櫃檯與出納的第二聯點菜單再核對一次，以避免不必要的錯誤發生，進而影響客人對餐廳的評價。茲就結帳方式及其應當注意的事項，詳述於後：

(一)結帳的方式

◆高級餐廳

1.在高級餐廳通常是等到客人要求結帳時，才將帳單以特製對開的帳單夾或特製現金盤將帳單呈上，有些餐廳係以餐盤呈上帳單。

2.再由服務員將帳單及帳款送交出納結帳，並開立統一發票或收據。

◆一般餐廳

1.當上最後一道菜，應問客人是否還需要什麼？如果沒有，則可到出納取帳單。檢查無誤，再將帳單面朝下，置於客人桌緣左側。有些餐廳也會使用帳單夾遞送帳單。

2.結帳係由客人自行攜帶帳單前往櫃檯出納付款。

◆小吃餐廳

當客人點完菜，即將點菜單夾在塑膠板直接置於餐桌上，再由客人自行將此點菜單拿到櫃檯出納結帳後離去，此類忙碌小吃餐廳事實上也沒有呈上帳單服務之問題。

(二)付款的方式

當客人欲結帳時，可先問客人付款方式是現金或刷卡，發票開二聯式或三聯式？如果要三聯式則需要公司統一編號。一般而言付款方式有三種：

◆現金

如客人付現金，服務人員點收無誤後，再交予出納。出納再將找的零錢連同發票，置於盤內交予服務員轉交客人。

◆信用卡

客人如以信用卡簽帳，服務員應先將帳單和信用卡帶至出納，由出納核對信用卡與有效日期，一切無誤才鍵入金額，再交顧客簽字，核對簽字與卡片上的簽字相同與否，即可將信用卡、簽帳單上的顧客聯，連同發票交還客人。

◆簽帳

觀光旅館可以簽帳的客人有兩種：一種是住店旅客，持有房間鑰匙，經確認無誤，可請其寫下房號、名字後簽字；另一種是非住店旅客，此大都爲公司行號熟客，餐廳主管認識的貴賓，只要將帳單請其塡上姓名或公司名稱、地址、電話、金額、預定付款日期，經由主管背書即可。

九、送客

餐廳所提供給客人的全套餐飲服務係始於迎賓接待，終於歡送賓客，唯有全程任一環節完美的演出，始能帶給客人甜美溫馨的用餐體驗。其作業要領，摘介如下：

1.當客人結帳完畢準備離席時，餐廳服務人員應暫停工作，並適時協助客人移開座椅，以便於客人離去。同時要留意客人是否有遺留物，如衣服、小包裹、傘等等物品。

2.服務員應面帶微笑親切說一聲「謝謝！歡迎下次再光臨」，除非服務員正忙著，否則最好能歡送客人到門口。

3.主任、領班或領檯除了在門口與客人親切道別外，應適時問候客人對今天所供應的菜色是否滿意，服務是否有欠周全須待改善之處。若客人有任何微言，須立即致歉並加以解釋，並表示立即竭誠改善。此舉不但可消弭客人心中之怨尤，更能增強顧客對餐廳良好的印象。

十、善後整理、重新擺設

爲確保餐廳高雅之用餐環境與舒適氣氛，同時準備迎接新來的客人，當客人離去之後，服務員必須依原來餐前服務準備之要領與方法，儘快清理餐桌就緒。有關善後處理的工作要領，分述如下：

(一)收拾殘杯

1.收拾杯子時不可重疊在一起，也不可以將手指伸進杯內，一次抓取數個杯子；此舉不但不雅觀，也容易損壞杯皿。

2.拿取杯子時，須自杯底部或杯腳逐一拿取，再將殘杯整齊擺放在抗滑盤上。

3.托盤持托時，以平托法爲之，左手掌心與五指均勻托住，必要時再以右手護持托盤前緣，以防碰撞他人。

(二)收拾殘盤及其他餐具

1.中餐合菜的殘盤，每道菜僅一個大餐盤，只要以雙手捧取收走即可，但必須與其他客用餐具分別收拾。

2.收拾骨盤及其他客用餐具時，可使用大托盤來搬送，唯須保留第一個碗盤來裝殘菜。收拾時先將殘菜倒入第一個碗盤，然後再將骨盤及湯碗分別堆疊，但不宜堆疊太高，以免重心不穩而傾倒。

3.收拾殘盤須分門別類，禁止將不同尺寸之盤子堆疊在一起（**圖9-6**）。

4.遵循殘盤的三S處理原則，即「刮」、「堆」與「離」（詳見本書第162頁）。

圖9-6　餐具收拾需分門別類

(三)重新擺設

重新擺設餐桌的作業要領如下：

1.首先將桌上之調味料罐、菸灰缸或花瓶等飾物備品移到服務桌。
2.更換檯布。在更換檯布的過程中最重要的是，勿使桌面暴露在外面而有礙觀瞻。此外，動作不宜太大而影響到鄰桌客人的進餐。
3.檯布更換之後，再依餐桌布設之要領逐一加以擺設餐具。
4.最後再將暫置於服務桌之中央飾物、備品、調味料罐以托盤端回餐桌，依規定擺整齊，經檢查一切就緒後，此工作即算完成。

第二節　西餐服務流程的作業要領

西餐服務的方式很多，如英式、法式、俄式及美式等多種，其服務流程也不盡相同，本節僅以目前西餐廳最普遍的美式服務爲讀者介紹其服務作業流程。事實上，西餐服務與中餐服務的流程極相似，唯其主要不同點，乃在餐飲內涵及其服務先後順序之差異而已。

一、迎賓接待

迎賓接待爲整個餐廳服務流程正式揭開序幕，也是餐廳接待客人的第一站，無論是主管或領檯人員均應該穿戴整齊，以微笑、愉悅的神情與態度在餐廳進門處親切招呼客人，使客人有一種受尊重之感，進而產生深刻且良好的第一印象。迎賓接待的作業要領摘述如下：

(一)迎賓前一切準備工作要就緒

1.餐廳營業前準備工作均已完成。

2.餐廳各責任區服務人員儀態整潔，並各就工作崗位準備隨時迎賓。此時不得再談天說笑，立姿宜端正，不可倚靠牆壁或桌椅。

3.所有餐廳服務員均充分瞭解本日訂席狀況及服務應特別注意事項。

(二)迎賓接待要主動積極、親切寒暄致意，勿使客人久候

1.服務人員看到客人光臨，須立即主動趨前迎接，微笑點頭致意與客人寒暄問好；若是熟客應稱呼其姓及頭銜，如：「王董事長！您好，歡迎光臨！」「李老師！您好，歡迎光臨，請問您們共有幾位？」

2.詢問客人是否已訂位或用餐人數時，音量要適中婉約，態度要親切溫馨，唯須簡短有力，避免讓客人等候太久，更不可以讓客人佇立門口，無謂地等候或有所猶豫不安。

(三)迎賓接待須注意高雅儀態，適時提供溫馨服務

1.領檯人員高雅的儀態與得體的應對禮節，最容易贏得客人激賞與好感。
2.如果客人有穿戴大衣、帽子或隨身行李，此時更應主動提供協助，代其妥爲保管。

二、引導入座

引導入座之要領同上節中餐服務流程所述，唯就其要摘述如下：

(一)座位安排之原則

1.座位安排須考慮公平、公正的基本原則，即先預約者優先安排；未預約者則依到達餐廳之先後順序來安排，避免使客人有一種受到不公平待遇之感。
2.勿將客人集中安排在同一區域（**圖9-7**），應當將客人分散在餐廳各適當的座位，以免使客人感到不舒適，同時也可使客人得到較迅速的服務。

圖9-7　餐桌安排勿將客人安排同一區域

3.避免將一位或少數的客人安排在一張大餐桌，致使客人有一股冷清失落之感。
4.穿著華麗高貴的客人，可安排在餐廳中央醒目區位，至於情侶客人可考慮安排牆角或較寧靜的餐桌。
5.行動不便或年長者，儘量安排在靠近出入口較爲安全便利的餐桌。至於攜帶小孩的客人，則可考慮安排較不會吵到其他客人的位置。

(二)引導賓客之動作要領

1.引導賓客時，領檯人員應走在客人右前方的二、三步之距，並以右手掌五指併攏禮貌性地指引方位。
2.途中須隨時留意客人是否跟上腳步，並提醒客人注意台階或障礙物，以防意外。
3.領檯人員應比客人先抵達餐桌，並增補或撤走多餘的餐具、座椅，儘量在客人入座前予以準備妥當。
4.當客人到達桌邊時，應立即幫客人拉開椅子，安排入座（**圖9-8**）。

圖9-8　領檯應協助客人入座

三、攤口布、倒水

(一)攤口布的作業要領

1.由客人右側先取下桌面上的口布，並同時輕聲對客人說聲：「您好！請讓我為您攤開口布」。

2.雙手分別拿取口布左右兩邊，右腳上前半步，右手在前，由外往內鋪在客人膝蓋上方雙腿上。

3.口布標籤朝向餐桌；鋪設時勿碰及客人身體。

4.攤開口布的順序係以女士或年長者為優先，再依順時鐘方向為之。

(二)倒水的作業要領

1.準備水壺，先檢查水壺是否乾淨，水壺中的水量及溫度是否適宜，並將水壺外緣水珠擦乾淨，以免倒水時水滴滴落在客人身上或餐桌上。

2.通常餐廳夏天是供應冰水，冬天則提供溫開水，唯不服務類似中餐的茶水。

3.拿取水壺時右手提取壺耳把，左手掌心墊一塊事先摺疊成方塊形之布巾，持托在壺底部。

4.倒水時由客人右側服務，壺口儘量靠近杯口上方，但不可靠在杯緣上。倒水時，以左手服務巾護在壺口前方，以防倒水時開水由壺口溢出而噴灑到客人或桌面。

5.每位客人倒水以八分滿為原則。每服務完一位客人，須以口布擦乾壺口外緣保持乾淨。

6.俟全部客人均服務完畢再檢視一下，確認客人無其他需求後，再轉身離開。

四、點餐前酒、雞尾酒

點餐前酒或雞尾酒的服務作業要領：

1.服務員在倒完水之後，即可準備為客人點餐前酒或雞尾酒。尤其是美國人通常喜歡在餐前先喝杯雞尾酒。

2.服務員可陳示酒單，請示客人喜歡哪一種雞尾酒或餐前酒。接受雞尾酒訂單時，餐廳若有特製品（House Speciality），也可一併予以推薦。
3.服務員須詳細記錄客人所點叫的餐前酒名稱，並須當場再複誦確認無誤。離開前別忘了向全桌客人致意，並說一聲：「我將立刻將您所點的東西送來」。
4.服務雞尾酒或飯前酒時，須將客人所點的飲料置放在鋪設服務巾的托盤上，端到餐桌自客人右側服務上桌。

五、遞送菜單、接受點菜

(一)遞送菜單的服務要領

1.遞送菜單之前，須先檢查菜單是否有汙損，原則上須備妥足量的菜單，每人以一份爲原則。
2.遞送菜單時通常是優先給女士或年長者；如果是團體成群的客人，須由主人右側的客人開始，自客人右側陳示菜單，再依逆時鐘方向依序分送。
3.遞送菜單完畢，可簡單介紹餐廳特色招牌菜或主題菜供客人參考，但以適量爲原則，以免讓客人誤會是在促銷。
4.介紹特色菜餚之後，服務員可親切地向客人致意，告訴客人請慢慢看菜單，稍後再來爲其點菜。絕對不可以佇立桌邊等候客人點菜，致使客人有一種被催促點菜之壓迫感。

(二)接受點菜

點菜工作通常是由領班以上幹部負責，必要時也可以由組長來協助點菜工作。點菜服務作業要領摘述如下：

1.當客人看過菜單之後，示意要點菜時，服務人員即可趨前接受客人的點菜（**圖9-9**）；反之，若客人並沒有主動示意要點菜，服務人員也應當在五至十分鐘後適時主動上前詢問，以表示關注。
2.點菜工作原則上均由客人右側爲之，若此方式不便，則以儘量減少打擾客人的方式爲之。

圖9-9　接受點菜

3.點菜的順序以女士或年長者為優先，主人最後。

4.通常一對男女客人用餐時，男士會先替女士點菜，然後再點自己的菜，不過時下男女社會標準已在改變，現在不少場合多由女性自行點菜，非由男性代點。

5.如果是一桌四位以上的客人，通常是由主人右邊的客人先開始點餐，再依序以逆時鐘方向為每位客人點餐，最後才是主人。

6.西餐服務中，初次點菜通常僅以點到主菜為主，等到主菜吃完再請客人點叫點心、飲料及餐後酒，此與中餐一次點完菜不大一樣。

7.客人所點的菜及所交代的烹調方式，須依出菜順序詳列於點菜單內，以免不清楚而弄錯，最後必須再複誦一遍，經客人確認無誤後，始可再接受下一位客人的點菜。

8.若客人拿不定主意時，則可適時向客人推薦餐廳的特別拿手菜，但要適量，且須考量客人經濟消費能力，以免讓客人有種被強迫推銷的感覺；如果客人對菜餚內容不甚瞭解，則可詳加說明該菜餚的烹調方式及其口味特性。

(三)點菜單開立的方法及其應注意事項

◆開立點菜單應注意事項

1.將客人所點的菜及所交代的烹調方式，依出菜順序詳列於「點菜單」或「點菜稿」內，一次儘量以接受一位客人完整的點菜為原則，以免不清楚而弄錯。目前業界已普遍使用電腦點菜系統（**圖9-10**），不但可減少錯誤且可快速點菜，唯仍須防範作業疏失。

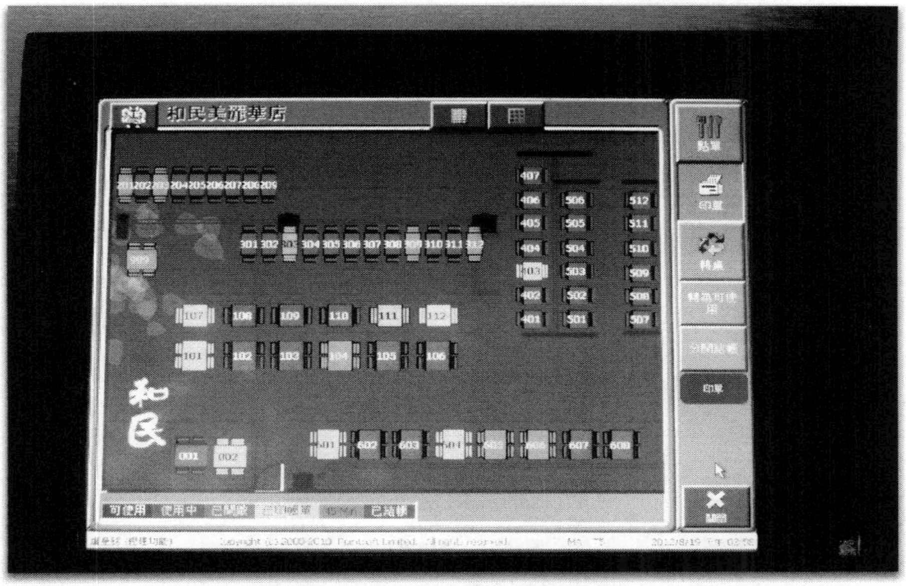

圖9-10 電腦點菜系統

2.將客人人數、菜單名稱、分量、負責開單服務員姓名詳加填入點菜單內。

3.將上述點菜單內容複誦一遍，經客人確認無誤，再送交出納簽字認可，開立點菜單任務即完成。

4.將此三聯不同顏色的點菜單，第一聯送交廚房，作爲備餐依據；第二聯出納存查；第三聯置放於客人餐桌或餐具服務檯，作爲上菜服務核對確認用。

5.點菜單送入廚房後，若客人再要求追加時，可另外開點菜單，以「續單」稱之；若點菜單遺失則必須重新開一張，唯須在點菜單上加註「副件」字樣，以便識別核對。

◆烹調方式的填寫

在開立點菜單時除了上述應注意事項外，對於烹調方式的填寫亦應進一步詢問客人以免出錯，致令客人不愉快，例如：牛排、咖啡之製備方式有很多種，若不進一步詢問客人做法，極易造成客人的抱怨，茲舉例說明如**表9-1**、**表9-2**。

表9-1　牛排供食烹調方式

烹調方式	說明
生鮮牛排（Very Rare）	僅表面稍微煎熟而已。
兩分熟（Rare）	外表熟，肉塊橫切面中央生，有血水滲出。
三分熟（Medium Rare）	外表熟，肉塊中間呈桃紅色，尚有汁滲出。
五分熟（Medium）	外表熟，肉塊呈玫瑰紅色，尚有些許桃紅色汁。
七分熟（Medium Well）	牛肉已無紅色痕跡，汁成灰色。
全熟（Well Done）	牛肉已成灰色，但無汁液。

表9-2　咖啡供食方式

咖啡種類	說明
純咖啡（Black Coffee）	此類咖啡係指不另加奶精、鮮奶和糖的咖啡（**圖9-11**）。
白咖啡（White Coffee）	此類咖啡係指須加奶精、鮮奶或糖的咖啡（**圖9-12**）。
熱咖啡（Hot Coffee）	服務熱咖啡時，須另附糖、奶精、鮮奶。
冰咖啡（Iced Coffee）	服務冰咖啡時，須另附糖漿、鮮奶以及長茶匙。供食時再附上杯墊。

圖9-11　不含鮮奶及糖的純咖啡

圖9-12　添加鮮奶的白咖啡

六、叫菜

客人點完菜後，將點菜單送到出納處簽章並打上日期、時間後，即可將其中第一聯單送入廚房作為備餐依據，並準備開始製作菜餚。

大型餐廳的廚房設有專門負責的叫菜員，其任務爲負責與外場餐廳服務員聯絡，並協助內場控制出菜的順序與時間。至於國內一般餐廳廚房，此工作係由主廚兼任，有些規模較小的餐廳，主廚仍須下廚烹調，則此叫菜工作則委由餐廳服務員兼任。

餐飲小百科

法式餐廳廚房叫菜三部曲

- 走菜（Faire Marcher）：係指通知內場廚師準備開始製備烹調菜餚。
- 要菜（Reclamer）：係指提醒內場廚師某道菜上菜時間到了，外場服務員已經在備餐區等候取菜上桌。
- 起菜（Enlever）：係指內場人員通知外場服務員，他所叫的菜已烹調好放置在備餐區起菜檯，請其端走送給客人。

七、陳示酒單、點酒

歐美人士有隨餐飲酒的習慣，因此當爲客人點完菜之後，服務員須再幫客人點佐餐酒。有關陳示酒單及點酒應注意事項分述如下：

1. 陳示酒單最好的時機，原則上是在客人點完菜之後約五分鐘即自客人右側遞上酒單較好。通常應該是先決定點何種菜，然後才會考量要搭配哪種酒。
2. 點酒時除非客人要求推薦，否則避免一直主動介紹，以免使客人有被強迫點用之感。
3. 點酒時須完全尊重客人意願與喜好，並沒有絕對一定的搭配酒食標準，因此服務人員不得任意妄加批評客人所點選的酒。
4. 若客人點完酒之後，服務員應立即塡好飲料單，再依規定前往取酒來爲客人服務。

八、上菜服務

西餐上菜服務的程序通常係以開胃菜、湯、沙拉、主菜、水果、甜點及飲料等七大類菜餚之先後順序（**圖9-13**），作爲上菜服務之參考。原則上係以客人所點的菜來服務，並非每一項均要上菜，除非是西式全套宴會服務。茲分述如下：

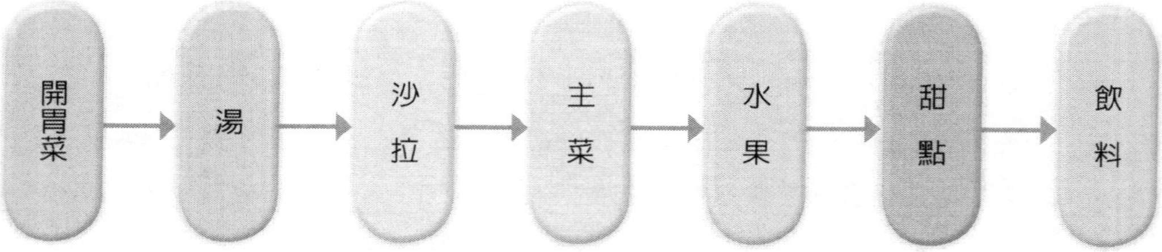

圖9-13　西餐上菜服務順序

(一)開胃菜服務

開胃菜通常係以略帶酸澀、微甜、量少之冷食爲主，例如蝦考克，歐美人士經常搭配餐前酒進食。開胃菜品質的好壞會影響到客人對全餐食物的第一印象，因此餐廳對開胃菜之服務相當重視。茲將開胃菜服務的要領分述如下：

1.服務開胃菜之前，必須先將所需的餐具置於鋪設布巾之餐盤或小托盤上，再端送上桌擺好。

2.開胃菜所需餐具通常是前菜叉，可擺在正餐叉旁邊。

3.開胃菜服務時，現代美式服務係由客人右側上菜，英式、法式服務也由客人右側先上空盤，再從客人左側進行獻菜與分菜。

(二)湯及麵包服務

1.服務員須先派上麵包再上湯。服務員以服務夾或服務叉匙由客人左側將麵包夾送至客人麵包盤上。

2.然後再將湯端送到客人面前餐桌上（**圖9-14**）。現代美式服務係由客人右側服務，至於法式、俄式或英式等服務也由客人右側上桌服務。

圖9-14 湯及麵包的服務

3.服務時記得須先示知客人，可先說一聲：「您好！幫您送上湯及麵包」；離去時，也可以補上一句：「請慢用」。

(三)沙拉服務

1.沙拉服務之先後順序，在今日美式餐廳大部分係在主菜前服務，不過現行餐廳，沙拉係以主菜之配菜（蔬菜）方式呈現，其目的乃在減輕及緩和主菜對胃之影響，也有助於客人下一道甜點之進食。
2.沙拉供應時無論餐廳係採用哪一種服務方式，通常一律由客人右側來上桌服務。此時也要供應胡椒研磨器（Pepper Mill）給客人使用，或直接爲客人服務。國內餐廳有些還提供各式佐醬料，如千島沙拉醬，供客人使用。

(四)主菜服務

主菜服務爲全套餐飲服務的重點精髓所在，也是全餐的核心。如何精心設計來展示此主菜之風貌，爲餐廳服務品質之重要指標。茲將高級精緻餐廳旁桌服務（Gueridon Service）的主菜服務要領介紹如下：

1.主菜服務前所需之餐具或設備均要事先準備好，如特殊餐具、旁桌或現場烹調車等設備或器皿，一切要準備就緒。
2.食物裝盛或切割時，動作要優雅熟練。主菜應先排盤好，然後再放置其他配菜，其擺設位置通常係將主菜置於餐盤中央稍低的位置，其上方再放置配菜（**圖9-15**）。若配菜是另外以盤子裝盛，則必須在主菜上桌服務後，才將配

圖9-15　主菜的服務

菜端上桌。

3.主菜服務時若客人有點佐餐酒，則必須在此時同時爲客人倒酒服務。首先讓主人驗酒品嘗後，再先倒酒給女士，接著倒給男士，主人則最後才服務。

4.主菜服務的過程中，須注意隨時爲客人添酒及添加桌上之麵包。

5.當客人主菜全部用完時，可由客人右側收拾餐具，唯麵包奶油碟盤及奶油刀要留下來。

(五)水果及乾酪

1.在歐洲，水果及乾酪是分別供應，但是在美國大部分餐廳則爲一併服務。國內部分餐廳係僅供應水果（圖9-16），至於乾酪則與水果同時服務。

2.國外餐廳有部分業者係以乾酪及水果推車在客人桌旁展示服務，讓每位客人選擇所喜歡的水果及乾酪，再由服務員現場爲客人切割裝盤服務上桌。

3.此道菜服務完畢，此時客人桌上除了甜點所需之餐具外，其餘扁平餐具、盤子、調味料罐，以及麵包盤、麵包、奶油刀等均須收拾乾淨，並清除整理桌面。

九、餐中服務

西餐服務流程中的餐中服務，最重要的是給予客人最專注親切的適時適性服務。茲列舉其要分述如下：

圖9-16　供應水果

(一)麵包供食服務要足量

西餐麵包的供應從上湯服務前開始，一直到甜點服務前，麵包均須足量供應客人之需求。除非客人表示不需要，否則客人桌上麵包盤應隨時有足量的麵包。國內少數業者卻僅以每人一至二粒（片）爲限，若不主動要求則不再供應，此做法有待商榷。

(二)適時爲客人服務酒水

1.客人桌上的水杯要隨時爲客人添加，尤其是不足三分之一杯時須主動爲客人倒水。不可讓客人水杯已呈空杯，靜置桌上而視若未睹。

2.隨時幫客人斟酒服務，除非客人表示不想再添加爲止。

(三)隨時注意餐桌桌面的整潔

1.每當客人用完一道菜，須立即收拾殘盤及使用過的餐具或杯皿，以維護桌面的清潔，使客人享有舒適的進餐環境。

2.收拾餐具除麵包盤與奶油刀係由客人左側進行外，其餘餐具一律自客人右側來撤收，並負責清除桌上麵包屑之清桌工作（Crumbing/Brushing Down）（**圖9-17**）。此外，應禁止當著客人面前刮除殘菜或在餐桌上堆疊殘盤。

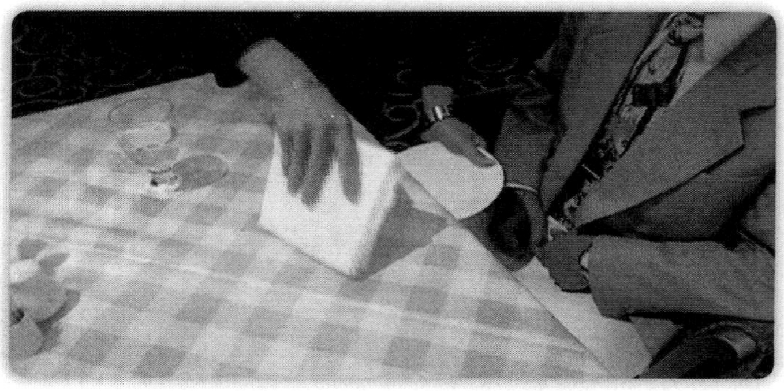

圖9-17　清除桌上麵包屑

十、甜點及飯後飲料的服務

(一)甜點及飯後飲料的推薦

完美的餐飲組合係以開胃菜揭開系列服務之序幕，而以甜點及飯後飲料作爲全餐的結束。此時服務員可提供客人一份簡單的甜點菜單，以激發客人點選甜點的消費慾，或以擺設精美的甜點推車展示在客人面前，以吸引客人的注意力。

當客人點了甜點之後，順便推薦飯後飲料或飯後酒來搭配甜點，例如熱茶、熱咖啡、甘露酒（Cordials）、白蘭地或其他飲料，使客人在餐廳全體服務人員爲其精心規劃提供的全套餐飲服務中，能享有一個美好的回憶。

(二)甜點及飯後飲料上桌服務

1.甜點服務前須先清理桌面，將所有不需要的餐具、杯皿均收拾撤走。

2.將甜點、飯後飲料所需的餐具及備品，以托盤端到餐桌依規定要領擺設，甜點匙由客人右側放置，甜點叉自客人左側擺放。

3.若客人點香檳酒搭配甜點時，則於此時供應。

4.客人所點的甜點由客人右側服務上桌；所點的餐後飲料也由客人右側服務上桌，置於餐桌客人面前。

5.若客人係以咖啡或茶爲飯後飲料，則須另奉上奶盅、糖盅、檸檬片及檸檬夾，將上述備品置於餐桌中央。

十一、結帳

西餐服務的結帳要領與前述中餐服務的結帳相同，唯國外餐廳的結帳方式通常是將帳單置於鋪好餐巾的餐盤上，另外附上一塊美味可口的「特別之物」（Something Extra），如一片巧克力或一小塊薄荷糖，使客人在吃完一餐之後，在嘴裡能留下一種甜美的滋味，此做法值得國內業界參考。

十二、送客

當客人結帳完畢準備離席時，餐廳服務人員須暫時中止工作，協助客人移開座椅以便離去。同時要幫忙客人拿小件行李、外套，及任何留在桌上或寄存之物品。

主任、領班或領檯應站在門口向客人親切道別，並適時問候客人對於今天所安排的菜色與服務是否滿意？或是否有服務欠周全的地方，以眞誠懇切的態度來建立與顧客良好的互動關係。

十三、善後處理、重新擺設

爲確保餐廳高雅的格調以及舒適的用餐氣氛，當客人離去之後，餐廳服務人員必須以最迅速有效率的動作，依照營運前服務準備的要領，儘速整理餐桌重新擺設就緒，以便迎接新來的客人，同時可避免影響其他客人進餐的情趣。茲將其作業要領分述如下：

(一)撤走殘杯、殘盤及使用過的餐具

1.收拾殘杯時，要一個一個拿取杯腳或杯子底部，放置於抗滑托盤上，嚴禁以手指伸入杯口或以五爪抓杯的做法來收拾殘杯。

2.殘盤收拾時，須遵守先刮、後堆、再分類送走的三S殘盤處理原則。

3.餐具要分類置於托盤後再端至廚房送洗（**圖9-18**）。

(二)收拾餐桌中央備品及調味料罐

1.將餐桌中央所擺設的花瓶、鹽罐、胡椒罐等備品，以托盤先移到服務櫃暫時存放。

2.若有尚未使用的奶油、果醬則放回原存放處，至於其他物品則依類歸定位。

(三)清潔桌面及座椅

1.桌面上物品收拾乾淨。

2.檢視桌位附近地板是否乾淨，若有殘餘掉落物則應撿拾乾淨。

圖9-18　餐具要分類置於托盤再送洗

(四)更換新檯布

1.餐桌若鋪有頂檯布，除非上下檯布均弄髒，否則僅須更換頂檯布即可。

2.餐桌若僅鋪設大檯布，則更換新檯布時，最重要的原則爲不可使桌面光禿外露。其要領須依檯布鋪設方法來操作。

(五)重新擺設

1.將移至服務櫃的原來備品再以托盤端送到餐桌，依餐具擺設要領完成規定擺設。

2.將座椅歸定位，經檢視一切清理整理就緒即告完成。

學習評量

一、解釋名詞

1.House Speciality
2.Well Done
3.White Coffee
4.Faire Marcher
5.三S
6.Something Extra

二、問答題

1.桌邊服務的餐廳，其服務流程可概分爲哪幾大步驟？試述之。
2.假設你是法式餐廳的領檯，請問當你在安排座位時，你會考量哪些原則？試述之。
3.如果你是餐廳領班，你認爲點菜工作須注意哪些事項，始能避免錯誤？試申述之。
4.中餐宴席出菜的順序爲何？試述之。
5.西餐宴會服務時，其全套菜餚上菜服務的順序爲何？試述之。
6.假設你是餐廳櫃檯出納，請問你將會如何來防範並避免客帳結帳錯誤情事發生？試述之。

三、實作題

以角色扮演的方式，請二位同學來演練迎賓接待及引導入座的服務作業流程。

Chapter 10

餐飲服務的方式

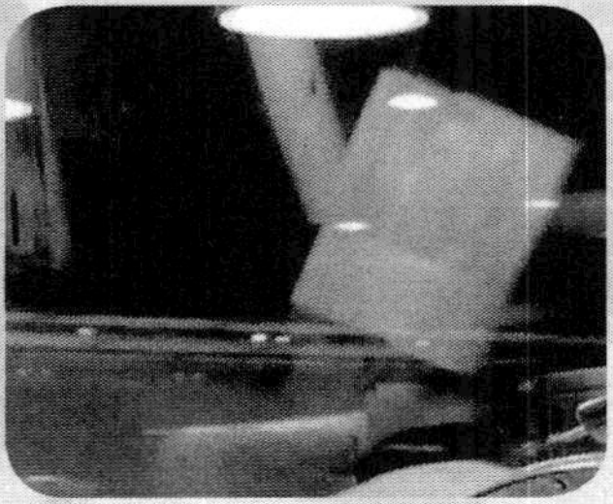

單元學習目標

- ◆瞭解餐桌服務的作業要領
- ◆瞭解餐盤式服務與銀盤式服務的優缺點
- ◆瞭解自助式服務的營運特性及應注意事項
- ◆瞭解櫃檯式服務的特性
- ◆瞭解宴會與酒會的服務方式
- ◆瞭解客房餐飲服務作業流程與實務
- ◆培養專精純熟的餐飲服務技能

服務乃餐廳主要的產品，也是餐廳的生命，若捨棄服務即無餐廳可言。餐飲服務的良莠是當今二十一世紀餐廳營運成敗的主要關鍵因素。

由於餐廳類別繁多，不同類型餐廳所提供的餐飲服務方式也因而互異。一般而言，餐廳所採用的餐飲服務（Food Service），其基本形態可分爲：餐桌服務、自助式服務以及櫃檯式服務等三種。不過隨著社會、經濟、文化及市場的變遷，此三種基本服務形態在今日餐飲業之運用上，也做了很多調整與改變，以因應實際營運市場之需。

餐廳究竟採用哪一種餐飲服務形態，完全端視市場需求，如客人可自由支配的用餐時間、願意支付費用多少，以及餐廳員工能力、菜單內容及餐廳政策而定。

第一節　餐桌服務

餐桌服務（Table Service）係一種最古老、典型、複雜的餐飲服務方式，也是一種既專業且溫馨的服務方式。

近年來，隨著餐飲文化之發展，餐桌服務方式也因地而異，主要有三大類，即餐盤式服務、銀盤式服務及合菜服務。茲分別摘述如下：

餐飲小百科

餐桌服務方式

所謂「餐盤式服務」（Plate Service）係指美式服務；「銀盤式服務」（Platter Service）乃指法式、英式、俄式等三種經常使用大銀盤及銀餐具之服務方式，另稱其為銀器服務（Silver Service）；至於「合菜服務」（Plat Sur Table）則類似中餐服務。

一、美式服務（American Service）

美式服務大約興起於十九世紀初，那時美洲大陸掀起一股移民熱潮，許多來自世界各地的移民，紛紛成群結隊湧至美國大陸，由於當時各大港埠餐館林立，這些餐廳之經營者大部分以來自歐洲爲多，因而餐廳供食方式不一，有法式、瑞典式、英式及俄式等多種，後來由於時間之催化，民族文化之融合，使得這些供食方式逐漸演變成一種混合式服務，即今日的「美式服務」，又稱持盤式、餐盤式服務或手臂式服務（Arm Service）。

(一)美式服務的特性

美式服務係所有餐桌服務方式當中，服務最爲快速、翻檯率最高、價格合宜、且廣爲今日美國餐飲界所普遍採用的一種現代餐廳服務方式。茲將典型傳統美式餐桌服務的特性分述如後：

◆美式服務是一種餐盤式服務，另稱手臂式服務

1.美式服務的餐廳，所有菜餚均事先在廚房烹調好並裝盛於餐盤上，然後再由服務員將餐盤從廚房端入餐廳服務客人。

2.服務員以手持餐盤，最多以三盤爲限，如果手持熱盤則須以服務巾拿取，以免燙傷（**圖10-1**）。

圖10-1　手持熱盤，須墊服務巾

◆美式服務快速便捷，翻檯率較高

1.美式服務最大優點爲服務速度快，工作效率高。

2.服務員一人可同時服務三至四桌的客人，因此餐廳翻檯率較高。

◆美式服務較之其他服務方式簡單，成本較低

1.美式餐廳座次排列較法式餐廳多，餐廳座位數相對提高。

2.美式餐廳所使用之生財餐具，無論在類別或數量上也較其他服務方式少，並且以瓷器或不鏽鋼餐具爲多，銀器類較少。

◆美式服務餐飲服務員不須特別長期專業訓練

美式服務餐廳的服務員由於一般工作性質較單純，不必桌邊烹調或現場切割表演，因此服務員只要施以短期訓練即可上場服務，不像其他服務方式的服務員須長期培訓，如法式正服務員至少要三年以上之訓練，始能上場服務。

(二)美式服務的方式

美式服務可以說是所有餐廳服務中最簡單方便，沒有採用銀盤服務的一種餐飲服務方式。主菜只有一道，而且都是由廚房裝盛好，再由服務員端至客人面前即可。典型傳統美式上主菜一般均自客人左後方奉上，但飲料則由右後方供應。茲分述於後：

1.當客人進入餐廳，即由領檯引導入座，並將水杯口朝上擺好。

2.將冰水或溫開水倒入杯中，以右手自客人右側方服務。

3.遞上菜單，並請示客人是否需要飯前酒。

4.接受菜單，並須逐項複誦一遍，確定無誤再致謝離去。

5.所有湯道或菜餚，均須從客人左後方供食。

6.上菜時，除飲料以右手自客人右後方供應外，其餘均以左手自客人左後方供應。

7.若同桌均爲男性，則由主人右側之賓客先服務，然後再依逆時鐘方向逐一服務；如果同桌有女士、年長者或小孩時，則須由主人右側優先依次服務。

8.若客人有點叫前菜（**圖10-2**），則前菜叉或匙須事前擺在餐桌，或是隨前菜一併端送出來，將它放在前菜底盤右側。

9.收拾餐具與桌面盤碟時，一律由客人右側收拾。

10.客人吃完主菜時，應注意客人是否還需要其他服務，並遞上甜點菜單，記下客人所點之甜點及飲料。

11.供應甜點時，須先清除桌面殘餘麵包屑或殘渣。

12.準備結帳，將帳單準備妥，並查驗是否錯誤，經確認後，再將帳單面朝下，置於客人左側之桌緣。

圖10-2　沙拉前菜

綜上所述，傳統美式服務係一種餐盤式服務，速度快、翻檯率高，餐桌服務時飲料係「右上右下」，菜餚爲「左上右下」。唯目前「現代美式服務」爲求作業方便，所有餐食飲料均一律改由客人右側上菜，同時也一律由右側收拾。

二、法式服務（French Service）

法式餐飲服務係一種相當精緻細膩的高雅服務。法式服務源於法國路易十六的宮廷豪華宴席，後來才流傳到民間，並逐漸精簡改良成爲今日西餐最豪華的一種餐飲服務方式。

法式餐飲服務在美國通常係指精緻美食（Haute Cuisine）餐館的服務而言。客人所點叫的食物先在廚房預先烹調、初步處理，然後再由助理服務員端至餐廳，放在客人旁邊的手推車（Guéridon）或旁桌（Side Table），由正服務員現場加熱完成最後的烹調，再由助理服務員完成上桌供食服務。

(一)法式服務的特性

法式服務之所以引人入勝，備受歡迎，其主要原因除了餐廳典雅高貴的裝潢、精緻美食佳餚外，尚搭配高雅華麗的銀器，以及擁有專精技術的優秀服務員，爲客人提供溫馨的現場烹調服務。爲使各位對法式服務有更深入的瞭解，茲將其特性分述於後：

◆法式服務擁有專精的正服務員與助理服務員

1.法式服務最大特性，是有兩名經過專業訓練的服務員，即正服務員與助理服務員搭配爲一組來爲客人服務。

2.在歐洲法式餐廳服務員，必須接受正規教育訓練後，再實習一、二年，始可成爲準服務生（Commis de Rang）或稱助理服務員，但仍無法獨立作業，須再與正服務員一起工作見習二、三年，始可升爲正式合格服務員（Chef de Rang），如此嚴格訓練前後至少四年以上，此乃法式服務的特性之一。

◆桌邊現場烹調的供食服務

1.法式服務所有菜餚係在廚房中先予以初步烹調處理，略加烹調再由助理服務員自廚房取出，置於現場烹調車或手推車上。

2.正服務員於客人餐桌邊，當衆以純熟精湛的技術現場烹調，或加熱、加工處理，最後再分盛於食盤，由助理服務員端送給客人。

3.桌邊現場烹調的供食服務乃法式服務之重要特色，這一點與其他服務方式不同。

◆溫馨貼切、以客為尊的個人服務，不追求快速高翻檯率

法式服務由於擁有經歷嚴格訓練的專業服務員，以及桌邊現場烹調的個人式、人性化服務，因此不強調高翻檯率，重視客人悠閒舒適的享受，期使客人有一種賓至如歸之感。

◆高雅的銀質餐具擺設與精緻的現場烹調車

1.法式服務所使用的餐具，不但種類多，質料也最好，大部分餐具均爲銀器或鍍銀器皿，如餐刀、餐叉、龍蝦叉、田螺夾、蠔叉、洗手盅等，均爲其他服

圖10-3　現場烹調車具有表演性質

務的餐廳所少用的高級銀器。

2.現場烹調車在法式服務的餐廳極為精緻且重要，其推車上鋪有桌布，內附有保溫爐、煎板、烤爐、烤架、調味料架、砧板、刀具、餐盤等等器皿。手推車之式樣甚多，不過其高度大約與餐桌同高，以方便操作服務（**圖10-3**）。

◆洗手盅／洗指盅的供應

法式服務之另一特點乃洗手盅之供應，舉凡需要客人以手取食之菜餚，如龍蝦、水果等等，應同時供應洗手盅。這是個銀質或玻璃製的小湯碗，其下面均附有底盤，洗手盅內通常放置一小片花瓣與檸檬，除美觀外，尚有去除腥味之功能。此外，用餐後還要再供應洗手盅，並附上一條餐巾供客人擦拭用。

(二)法式服務的流程及作業要領

法式服務係由一群訓練有素的服務人員擔綱演出，通常係指精緻豪華餐廳的服務，也可說是最昂貴的餐飲服務方式。茲將法式餐飲服務的流程及作業要領摘述如下：

◆引導入座

當客人進入餐廳，即由餐廳經理或領檯引導入座，並將桌上口布幫客人攤開擺好。法式餐廳對於客人座位之安排相當重視，往往係由經理依客人身分、背景、地位來親自安排座次。

◆展示菜單、點餐前酒或飲料

當客人入座後，正服務員或領班會遞上菜單，並介紹菜餚；同時爲客人點餐前酒或飲料，此餐前酒類似開胃菜的性質。

◆點菜

餐前酒服務完畢，此時正服務員或領班將前來爲客人點菜，並將點菜單交由助理服務員送到廚房備餐。

◆選取佐餐酒

當正服務員爲客人點菜完畢，此時葡萄酒服務員（Wine Steward/Sommelier）會遞上酒單，爲客人介紹各類佐餐酒。通常在美國係以「杯」計價而非以「瓶」計價。

◆餐桌服務

法式服務通常係採桌邊現場烹調的供食服務，其服務作業如下：

1.典型傳統的法式服務菜單結構爲八道菜：開胃菜、湯、魚主菜、冰酒、肉類主菜、沙拉、甜點、乳酪。
2.每用完一道菜，服務員須等同桌所有客人均吃完，才可由客人右側收拾整理餐具，並擺設下一道菜所需的餐具。
3.上菜時，除了麵包、奶油碟、沙拉碟及其他特殊盤碟，必須由客人左側供應外，其餘菜餚、飲料均以右手自客人右側供應。
4.若客人點叫需要以手取食之菜餚，如龍蝦、水果等，均應同時供應洗手盅。
5.客人吃完主菜時，應注意客人是否還需要其他服務，並遞上甜點菜單，記下客人所點之甜點及飲料。
6.甜點、乳酪上桌服務之後，最後才送上咖啡、茶等飲料。

三、旁桌服務（Guéridon Service/Side Table Service）

所謂“Guéridon”原係指在顧客餐桌旁所擺設之專供備菜、擺盤、調理之小圓桌，後來引申爲旁桌服務或現場烹調手推車服務。

典型傳統法式服務餐廳的菜餚，自開胃菜一直到甜點，如生菜沙拉、魚肉類主菜、火焰甜點（Flambeed Desserts）等等菜餚，均由正服務員在餐廳客人餐桌邊完成最後的烹調，係一種極具表演性質（Showmanship）的高雅服務方式，可滿足客人視覺、味覺、嗅覺等各方面之享受，提供客人最親切的個人服務（**圖10-4**）。茲將旁桌服務之服務須知及其特性分別摘述如下：

(一)旁桌服務須知

旁桌服務原係法式服務的最大特色，但目前已逐漸成爲各類精緻餐廳作爲美食促銷之方式，透過桌邊現場烹調（Flambé）以及現場桌邊切割（Decoupage/Carving）等兩種方式，來吸引周遭客人的注意力，進而達到促銷服務的目的。爲

圖10-4　旁桌服務滿足客人視覺、味覺之享受
圖片來源：君悅飯店。

使旁桌服務達到促銷及展示表演的效果，必須遵循下列事項：

◆桌邊烹調須有完善環境及烹調設備

1.餐廳用餐場所須有足夠空間，以便手推車或現場烹調車之移動或安置。如果餐廳空間、走道取得不易，則可考慮採用較窄小的手推車或固定的邊桌。

2.桌邊烹調車須有完善的烹調設備與特別服務器皿，如固定熱源、火爐、擱板（Shelf）、餐具，最重要的是須有煞車固定裝置，才能避免操作時滑動。

3.桌邊烹調的設備以簡單不花俏、實用、乾淨、安全為原則。

◆桌邊烹調須有特別研發的桌邊烹調食譜

1.桌邊現場烹調的食譜可自傳統食譜中來研發，如凱薩沙拉（Caesar Salad）、蘇珊煎餅（Crepes Suzette）、火焰櫻桃冰淇淋（Cherries Jubilee）等，均是受歡迎的現場烹調菜餚，其中最有名的是「蘇珊煎餅」，已成為全球最流行的法式點心。

2.桌邊烹調食譜必須能在桌邊快速製備的食物，避免費時的工夫菜。服務人員不可耗費太長時間於食物製備上面，而忽視其他餐桌的客人。若食物無法在二十分鐘內完成烹調供食服務，則要考慮摒除於食譜之外。此外，儘量避免將食物先在廚房煮到半熟，然後才在旁桌予以完成，因為預煮往往會破壞食材的品質，而失去原味。

3.桌邊現場烹調的食譜，除了凱薩沙拉、蘇珊煎餅、火焰櫻桃冰淇淋外，其他常見的焰燒菜（Flaming Dishes）尚有火腿小牛肉捲、黑胡椒牛排，以及皇家咖啡、愛爾蘭咖啡等等之多種美食飲料。

◆桌邊烹調須能以精湛技巧完成美食佳餚

1.桌邊現場烹調除了展示專精的烹飪藝術表演技巧外（**圖10-5**），最重要的是食物必須烹調得很精美可口，否則僅是徒具形式的失敗促銷而已，甚至失去實質的意義。

2.現場烹調服務人員，除了須具備精熟專業技能外，更須講求服務儀態，以優雅的動作、可掬的笑容、眼光與客人保持接觸，始能贏得客人激賞。

圖10-5　桌邊現場烹調車

◆桌邊烹調須注意安全衛生，防範意外

1.桌邊烹調手推車須有固定的安全加熱器或火爐，同時附有煞車裝置，以免餐車操作時滑動造成意外。

2.烹調車須保持亮麗潔淨，擱板須墊上乾淨白布桌巾，烹調鍋或火爐至少要距離客人30公分以上。

3.焰燒菜加入烈酒要適量勿太多，最好先將鍋子移離火焰，同時再將鍋背朝向客人，以避免酒瓶爆炸產生意外。

4.焰燒菜點燃火焰的方式有兩種，即將柄端稍往上提，將鍋子傾斜，使烈酒揮發之氣體接觸到加熱器之火源來點燃火焰；另一種方法係先將湯匙盛烈酒，置於爐火上先點燃湯匙後，再以湯匙上之火焰來點燃鍋內之烈酒。此外，可加糖來改變火焰之顏色。

5.避免使用打火機或火柴來點燃火焰，以免發生意外。

6.蘇珊煎餅為增加柑橘香味，所使用的烈酒通常係採用含柑橘香味的Grand Marnier或Cointreau，一般的蘇珊煎餅是以上述兩種柑橘酒或是Triple Sec等為主。至於一般焰燒烈酒則以白蘭地為多。

(二)旁桌服務的特性

旁桌服務係利用現場烹調車或服務桌，在餐廳客人餐桌旁做現場烹調或現場切割的餐飲服務方式，係一種具有表演性質的服務方式。其優、缺點爲：

◆優點方面

1.營造餐飲進餐環境情趣與氣氛。
2.提供溫馨的個人化親切服務。
3.提高菜單銷售之附加價值。

◆缺點方面

1.使用現場烹調車或服務桌，須占用較大空間，進而造成餐廳座位數減少，價格偏高。
2.旁桌服務較重視進餐情境之舒適，以及欣賞具表演性質的高雅服務技巧，因此翻檯率最低。

四、英式服務（English Service）

英式服務另稱家庭式服務（Family Service）。傳統英式服務所有食物均是先在廚房烹調好，以大銀盤端出，由主人在餐廳親自將肉切割好再裝盤，置於餐桌供客人自行取用，客人則類似家庭式地自行服務自己。唯目前英式服務通常係由服務人員來爲主人擔任切割工作，並將食物由客人左側分送服務（**圖10-6**）。

英式餐飲服務大部分僅在學校、機關團體附屬餐廳或美式計價旅館（房租含三餐在內的計價方式）中使用。由於英式服務是一種非正式的服務，因此除了像宴會這種需要在極短時間內來服務大批客人的場合外，一般餐廳較少採用此種服務方式。茲將英式服務的優、缺點摘述如下：

(一)優點方面

1.服務迅速，不需太多人力。
2.適於用在短時間服務大批客人的宴會場合。

圖10-6 英式服務將食物由客人左側分送

圖10-7 英式服務由客人自行取食

3.不需太大空間來放置器具。

4.客人可自行選取所需適量的食物，不會浪費食物（圖10-7）。

餐飲小百科

銀器服務名稱的省思

法式餐廳在全球各地通常係指精緻美食服務的高檔餐廳，如美、澳、日及我國等均是。因為法式餐飲服務是源自法國古代宮廷豪華宴席服務，後來才流傳到民間，並逐潮改良為今日西餐最典型豪華的一種餐飲服務。

法式餐飲服務的餐廳，除了典雅華麗裝潢及銀器外，尚擁有專精訓練四年以上的正服務員並搭配助理服務員一名，來提供桌邊現場烹調的精湛表演性服務，此乃法式餐飲服務引人入勝的吸引力焦點。唯目前坊間有部分版本論述常造成讀者觀念混淆，究其原因乃歐洲部分國家對於銀器服務方式的名稱講法與美國、澳洲等地說法有出入所致。但絕不可誤認「法式服務是一種最簡單的服務方式」，否則將「失之毫釐，差之千里」。

在歐洲部分國家銀器服務中，認為英式服務係由服務員自客人左側，由服務員將食物派送給客人；法式服務係由客人自大銀盤中自行取食，但在美國等其他國家正好相反，即英式服務是由客人自銀盤取食，如家庭用餐一樣；法式服務則由服務人員為客人服務餐食（歐洲與美國對於餐桌服務方式名稱講法不一，本書以美國餐飲界觀點來定義名稱）。

(二)缺點方面

1.用餐氣氛較類似家庭式聚餐，因而較不正式。
2.有些菜餚如整條魚，較不適合此類服務。
3.如果客人均點叫不同食物時，則服務人員須端出許多大銀盤上桌服務。

五、俄式服務（Russian Service）

圖10-8　俄式服務由客人左側派送食物

俄式餐飲服務又稱爲「修正法式餐飲服務」，也是一種銀盤式服務。此型服務之特色，係由廚師將廚房烹飪好的佳餚，裝盛於精美的大銀盤上，再由餐飲服務員將此大銀盤以及熱空盤一起搬到餐廳，放置在客人餐桌旁之服務桌，再依順時鐘方向，由主客之右側以右手逐一放置一個空盤，待全部空盤均依序擺好之後，服務員再將已裝盛的秀色可餐之大銀盤端起來，讓主人及全體賓客欣賞，最後再依逆時鐘方向，由主客左側將菜分送至客人面前之食盤上（**圖10-8**）。

俄式服務也是以銀盤爲主要餐具，這種服務方式十分受人喜愛，最適於「宴會」使用，尤其是使用在六至十二人的私人小型宴會上最爲理想。此外，在豪華高級餐廳或世界各地旅館，均常使用此快速且高雅的銀盤式俄式餐飲服務。茲就其優、缺點摘述如下：

(一)優點方面

1.最適用於短時間內服務很多人的高級豪華宴會。
2.服務速度快，但動作依然優雅，可提供個人的服務。
3.服務速度取代法式表演技巧。所有食物均完全烹調好，再以大銀盤由廚房端出。
4.一名服務員即可獨立完成服務，但法式則須兩名服務員。

(二)缺點方面

1.沒有法式服務那麼華麗高雅的場景布置。

2.有些菜餚如魚類，較不適合此類型服務方式。

3.僅提供旁桌切割分菜，而不強調現場烹調。

六、中式服務（Chinese Service）

中華美食之所以能廣受人們喜愛，執世界各國名菜之牛耳，其原因除了中國菜強調色香味之特性與均衡營養食補外，更不斷研發創新高品質之餐飲服務。

近年來，國內餐飲業者為提升中華美食文化，乃針對我國傳統中餐餐飲服務方式予以改良，因而有現代中餐服務所謂的「中菜西吃」與「貴賓服務」等方式產生。為使讀者對我國中餐服務方式之演變有正確的基本認識，茲分述如下：

(一)傳統的中餐服務

自古以來，我國餐飲業者對於中國菜之烹調藝術相當重視，唯對於餐桌服務方面則不如英、法等國那般考究。傳統中國餐館之服務方式非常簡單，通常是等客人到齊後，服務員將所有佳餚均以14吋或16吋之大餐盤，一道一道直接端上圓桌，置於餐桌中央位置，任由顧客自行取食，服務員之工作僅是負責上菜與收拾餐盤而已，此乃早期傳統式中餐服務，其特色乃強調菜餚本身之量多，以及色香味俱全之「質美」而已，至於服務人員之態度與技巧較不怎麼重視，如目前鄉間之餐館或大眾化平價中餐廳，均仍採用此類傳統中式服務。

(二)現代的中餐服務

◆合菜服務

所謂「合菜服務」，係指一桌客人在餐廳用餐，其所享受之菜餚完全以餐廳事先備妥的定食菜單內容為主，其菜色多寡視客人人數及價格高低而定。此供食方式可分為一般餐廳與高級餐廳的合菜供食，茲分述如下：

1.一般中餐廳合菜服務：一般中餐廳這種供食方式，係由服務員將菜單內的菜餚，自廚房以托盤一道一道端出，並置於餐桌供客人自行取食。不過一些較講究的餐廳，客人所需的飯與湯是由服務員先以小湯碗裝盛妥再端給客人，而非整鍋湯、飯端上餐桌，由客人自行取用。

2.高級中餐廳合菜服務：在觀光飯店或較高級的中餐廳，也有所謂的「合菜服務」，不過其服務方式，較之前者大不相同，雖然客人點的是合菜，這僅表示菜單的菜色是以餐廳定食菜餚所列爲主，但每上一道菜均由服務員負責將菜餚自桌上大餐盤分菜到客人面前的骨盤供客人進食，而非將菜餚置於餐桌上，任由客人自行取用。有些較高級餐廳，甚至規定服務員每上一道菜均要附「公筷母匙」，並爲客人換一次骨盤，這種服務方式已逐漸成爲現代中式合菜服務之主流。

◆貴賓式服務

所謂「貴賓式服務」，係指客人進餐所享用之佳餚，經客人點菜後，再由廚房依客人所點的菜單依序出菜，每道菜均由服務員自主人右側端上餐桌，置放轉盤上，經主人過目後，再輕轉轉盤至主賓面前，一邊展示一邊解說菜名，當菜餚轉至主賓面前，然後才開始分菜。這種貴賓式點菜服務係由客人右側點菜，所有佳餚均由主人右側上菜，但分菜時則須從主賓右後方開始先爲主賓分菜，然後依順時鐘方式，以右手執服務叉與服務匙（**圖10-9**），逐一爲賓客分菜，當服務完所有客人後，最後才回頭來爲主人服務。

圖10-9　服務叉匙正確拿法

通常在中餐廳的貴賓廂房服務時，服務人員之配置一般係以一席一人爲原則，爲使佳餚得以迅速服務，服務員可同時爲左右兩邊的客人服務，不過分菜時須把握一個原則，即每人分量應力求一致，所以服務員在分菜前應特別加以留意菜量，寧可少分一點，若分菜完後尚有剩餘佳餚，可第二次再分給需要的客人，或裝盛於較小盤碟，置於桌上供客人自行取用，但千萬勿因分配不當，以致造成客人有短少或不足之情況發生。

此外，這種貴賓式的服務，最強調賓至如歸、客人至上的親切服務，因此服務員每上一道菜或分菜前，即須更換新的骨盤給客人，並且要能靈活純熟地使用服務叉與服務匙。爲避免右手分菜時殘渣或菜汁滴落，可在左手置一個以口布墊底之骨盤，當右手執叉匙分菜時，可在下方移動，以防菜餚不愼滴落桌面。

◆中菜西吃服務

所謂「中菜西吃」的服務，是一種修正式中餐餐桌服務，其主要特色除了將中餐16吋（41公分）大盤菜供食方式，改良爲西式8吋（20公分）或10吋（25公分）正餐盤的個人供食方式外，並將傳統中式餐具改爲以刀、叉、匙爲主，筷子爲輔（**圖10-10**）。餐桌擺設方式與美式擺法類似，這是一種「中式餐食爲體，西式服務爲用」之新興中餐服務方式。

此類餐廳所供應的餐食大部分係以精緻中華美食套餐爲主，個別點菜爲輔，同時使用的餐具十分精緻，有些甚至以金器、銀器等刀叉餐具供食。此類型服務的餐廳，無論就外表造型或內部格局設計而言均十分講究，使人在此用餐能享受到一種高雅溫馨之舒適感。

目前國內以「中菜西吃」爲號召的中式餐廳，雖然價位偏高，但由於其所標榜的是高品質服務與精緻美食，因此仍深受廣大消費者所喜愛，此類「中菜西吃」

圖10-10　中餐西吃的餐桌擺設

的服務方式，已步出由來已久的傳統中餐服務窠臼，且蔚爲現代中餐服務之另一主流，其未來發展備受矚目，値得重視。

語云：「七分堂口，三分灶」，其意乃指餐廳外場服務的重要性，不亞於廚房內場的美食烹調。國人對於中華美食一向十分重視佳餚烹調之藝術，但對於餐廳外場之餐飲服務與安全衛生則較爲疏忽，此乃二十一世紀我國餐飲業亟待改善的主要課題。

爲便於讀者瞭解目前各類餐桌服務方式，茲列表說明供參考，如**表10-1**。

表10-1　餐桌服務方式之比較

餐桌服務方式 / 服務項目	銀盤式服務			餐盤式服務		合菜服務
	法式服務	英式服務	俄式服務	傳統美式	現代美式	中式服務
擺放空餐盤	○	○	○	×	×	○
空餐盤自客人右側放置	○	○	○	×	×	○
銀餐盤自客人左側秀菜	○	○	○	×	×	×
上菜服務	右	左	左	左	右	右
麵包、奶油、沙拉	左	左	左	左	右	×
飲料服務	右	右	右	右	右	右
上菜順序方向	順時鐘	逆時鐘	逆時鐘	逆時鐘	順時鐘	順時鐘
餐具收拾方向	右	右	右	右	右	右

附註：
1.凡須自客人右側服務者，均依順時鐘方向，以右手來服務；凡須自客人左側服務者，均依逆時鐘方向，以左手來服務，此乃餐桌服務之一般原則，而非定律。
2.表列餐桌服務方式係以美國餐飲業之分類為依據，但歐洲部分地區將前述英式服務內涵稱之為法式服務，並將前述法式服務稱之為英式服務。
3.旁桌服務在美國係將它視為法式服務的主要特色，而不是一種獨立的餐桌服務方式。

第二節　自助式服務

近數十年來，社會繁榮經濟發達，產業結構改變，外食人口激增。許多自助式服務的餐廳乃應運而生。一般而言，此種自助式服務的類型可概分爲速簡自助餐式服務與歐式自助餐式服務等兩大類。茲分別摘述如後：

一、自助式服務的緣起

自助式餐飲服務的概念係萌芽於1893年，由John R. Thompson在美國芝加哥創設全球第一家自助式餐廳爲肇始，之後被廣泛運用在機關、學校、軍隊以及醫院等團膳服務。唯當時的自助餐供食大部分均非營利性質，後來才被引進商業中心或辦公大樓附近的商業型餐廳。直到1980年代，美國許多速食業者也將此服務概念正式引入速食餐廳之供食作業，如流暢的服務動線、具彈性的桌椅安排規劃均是例，如今自助式餐飲服務之風已盛行，且已蔚爲時代潮流。

二、自助式服務的特性

自助式服務之所以在全世界普受歡迎，主要原因乃在於此類服務具有下列特性：

(一)琳琅滿目菜餚，集中陳列展示

自助式服務的餐廳，所有美食佳餚大部分均已經事先烹調好，再予以精美裝飾後，分別依甜點、沙拉水果、冷食、熱食、飲料等順序擺設（**圖10-11**）。爲吸引顧客之注意力，特別強調盤飾、燈光照明及供餐檯上之飾物，如果雕、冰雕，甚至船造型之雕飾等，均是此類服務方式所強調的重點。

(二)客人自我服務，自行取食，自主性強

自助式服務的餐廳，其菜餚均事先擺在供餐檯由客人自行挑選其所喜愛的食

圖10-11　琳琅滿目的菜餚

物。除了部分熱食或飲料有服務人員招呼外，在速簡自助餐裡，大部分餐食均由客人服侍自己，甚至自行清理殘盤。

(三)快速供食，避免久候，無固定菜單

自助式服務的特色乃在於能在極短時間內，以最迅速有效率的方式來提供大眾膳食，避免客人久候，並減少因點菜所需技巧之困擾。

(四)價格平實，經濟實惠，節省人力及物料採購成本

自助式服務餐廳由於係採自助或半自助之服務方式，並以大量採購方式進貨，因此可節省餐廳勞務費用，降低進貨成本，提供顧客價廉物美的膳食。

(五)自由化、民主化的舒適個人用餐方式

自助式服務的餐廳，客人可自由進出，較不會引人注目。可自由、適量地自行取食，且不必像正式宴會那般拘謹，可在輕鬆愉快之氣氛下舒適用餐或自由交談。

(六)餐飲材料存貨控管不易

自助式服務容易造成菜餚不足或剩餘之現象，使得餐廳食材存貨控管較困難。此外，客人取食過量，剩餘太多而造成浪費，因此可運用餐盤尺寸大小來控管顧客取用量。

三、自助式服務的類型

自助式服務的方式主要可分為速簡自助餐式服務與歐式自助餐式服務等兩種，茲分述如下；

(一)速簡自助餐式服務（Cafeteria Service）

速簡自助餐式的服務最早創始於美國，此類型服務方式係以快速便捷、物美價廉、營養衛生之自我服務為特色。茲將其營運方式摘述如下：

1.顧客進入餐廳用餐之時間均集中在某一時段，因此須快速服務。
2.餐廳內部之空間安排，尤其要注意顧客動線與服務動線之規劃，其入口處須有相當大的空間，以供客人排隊候餐。
3.所供應餐食應事先裝盛於大餐盤，擺在長條桌上，而供餐檯一端擺空食盤，另一端置放收銀機（**圖10-12**）。
4.客人自己挑取所喜歡之菜餚，只有熱食才由服務員供應，客人依序取食之後，再到供餐桌末端出納處依「餐量」多寡付帳，結帳畢，再自行覓妥座位進餐。
5.用餐畢，客人往往須自行清理殘盤。

(二)歐式自助餐式服務（Buffet Service）

歐式自助餐式服務另稱瑞典式自助餐服務（**Swedish Service**），因此類服務方式與北歐小吃點心餐檯（**Smorgasbord**）之餐廳服務方式一樣，故稱之為瑞典式自助餐或歐式自助餐式服務。

歐式自助餐式服務係一種結合餐桌服務與速簡自助餐式服務的特色而衍生出

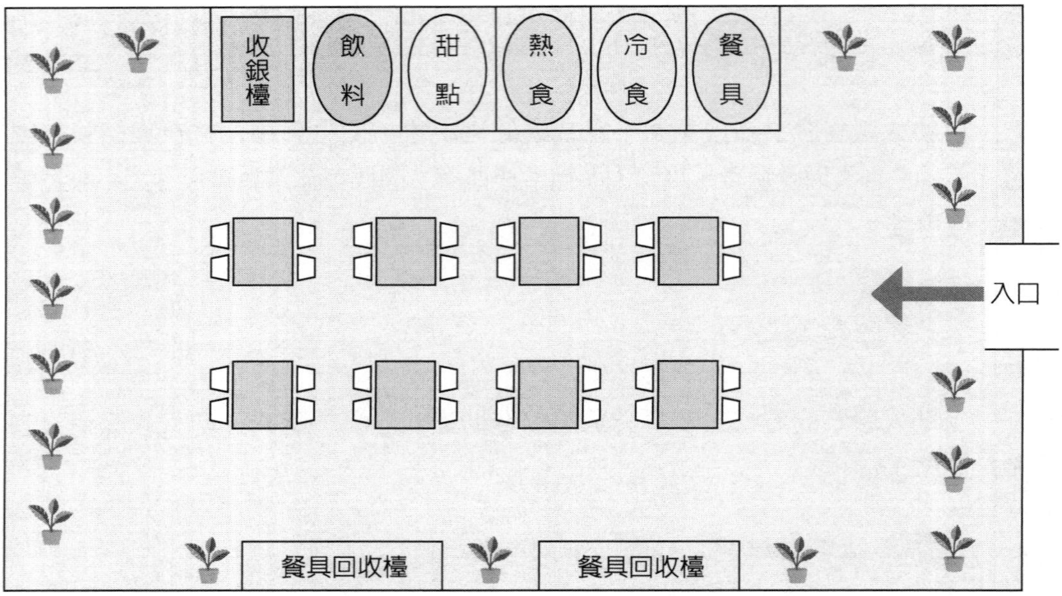

圖10-12　速簡餐廳的格局規劃

的餐飲服務方式。此類供食服務方式，爲當今國內外觀光旅館、餐廳或大型宴會經常採用的一種所謂「一價吃到飽」（All you can eat）的服務方式。歐式自助餐式服務營運特性分述如下：

◆重視服務動線之格局規劃

1. 爲避免供餐檯客人擁擠現象，通常正式大型自助餐廳係將供餐區與用餐區以各種盆栽、飾物等設施加以分隔。此外，供餐檯也依冷食區、熱食區、甜點、飲料區加以分別設置（**圖10-13**）。
2. 沙拉吧與熱食吧爲歐式自助餐式服務最重要的兩大單位，爲確保服務作業順暢須分開設置，以利客人自由取食。

◆供餐檯菜餚擺設，須依菜單上菜順序

1. 典型的自助餐供餐檯布設方式，係將客人用的空餐盤擺在供餐檯最前端，最後再擺設餐具、餐巾或麵包奶油，其間再依序由沙拉、冷盤、燻魚、乾酪、熱菜、燒烤主菜等順序擺放，此種自助餐布設方式較適合小型自助餐廳使用。
2. 若是較大型或是豪華之餐會場合，供餐檯擺設往往將冷食、熱食、甜點、飲

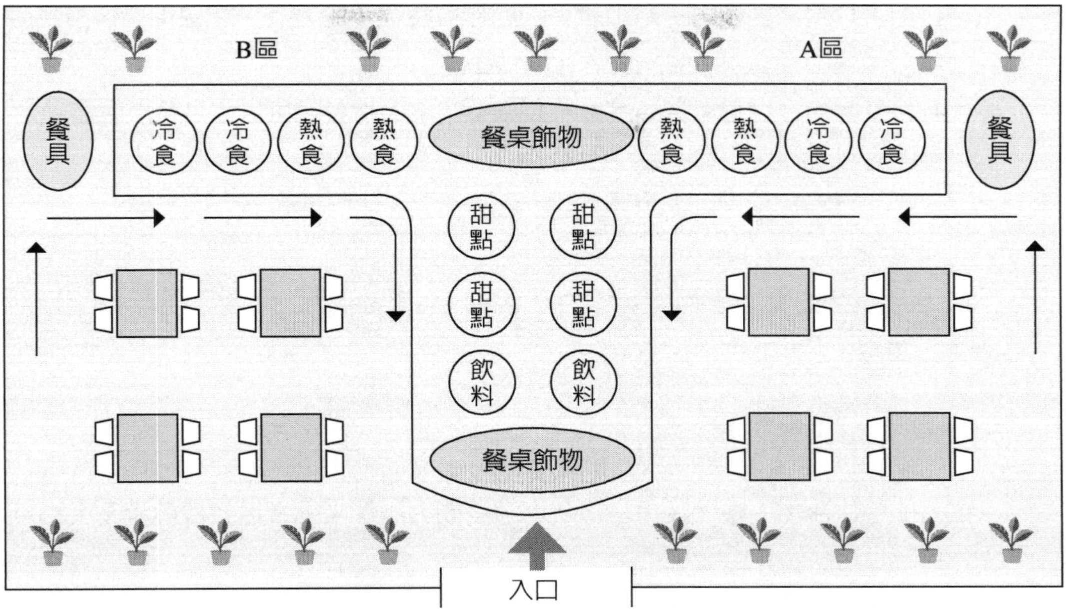

圖10-13　自助餐服務場地動線規劃

料，甚至燒烤等區位，予以獨立設置，或置於裝飾華麗的各式服務車上，以便於客人取食。

◆強調主題特色，發展餐飲文化

爲發展餐廳營運特色，此類自助餐服務均會配合不同主題來策劃，如耶誕節、情人節、南洋美食節等各種文化節慶來規劃。經由餐桌擺設、節慶飾物、食物陳列展示、主題背景布置，並運用各種旗幟、燈光、盆栽，巧妙搭配現場人物特殊造型服飾之動態表演，將更能凸顯一種特殊用餐情趣。

◆豪華舒適之裝潢擺設，現場表演之視覺享受

1.爲營造餐廳柔美溫馨之進餐環境氣氛，增進客人用餐情趣，通常供餐檯均裝飾著各種精緻飾品，如燭台、果雕、冰雕、花卉，以及各色各樣精美華麗之保溫鍋（Chafing Dishes），再透過特殊燈光之光源照射，增添餐廳高雅氣氛與客人進餐情調。
2.高級餐廳歐式自助餐之服務人員，均須穿著整潔亮麗的制服。至於熱食區、燒烤切割區之廚師必須穿著潔白筆挺的廚師服，頭戴白色高帽，站在供餐檯

後面，以精湛的技巧、略加誇大的動作揮舞雙手的刀叉，來做現場切割表演服務（Showmanship Service）（**圖10-14**）。

3.有些餐廳尚提供現場鋼琴演奏，藉以營造客人用餐氣氛，滿足其用餐體驗。

四、自助式餐飲服務工作應注意事項

自助式餐飲服務的服務人員除了要遵循一般餐飲服務工作要領外，尚須特別注意下列事項：

(一)確保自助式餐飲服務餐前準備工作完善

1.須依預估參加人數、菜色多寡及場地空間大小等來考量供餐檯數量及大小尺寸。

2.供餐檯最重要的兩大單位——沙拉吧與熱食吧須分開設置。唯須考量勿離開廚房太遠，以免補菜不易，但也勿太接近餐廳入口，以免影響顧客進出，力求整潔美觀，動線井然有序。

3.供餐檯之擺設須考慮動線要流暢，尤其是服務人員與顧客間之進出宜劃分清

圖10-14　歐式自助餐廚師現場切割

楚，不可交錯或重疊，以免發生危險。

4.冷食須冷藏設施或將冷食盤下墊放冰塊，並加少許粗鹽於冰塊上，可強化冷藏效果及延緩冰塊溶化。

5.熱食須以保溫鍋裝盛，並以熱水或點燃酒精膏保溫。至於油炸食物為防範食物回軟，則勿加保溫蓋。

(二)確保供餐檯的整潔，並適時補充菜餚、備品

1.自助式餐飲服務的特色乃在於秀色可餐、裝飾美觀的供餐檯食物展示與陳列，因此工作人員須隨時整理餐檯，確保餐檯整潔、亮麗（**圖10-15**）。

2.如果餐盤或保溫鍋內食物，因客人取食後而形狀零亂，必須隨時加以修整，力求美觀為原則。

3.當餐盤上的菜餚量不足，約僅剩三分之一量時，須送回廚房補充整理，或另端上新裝盛好的餐盤更新，尤其是成本低廉的菜餚更須迅速補充。

4.絕對不允許讓客人感到菜餚不足或有菜餚告罄不補之感，因此內外場要密切配合加強溝通協調。

圖10-15　供餐檯須隨時保持整潔美觀

(三)確保餐具供應檯的餐具量與清潔衛生

1.當餐具供應檯之餐盤、杯皿、刀叉匙等餐具數量約僅剩三分之一左右時，須立刻準備補充至定量。不可讓客人因餐具不足而造成困擾與不便。
2.隨時維護餐具及其供應櫃檯之清潔衛生，不可有殘餘水漬或異物。
3.熱食盤務必要放置在保溫式的餐盤架上。

(四)確保用餐區桌椅及環境之整潔

1.客人使用過之空餐盤，須立即收拾，不可任其堆疊置於餐桌上，以免妨礙客人用餐且影響觀瞻。
2.若客人不慎將菜餚掉落餐桌時，服務員須立即在不妨礙客人的原則下，將掉落桌面之菜餚刷進空盤，並以乾淨餐巾覆蓋在汙點上面；若菜餚或飲料掉落灑在地毯上時，須先以餐巾蓋在汙損地毯上，以防客人不慎踩踏滑倒，並立即清除乾淨。

(五)注意保溫鍋及電熱盤之安全操作使用

1.隨時注意保溫鍋外鍋之熱水是否足夠，應經常留意，以免外鍋的熱水已燒乾而產生意外（**圖10-16**）。
2.酒精膏若不夠或將用完會影響保溫效果。補充酒精膏時，需要先將火罐頭火苗熄滅後，才可再添加酒精膏，嚴禁火罐頭尚有餘火時直接注入酒精膏，否則會造成意外災害。
3.電熱盤或電熱器之使用，須有專用插座，以免超過負載而產生電線走火之意外。

(六)確保沙拉吧與熱食吧餐飲安全衛生

1.沙拉吧係自助餐式服務最受歡迎的主題區之一，也是自助餐廳客人的話題焦點。因此沙拉吧除了造型力求美觀、具特色外，更要注意冷食之冷藏溫度，須維持在攝氏0～7度之區間，以免食物變質。

圖10-16　保溫鍋外鍋須確保足夠的熱水

餐飲小百科

添加酒精膏須知的小常識

1.避免在狹小或通風不良的場所中使用，以免過量吸入有毒的甲醇揮發性氣體。
2.注意火焰是否呈青藍色狀，若火焰為紅黃色，則表示燃燒不完全。
3.添加酒精膏時，需先熄滅火源，最好俟火罐頭容器稍冷卻再添加，以免餘溫太高而衍生意外。
4.添加酒精膏時，避免在顧客面前直接添加，宜遠離顧客，並要遠離火源以策安全。
5.酒精膏添加時，勿溢出火罐頭；點火時，須使用長形點火槍，避免用一般打火機或火柴來點酒精，以防意外灼傷。
6.酒精膏置存區須遠離火源外，更要妥善存放，以防誤食。

2.沙拉吧須在供餐檯上方設置安全護罩（Sneeze Guard），其高度約在一般人胸部與下巴之間，其目的乃避免客人取食時不慎呼氣在食物上（**圖10-17**）。

3.熱食吧通常係運用紅外線保溫燈及電熱盤來控制溫度，將食物由上下同時加熱保溫，使食物溫度控制在攝氏60度以上，以避免食物變質。

(七)做好善後整理工作

1.自助餐服務結束後，須立即整理或擦拭供餐檯及用餐區之桌椅、地板，並將供餐檯上之檯布及桌裙更換送洗，再重新布設整齊備用。

2.將剩餘殘菜立即送回廚房分類儲存於面積大、縱深淺的不鏽鋼容器，並加覆膜或蓋，以防剩菜變質。假設剩菜當天還有供食服務，則須冷藏在攝氏3～5度，或熱存於攝氏60度以上之溫度。唯剩菜要儘快以不同方式予以快速再加利用，使顧客不會覺得是剩菜而感不悅。

3.減少剩菜最好的方法，為事前精準預估用餐人數、使用標準食譜上做好分量控管，每次以少量來烹調。

圖10-17　沙拉吧上方的安全護罩

第三節　櫃檯式服務

櫃檯式服務（Counter Service）的主要特性是快速銷售、便捷服務、價格低廉，其所供應的食物通常均附照片陳示在菜單或懸掛在牆上。此類型服務的特色爲：服務人員均經由餐廳櫃檯與客人對話或提供餐食服務，乃因而得名。

一、櫃檯式服務的方式

傳統櫃檯式服務的方式經常被運用在速食餐廳、百貨公司或車站之美食街小吃店、咖啡專賣店、鐵板燒餐廳、日式壽司店，以及冰品飲料店等等大眾供食場所。此類型的服務方式如下：

(一)全方位的餐飲服務

櫃檯服務人員自接受客人點餐、向廚房或吧檯叫菜、領取食物快速供應客人、收拾整理餐盤清理檯面，一直到結帳等全方位整套作業，必須能在最短時間內完成。

(二)定點式的餐飲服務

1.櫃檯服務人員有時須同時服務許多客人，因此僅有少數時間可以花費在走動上。此外，有些櫃檯服務的餐廳，均設有固定服務窗口或服務檯，因此値勤人員僅能在其工作檯與客人做最低限度的對話及活動。
2.爲便於點叫、領取餐食及快速供應，餐飲製備區必須儘量鄰近櫃檯，便於服務作業之順暢。

(三)混合式的便捷服務

櫃檯式服務經常結合餐桌服務、自助式服務的方式於實際供食服務上。如有些快餐廳、咖啡廳或冰品飲料店，雖然以櫃檯式服務營運，但也會在櫃檯的開放供食區，由服務員在餐桌爲客人點菜或拿取客人點菜單，再將餐食端送到餐桌。用餐畢，由客人自行前往櫃檯結帳。

二、櫃檯式服務的特性

櫃檯式服務的餐廳，近年來成長相當迅速，如鐵板燒、酒吧、各類冰品飲料店、速食餐廳、快餐廳等到處林立，且備受消費者喜愛，其主要原因乃這些櫃檯式服務的餐廳具有下列特性：

(一)快速便捷的供食服務

櫃檯式服務的餐廳大部分均設立在人口聚集的商圈、交通要道，或機關團體所在地附近，其主要營運對象乃針對那些過往迎來，正在趕時間且需一份快速簡餐或飲料來充飢解渴、稍待休憩片刻之客人而設置，因此須以最快速及方便的方式來提供客人所需之服務。

(二)價格低廉的速簡餐飲

櫃檯式服務的餐廳（**圖10-18**），所提供的餐食內容大部分爲不需要長時間烹調

圖10-18　櫃檯式服務的餐廳

或容易製備的速食、快餐或飲料為主，如三明治、熱狗、薯條、炸雞、漢堡、點心、小吃，以及各種甜點、冰品、飲料等等。此外，此類供食服務通常不必另給小費。

(三)勞務成本最為節省的餐飲服務方式

櫃檯式服務所需的人力最精簡。通常一位服務人員的工作範圍從迎賓、點菜、叫菜、取菜、供食服務、結帳，一直到餐後清潔整理工作，幾乎一手包辦。此外，每一個營運窗口均僅由一名服務員負責。

(四)可欣賞食物現場烹調的開放性廚房

有些櫃檯式服務的餐廳，通常採開放式廚房或開放式生產作業區，因此客人可以欣賞廚師精湛優美的現場烹調切割技巧，如鐵板燒餐廳。此外，客人在酒吧可以欣賞調酒員輕鬆逗趣的花式調酒技巧，或於咖啡廳欣賞吧檯人員純熟的咖啡調配手法均是例。

(五)休憩、聚會、自我娛樂的餐飲服務

櫃檯式服務的餐廳如酒吧、冰品店、咖啡廳等等場所，通常在櫃檯或吧檯前方，均設有高腳椅（Stools），客人可以自由自在輕鬆喝杯飲料，且可與人愉快交談，不會感到孤獨或無聊。

第四節　宴會與酒會服務

所謂「宴會」，英文稱之為"Banquet"，係一種以餐會為目的之現代社交活動，如酒會、園遊會、晚宴，以及最正式的官方宴會——國宴（State Banquet）等等均屬之。由於宴會種類很多，其舉辦的單位與性質互異，有些是由旅館舉辦，另有些係委由其他單位如會議中心等來辦理，因此所需提供的服務內容與工作項目也不同。不過宴會作業已成為當今旅館極重要的一項業務，且均設有專人或宴會部來負責此業務之規劃與執行。茲以目前旅館宴會作業之服務為例，分述如下：

一、宴會服務作業程序與步驟

爲確保宴會作業之服務品質，須依循下列作業程序與步驟來執行（**圖10-19**）：

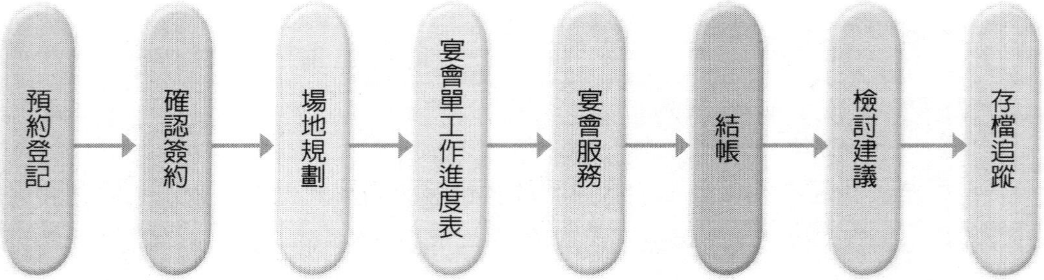

圖10-19　宴會作業流程

(一)預約登記

當客人前來預約場地，通常應即登錄在總宴會登記簿，並予以登記預約日期、地點、宴會人數、服務方式及費用金額等，並列爲暫時性預約，待進一步確認。

(二)確認與簽約

1. 當客人同意餐廳所提供的宴會服務方式與付款條件後，應請其正式簽一份確認書（Letter of Confirmation）並付訂金，其金額依餐廳之規定。
2. 直到宴會舉行前一個月，始再正式簽定一份正式的合約（Contract）。倘若因故取消宴會，則依合約之規定處理訂金是否退回部分或全部的解約事宜。

(三)場地規劃，宴會平面圖繪製

1. 宴會場地規劃布置工作，通常係由宴會部門負責。若宴會性質較特殊者，則須會同宴會主辦單位共同研商，並派員參與規劃布置事宜。
2. 宴會場地所需設施或設備，如音響、燈光、麥克風、講台、旗座、看板、展示架或視聽器材等，均須依主辦者需求並掌握宴會目的、性質來規劃。

3.場地規劃最後一項工作即繪製「宴會平面圖」（Floor Plan），並影印分送宴會有關各部門及宴會主辦單位，作爲宴會布置之藍本與作業依據（圖10-20）。

4.宴會布置之形式，可分爲中式宴會布置與西式宴會布置兩種，摘介如下：

(1)中式宴會布置

①中式宴會餐桌，大部分係以圓桌爲主。直徑通常爲150～200公分，如果直徑超過150公分，則須在餐檯上另加放轉檯，轉檯距桌緣最好30公分以上，此類圓桌爲十人座；若直徑在200～220公分，則可供十二至十四人座。

②中式宴會桌席安排，最重要的是主桌位置安排，務使主桌面向宴會主要入口，且能縱觀整個宴會場所。此外，主桌通常桌面較大且檯面擺設與布置也較講究，藉以凸顯其重要地位。其他餐桌之擺設均以主桌爲基準來擺設（圖10-21）。

圖10-20 宴會平面圖

圖10-21　中餐宴會主桌

③大型宴會除了主桌外，其餘餐桌均須統一編列桌號，並將桌號牌立於桌上以利識別。客人也可在宴會入口處之宴會平面圖上，輕易地找到自己桌次位置入座。此外，較正式之宴會尚備有座位卡書寫賓客姓名，置於座位前供客人依序入座。

④宴會場地布置要注意空間之配置與動線之安排。如客人進出路線以及上菜、殘盤收拾或分菜服務之空間規劃，均須加以充分考量，預留適當空間位置。最好桌距在2公尺左右較佳，唯不可小於1.4公尺，以便穿行上菜及爲客人服務，並可避免會場擁擠或零亂。

⑤宴會場地布置，其餐桌檯形之規劃設計原則，通常係根據宴會場地之空間大小、形狀、宴會人數，以及宴會主人之需求來規劃，力求美觀華麗，以營造宴會之氣氛。

(2)西式宴會布置

①西式宴會的餐桌，大部分係以長條桌爲主（**圖10-22**）。如果是大型宴會（Grand Banquet）或宴會人數較多時，其餐桌之檯形規劃設計則可採用丁字型、馬蹄型、工字型等形式來加以靈活運用（**圖10-23**）。

圖10-22 西式宴會場地布置大多以長條桌為主

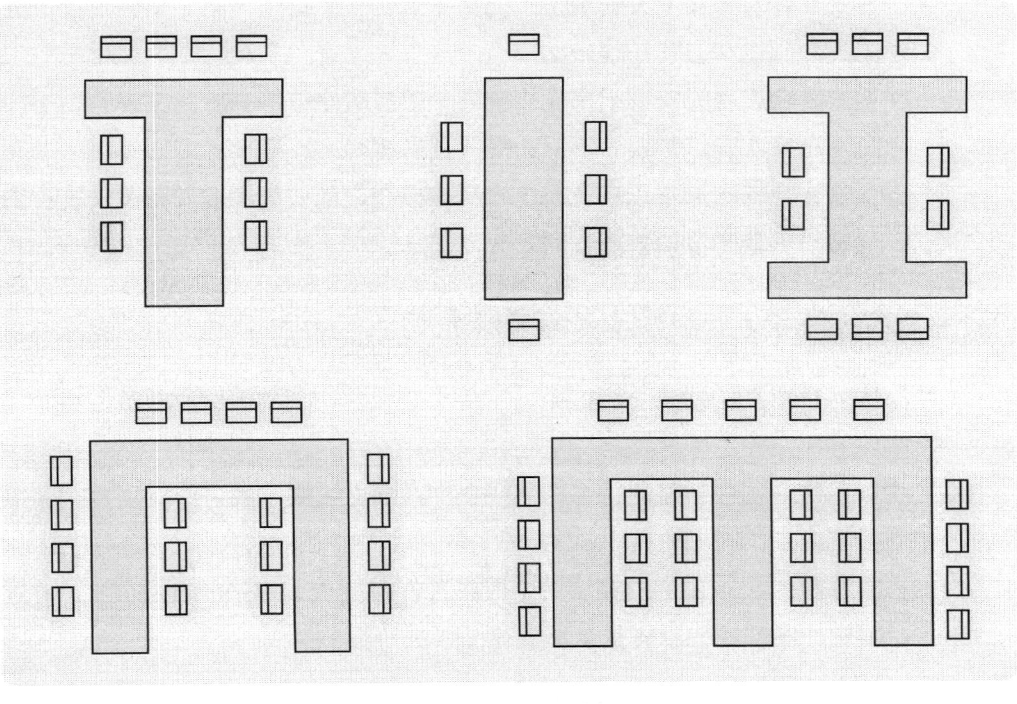

圖10-23 西餐宴會檯形設計

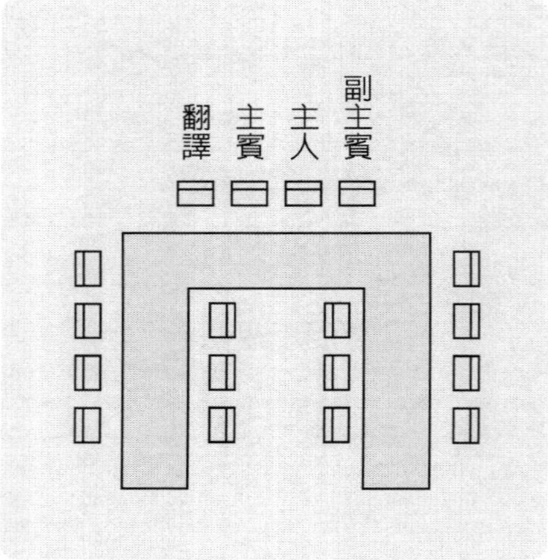

圖10-24　西餐宴會席次圖例（一）

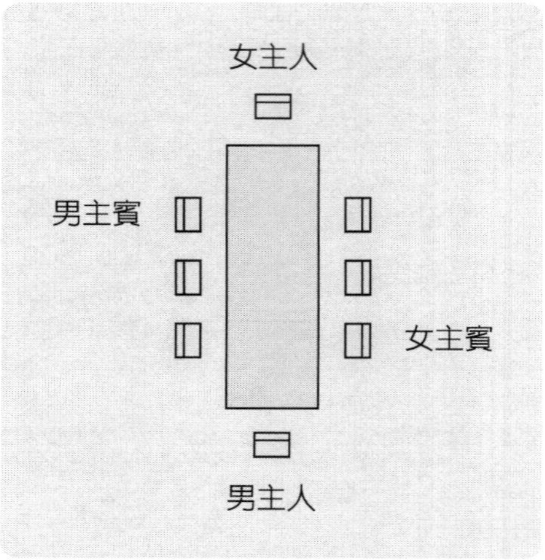

圖10-25　西餐宴會席次圖例（二）

②西式宴會對於席次座位之安排相當重視，通常赴宴賓客均有固定的座位安排。主人坐在首位面向衆席，主賓坐在主人右側。若設有翻譯人員，則安排在主賓右側（**圖10-24**）。

③西式宴會若男女主人對坐時，則女主人坐在上首座，右側爲男主賓；男主人右側爲女主賓（**圖10-25**）。

④西式宴會席次的安排須事先規劃好，並設置座位卡立於餐桌。若稍不注意而將席次安排錯誤，不但失禮，且易遭客人不滿。

⑤西式宴會檯布通常以白色爲主，鋪設檯布之前要先鋪放靜音墊。宴會餐具擺設則視宴會菜單內容而定。

(四)宴會單與宴會工作進度表之擬訂及執行

1.所謂「宴會單」（Function Sheet），係指一種合約副本，但無記載價格僅有合約內容。

2.宴會單可作爲宴會所需器材、物品或食物採購之依據，並可作爲宴會相關單位執行宴會工作的指令（Work Order）。

3.依據宴會單所記載工作內容項目來擬訂工作進度表（Work Schedules），分發給宴會相關部門，以確實掌握宴會工作之執行。

(五)宴會接待服務

1.所有宴會服務工作人員，必須清楚各自的工作職責。

2.若宴會主辦人員要求提供宴會契約所載內容以外的服務，則須請其簽名認可，以免結帳時徒增困擾。

(六)結帳

宴會結束後，須依合約內容所載金額及是否有額外服務項目，予以如數一併結清。

(七)檢討與建議

宴會結束後須做事後檢討，並提出書面檢討與建議之報告。此報告可作爲宴會部門績效評估，也可供未來營運分析之參考。

(八)資料存檔，追蹤聯繫

宴會相關資料如合約、檢討報告、財務文件等資料，應加以建檔留存，並作爲將來業務推廣之用。

二、宴會服務

宴會服務須根據宴會的種類與目的，提供所需之適當服務方式，如自助餐會、酒會，其服務方式通常採用半自助式之服務方式；若是正式晚宴（Dinner Party/Soiree）則須依標準宴會服務流程及要領來進行。茲就正式宴會服務流程（圖10-26）及其工作要領摘述如後：

(一)宴會前服務準備

宴會前服務準備工作，主要有：

1.宴會場所環境設施與場地布置之準備，如宴會平面圖、餐桌椅擺設、餐具準備，以及燈光音響等準備工作。

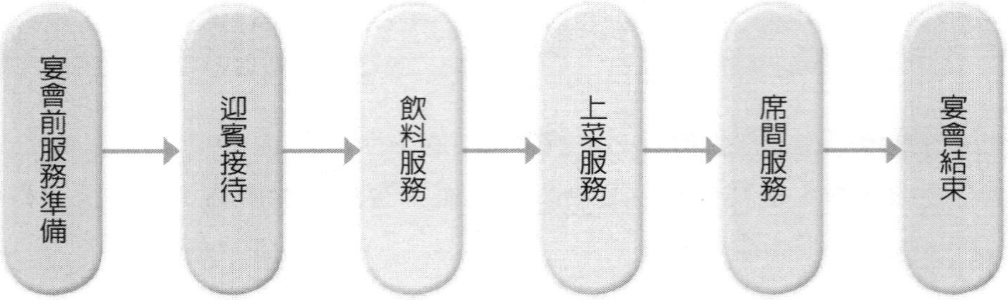

圖10-26　正式宴會服務流程

2.召開宴會服務前工作勤務會議，由主任或領班在宴會前十五分鐘，召集所有宴會服務工作人員。先檢查服裝儀容、任務編組工作分配，並告知宴會服務須特別注意事項，務使宴會所有服務人員充分瞭解整個宴會服務順序及宴會場地平面圖之配置情況。

(二)迎賓接待，引導入座

1.宴會服務人員在宴會開始前，須在宴會入口處迎賓（**圖10-27**）。當賓客抵

圖10-27　宴會入口處的擺設

達時，予以熱烈歡迎並打招呼，同時引導客人入席。

2.如果宴會主人親自在門口迎賓，此時服務人員只須從旁協助主人來接待賓客即可。

3.值檯服務人員在賓客走近其座位時，須主動為客人拉開座椅入座。

(三)茶水飲料服務

1.賓客入座後，若賓客尚未圍上口布，則主動為其攤開，並開始為客人倒茶水、斟飲料。

2.若是西餐宴會，通常備有多種酒水飲料，因此服務前須先請示來賓，再開始斟酒水。

3.服務茶水、飲料時，須先由主人右側的主賓開始，再來是主人，然後依順時鐘方向為賓客服務。

4.宴會進行中，須隨時注意每位來賓的杯中飲料，若僅剩三分之一時則需要主動添加，直到客人示意不要時為止。

(四)上菜服務

1.大型宴會上菜服務，務必做到行動統一，上菜動作要整齊劃一。因此須聽從指揮，如看信號、聽音樂節奏等方式來上菜或撤席。

2.每上一道菜時，須先介紹菜名及其風味特色。

3.西餐宴會菜單上菜順序，通常係依冷前菜、湯、魚類主菜、肉類主菜、甜點、飲料之順序服務。至於餐飲服務方式通常在正式宴會係採餐桌服務方式，如美式、法式、英式或俄式等服務為主，以歐式自助餐服務為輔。

4.中餐宴會菜單之上菜順序，其原則為：「先冷後熱、先炒後燒、先鹹後甜、先淡後濃」。

5.中餐宴會若提供「分菜」服務時，其要領係將菜餚端上桌，擺在餐桌轉檯中央供賓客觀賞並加介紹後，再將菜餚移到服務櫃或旁桌來分菜。分菜要依分量件數均勻分配（**圖10-28**），並擺放整齊美觀，通常係將主菜置於盤中央，配菜置於主菜上方。

6.席間服務均係由主賓開始，在斟酒、派菜、分湯等服務時，務必依賓客主次順序進行服務，最後再分給主人。若席間有女賓，應女士優先。

圖10-28　分菜服務分量要均勻

7.上新菜前，務必先撤走用過之餐盤。若是中式宴會，尚須更換新盤碟。此外，在服務甜點前，須先將桌面清理，收拾使用過的所有餐具，並換上甜點叉匙或新餐具。

(五)席間服務

1.西餐宴會若供應須由客人動手剝殼取食或易沾手之食物，如龍蝦、螃蟹、半粒葡萄柚等餐食水果時，須另供應洗手盅、小毛巾。
2.席間收拾殘盤，須等大多數人均用餐完畢或將刀叉餐具並排放在盤上時，服務人員才可撤收殘盤，最好統一撤席收拾爲宜。
3.宴會進行中，服務人員須隨時關注每位賓客表情，並適時主動爲賓客提供溫馨的服務。

(六)宴會結束

1.宴會結束，當主賓準備起身離去時，服務人員應當主動趨前將座椅往後拉開，以方便客人離席。同時要注意賓客是否有遺留物，以便立即歸還。
2.服務人員應微笑親切道別，目送賓客離去，或護送主賓至餐廳門口，若客人有寄放衣帽時，則須代為取之。

3.如果係重要宴會，旅館宴會部主管會率同迎賓人員於宴會場出口排兩列來歡送賓客。

4.當宴會賓客離開後，須會同宴會主人結帳，並以最迅速、安全、靜肅的方式來收拾餐具，並將餐桌椅、服務設備與器材歸定位。

三、酒會服務

酒會係今日社交場合極受歡迎之一種宴會，其適用於各種性質的社交活動，如歡迎會、發表會、慶祝會，甚至結婚喜慶等等均可。通常酒會規模大小，端視酒會性質、參加人數多寡而定（**圖10-29**）。一般酒會通常係在下午四時至八時舉行，酒會氣氛較輕鬆愉快、賓主可自由走動、相互敬酒、自由交談。至於酒會服務人員在酒會開始後，僅負責斟酒、維護供餐檯整潔、菜餚補充，以及收拾空杯、空盤等工作。

酒會服務的客人大部分均游離走動交談，並沒有固定座位安排，因此無法如餐桌服務般劃分工作人員服務責任區。不過為使酒會服務達到賓至如歸、賓主盡歡

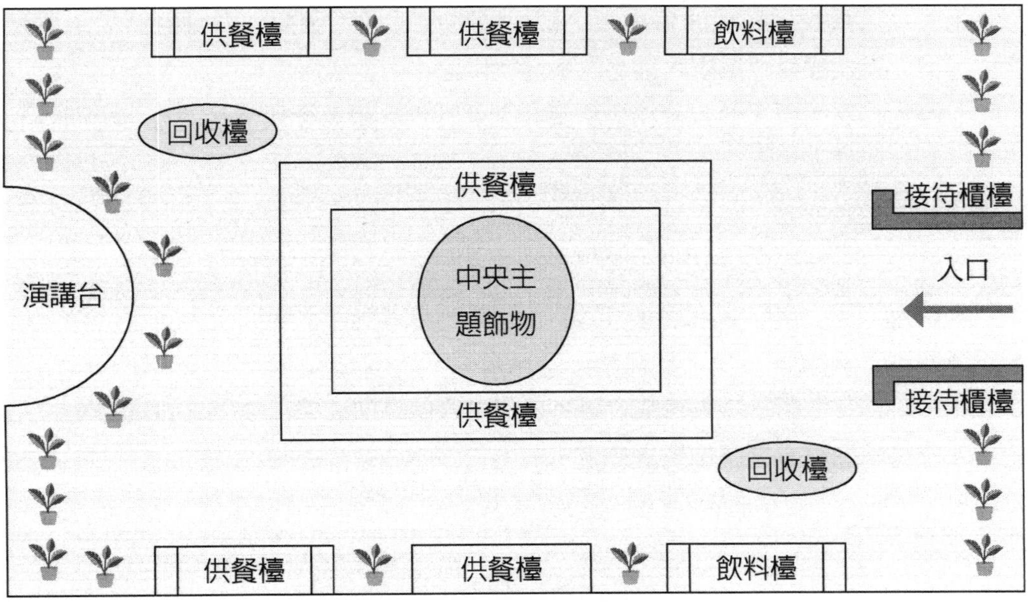

圖10-29　酒會場地布置

的最高服務宗旨，通常係先將所有酒會服務人員，依工作內容不同分為三組，即飲料服務組、餐飲供食組、清潔維護組等三組。茲就酒會服務工作人員的職責及酒會服務須知摘述如後：

(一)酒會服務人員之職責

◆飲料服務組

1.此組係負責全場酒類、飲料的服務。服務時應以圓托盤上面放置幾杯酒、飲料及紙巾，穿梭於會場供客人自行選用，服務飲料時，須隨杯附一張紙巾給客人。

2.飲料服務員除了在會場穿梭供應飲料、酒類外，也接受客人點酒服務。因此，此類服務員對於酒會各式酒類及其調製配方，均應有基本認識，如此才能提供客人滿意的服務。

3.在大型酒會中，飲料服務員通常僅端單一類飲料，不同性質的飲料，分別由不同服務員以標誌飲料名稱或符號的托盤來服務。

◆餐飲供食組

1.此組係負責供餐檯開胃小品之補給與整理工作，例如供餐檯檯面之清潔維護，以及餐具、紙巾等備品之準備與供應。

2.應隨時與廚房人員保持密切聯繫，尤其當供餐檯餐食快消耗完時，應即時通知廚房補充之。

◆清潔維護組

1.此組工作的重點係負責收拾空杯、空盤以及會場清潔整理等工作。

2.此組人員應經常端空托盤來回穿梭於會場，以便隨時收取客人手上的空杯子，以及散落於供餐檯或會場各角落之殘餘杯皿及遺落地上之廢棄物。

3.確保整個酒會場所環境之清潔。

(二)酒會服務須知

1.當賓客進入酒會會場，迎賓接待人員應向客人致歡迎之意，此時酒會飲料服務人員要迅速端上酒或飲料，並遞送紙巾。

2.吧檯或飲料檯須事先調好各式飲料或雞尾酒備用。當客人到吧檯取酒或飲料時，則須親切請示客人需求，提供客人點酒的服務。

3.吧檯人員須隨時保持檯面充足的飲料供應，及維護檯面之整潔。

4.服務人員要在會場穿梭巡視，主動爲客人斟酒或提供所需之服務，但不得從正在交談的客人中間穿過或打擾客人交談。

5.主人致詞或敬酒時，須安排一位較資深的服務人員爲主人斟酒服務，至於其他服務人員則穿梭於賓客間爲客人斟酒，務使每位賓客手中各有一杯酒或飲料，以備賓主相互敬酒時使用。

6.客人前往供餐檯取食時，服務人員要主動爲客人送上盤碟並爲客人提供必要的分送餐點服務。

7.服務人員要隨時注意供餐檯之餐點存量，並適時補充至定量，絕對不可任由餐盤食物告罄才再塡補。

8.服務人員須隨時保持供餐檯面之整潔，及時收髒杯盤或空杯皿，以維護酒會高雅之環境與氣氛。

9.酒會服務時，服務人員在端送飲料、餐具或菜餚時，均須使用托盤。嚴禁直接用手端送或以手指碰觸杯口、盤內緣等餐具之「入口處」。

10.酒會結束時，須親切向客人道別致意，並注意是否有客人遺留物品，以便即時送還客人。

第五節　客房餐飲服務

在觀光旅館之住宿旅客中，經常有人爲求安逸舒適地享受一份美食，或基於某項原因不克前往餐廳用餐，他們均會要求將餐食或飲料送到房間，這些餐食當中以早餐之食物與飲料最多，此類型的服務稱之爲「客房餐飲服務」。

根據美國旅館協會的研究，大部分現代旅館約有65%提供客房餐飲服務，其中以機場旅館最多，約占75%。一般而言，愈大型高級旅館，愈有可能提供住店旅客此項服務。

一、客房餐飲服務的意義

所謂「客房餐飲服務」，英文稱之爲“Room Service”或是“In-Room Dining”，係指旅館專爲住宿旅客提供的一種在客房內用餐的餐飲服務方式。其目的乃在滿足一些喜歡在房內不受干擾之情境下舒適用餐的旅客，或因身體不適以及某些早起趕時間或睡得晚之住宿旅客供餐服務需求。

此外，旅館對於住店旅客尤其是貴賓，通常會免費贈送水果籃（**圖10-30**）、香檳酒等禮品，將之置於客房中，或接受客人委託代送水果禮品至客房給住店旅客。凡此類服務均屬於客房餐飲服務的工作範圍，均稱之爲客房餐飲服務。

二、客房餐飲服務的特性

客房餐飲服務通常係隸屬於觀光旅館餐飲部門，不過國內外有部分大型高級觀光旅館，係由「客房餐飲服務中心」此專責單位來負責此類服務。茲就客房餐飲服務之特性摘述如下：

圖10-30　迎賓水果

(一)快速正確的供餐服務

1.「快速服務與正確無誤」乃旅館客房餐飲服務成功之鑰。根據我國現行旅館等級評鑑之標準，旅館自接受住店旅客之點菜後，必須在「三十分鐘」內送達客房，始符合快速服務之標準。
2.為達到此服務標準，除了須有良好訓練之工作團隊合作外，更須有快速服務之設備設施，如客房餐飲專用廚房、客房餐飲專用電梯，如倫敦洲際旅館每天平均須服務三百五十間客房早餐。為解決此尖峰時段用餐需求，設有類似活動式廚房之客房餐飲專用電梯，來支援提供此類服務。
3.為滿足旅客快速服務之需求，有些旅館則設置快速行動小組，來支援尖峰時段的客房餐飲服務需求。

(二)保鮮耐存、製備方便、具大眾口味的菜單佳餚

1.客房餐飲服務的菜單設計，食物不但要新鮮，還要耐久存，以防食物變質變味，如有些旅館漸漸採用真空包裝來保存食物原味。
2.客房餐飲的菜單，一般都是大眾喜歡的口味，具有普遍性，如漢堡、三明治、麵食等均屬之。
3.客房餐飲的菜單，其菜色大都選自旅館餐廳現有菜單之菜餚，以節省額外準備的時間，並可減少資源之浪費與閒置。

(三)客房餐飲銷售量預估困難

1.客房餐飲服務部的經理，係根據旅館櫃檯訂房來預測未來一、二週旅館客房餐飲之服務數量。不過由於旅客本身個別差異極大，其住宿目的不一，因而使得銷售服務預測倍感困難，如有時差問題的客人，其使用客房餐飲之機率較大。
2.機場旅館的房客，幾乎一天二十四小時來來往往，因此對客房餐飲服務之需求也最高。

(四)全年無休，營運時間長，人員設備須集中管理調配

1.旅館客房餐飲服務部每天的營運服務時間平均在十六至二十四小時，因此所需工作人力之數量與排班也較費神，務須詳加規劃，力求最大工作效率。

2.現代客房餐飲服務的特色乃將人力、設備統一集中管理與調配，以求精簡人力、提高服務效率，使客人所點叫之餐點，能在最短時間內送達，最慢不可超過三十分鐘爲原則。

3.客房餐飲服務中央配膳室均設立在廚房附近，有些旅館設有專用廚房以及可直達客房之專用電梯。

三、客房餐飲服務作業流程

爲確保旅館客房餐飲服務品質，使旅客所點叫的餐飲能正確無誤地即時送達，旅館客房餐飲服務部門首先須建立一套有效率的作業程序，彼此分工合作始能竟事。茲就旅館客房餐飲服務作業流程，分別摘述如下：

(一)餐前準備

「工欲善其事，必先利其器」，爲確保客房餐飲服務部門能有效率地完成任務，務必先做好各項餐前準備工作。在房客尚未點餐前，工作人員須先將服務所需之設備、器具、餐具、備品，如專用餐車、加熱器、餐盤、托盤、餐具、杯皿、布巾及各種調味料，予以準備妥當（圖**10-31**）。當準備工作一切就緒，屆時即可發揮最高的工作效率，使客人在最短的時間內，得到最溫馨貼切的即時美味餐點服務。

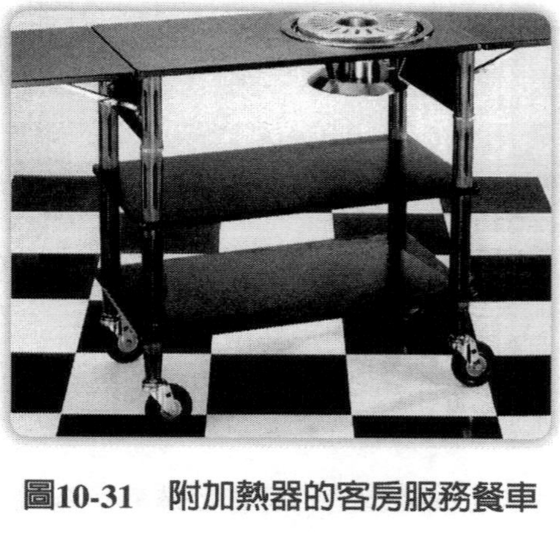

圖10-31　附加熱器的客房服務餐車

(二)接受點菜

旅館客房餐飲服務接受房客點菜的方式，主要有下列兩種：

◆訂餐卡點菜

所謂「訂餐卡」通常係指一種掛在客房門把上之早餐餐卡（Door Hanger）而言。因爲客房早餐爲旅館客人最常要求的一種送餐服務，因此設有早餐掛單餐卡來提供客人點菜。客人只要在餐卡上塡入房號、用餐日期、時間及餐食內容即可。

◆電話點菜

1.旅館客房餐飲服務除了早餐外，大部分房客均常以電話方式直接訂餐。因此客房餐飲服務部門均有安排專人負責點餐接聽工作。

2.電話點餐之作業要領，最重要的是務必聽清楚，且要複誦確認點菜內容、用餐時間、數量以及房號等均正確無誤後，最後再向房客致謝。

(三)進單備餐

1.當接受客人電話點餐之後，須立即塡寫一式二份之訂餐單，一份送交廚房開始備餐，另一份交給服務員，同時開始準備供餐服務所需之托盤、餐車、餐具等等服務備品。

2.如果客人僅點簡便餐食或飲料時，可以托盤供餐服務，若點全餐及佐餐酒則備妥客房餐飲服務車。

3.爲使客人所需餐點能在最短時間內即時送達，每個人務必要分工合作，才能有效率地完成任務。

(四)供餐服務

1.當廚房餐點準備好之後，服務員再將菜餚以托盤或餐車裝載，至出納處領取帳單，並加以核對確認無誤，即可迅速送到客房。

2.服務人員搭乘專用電梯到達客房樓層，進入客房前務必先輕輕敲門，並告知係「客房餐飲服務」（Room Service），俟客人回應或開門後才可進入房內，並依客人指示，將餐點置放在所指定位置，完成隨餐所需服務工作，且經客人確認無誤，最後再請客人在帳單簽字。如果客人沒有其他額外服務需求或問題，則可禮貌地向客人致意，祝福客人用餐愉快，並道謝後離開。

3.服務員供餐服務之儀態要端莊、音調要清晰委婉、精神要抖擻，要以工作爲榮。

(五)餐後收拾

1.服務員出門時，可順便提醒客人用餐完畢後，撥個電話將會有人前來收拾。如果客人並未回電，一般而言，客人會在三十至四十五分鐘內用餐完畢，因此服務員可在此用餐時間後，準備上樓收拾餐具，取回托盤或餐車，經擦拭整理後再歸定位。

2.爲避免餐具遺漏收回，可運用客房餐飲服務控制表來加以追蹤控管。

四、客房餐飲服務實務

旅館客房餐飲服務的餐食，以早餐最多且較普遍，其次才是午、晚餐，以及其他零星餐飲。早餐供食與晚餐供食服務作業要領茲摘述如後：

(一)早餐供食服務作業須知

國內旅館客房餐飲服務所提供的早餐，通常有中式早餐與西式早餐等兩大類。西式早餐可分爲歐陸式與美式早餐兩種，其中以歐陸式早餐最爲簡單。歐陸式早餐一般僅供應果汁、麵包附奶油果醬，以及飲料如咖啡、茶、牛奶等等；至於美式早餐除了上述餐飲外，尙有肉類如火腿、培根，以及各種不同烹調方式之蛋類。

(二)晚餐供食服務作業須知

客房餐飲服務人員對於晚餐供食服務作業之步驟與要領，須有正確的瞭解，始能提供客人美好的用餐體驗。

1.到達客房，在敲門前務必再三確認餐點內容無誤，餐桌或餐具備品正確妥當。

2.輕敲房門三下，同時告知自己的身分及來意，例如：「晚安！這是客房餐飲服務」，等候房客回應。

餐飲小百科

西餐蛋的服務方式

一、煎蛋（Fried Egg）

煎蛋可分單面煎（Sunny Side Up）與雙面煎（Turn Over）等兩種。單面煎為僅煎一面而已，另一面如太陽般朝上。雙面煎又可分為雙面熟煎，蛋黃呈固體狀（Over Hard），以及雙面嫩煎，蛋黃半熟（Over Easy）等兩種。煎蛋若須附火腿、培根或香腸均須詳加備註說明。

二、水煮蛋（Boiled Egg）

水煮蛋可分五分熟（Soft Boiled）與全熟（Hard Boiled）等兩種。五分熟的蛋，蛋黃呈液態狀，因此須以蛋杯（Egg Cup）附匙來供食服務。

三、水波蛋（Poached Egg）

此蛋係將蛋打入低溫水中烹煮，水溫約攝氏65～85度，約二至三分鐘後再撈取供食。

四、杏力蛋（Omelet/Omelette）

杏力蛋另稱蛋包、蛋捲、恩利蛋等各種名稱。通常每份係以三顆蛋來製作，先將蛋打勻後，倒入塗有奶油之平底鍋煎成蛋皮，再將蛋皮捲起並加入各種配料，如培銀、洋菇、洋蔥、起司或肉丁等，再予以包捲成蛋包狀。唯有些是加果醬、巧克力等配料的甜杏力蛋。

3.當客人打開房門，應先向客人致意，再請示客人能否進入。嚴禁未經徵詢客人同意前即擅自進門。

4.進門後，應即請示客人喜歡在哪裡用餐，再依餐廳餐桌擺設方式及要領完成供餐服務。

5.呈現客人所點的菜餚，並加以介紹說明菜餚特色，也可推薦其他菜餚供客人選用。

6.請示客人主菜是否需要繼續保溫，如果有需要，則應取出保溫器（Sterno），並說明使用方法。保溫器放置時，勿使其高度超過桌子或高過客人。在此整個服務過程中，服務人員須仔細專注客人的反應，務必表現出親切專精的服務態度與抖擻的精神，此點相當重要。

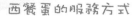

7.若有點叫飲料，須請示客人是否需要代為開瓶或倒酒，如葡萄酒、香檳酒等等。

8.若客人無其他服務需求，則可先向客人致謝，並祝福客人有一美好的晚餐。出門前順便提醒客人若尚有任何需要，只要一通電話服務即到。

五、客房餐飲服務應注意事項

客房餐飲服務最大的特點，乃給予客人飲食上最舒適自由的享受，所以餐飲服務人員送餐不但動作要熟練、迅速，且禮貌要周到，態度要和藹親切，使客人能得到最佳的服務。茲將客房餐飲服務應注意的事項摘述於後：

1.客人所點的食物或飲料，必須儘量快速送達，勿使客人久候。

2.易冷的熱食或易融化的冰凍食品，須有保溫及冷藏設備，並以最快速度送上，不可使食物變冷或融化時再送入客房。

3.當送食物給客人時，須將調味料或佐料，如果醬、奶油、糖、鹽、胡椒等物事先準備好，連同所需餐具一併送到客房，務必要一次帶齊全，避免三番兩次補充，以免來回奔波，浪費人力，同時也很容易引起客人的不悅。

4.如果客人點叫冷飲，則須準備足夠之玻璃杯，以便臨時增加訪客之需。

5.所有東西送入客房，依客人指示位置及規定擺好後，若客人無其他問題或需求，即可致謝後迅速離去，不必佇立侍候。

6.凡是客人用過的剩餘物或餐具，不可留置於客房內或客房外之走道上，以免產生異味，孳生蟑螂、螞蟻、蚊蟲（**圖10-32**）。

7.餐具應確實清點後再分類整理，若屬於客房部之餐具，須立即清洗乾淨歸還，其餘物品則送回餐廳廚房，並將托盤或餐車放回原位。

8.收拾餐具時，務必要詳細清點，以減少餐廳之損失，若有損失或破壞，應以和藹態度請客人找回來，萬一無法解決時，應呈報單位主管處理。

圖10-32　用過的殘盤及餐具勿留置在走道上

學習評量

一、解釋名詞

1.Plate Service
2.Platter Service
3.Guéridon Service
4.Swedish Service
5.Showmanship Service
6.Room Service

二、問答題

1.餐廳餐桌服務的方式，主要可分爲哪幾大類？其中以哪一種服務方式翻檯率爲最高？試述之。

2.如果你是精緻美食餐廳的經理，請問貴餐廳將會採用何種餐廳服務方式？爲什麼？

3.自助式餐飲服務已成爲時代潮流，且深受市場消費者青睞，請問你知道其原因嗎？

4.目前市面上常見的速食餐廳或咖啡飲料店，其所採用的服務方式係以哪一種爲最多？爲什麼？

5.假設你是宴會廳經理，當你在規劃一場婚宴場地布置時，請問你會考慮並注意哪些問題？

6.酒會是一種極受歡迎的宴會型態，爲確保酒會服務能賓主盡歡，請問酒會服務人員應如何分組呢？試述之。

三、實作題

請依酒會服務作業之要領，規劃設計聖誕酒會的場地布置。

1.地點：專業實習教室。

2.對象：親朋好友。

3.主題：聖誕酒會。

4.內容：酒會場地空間配置、檯形設計、動線規劃、主題氣氛營造。

Chapter 11

飲料服務

單元學習目標

- ◆瞭解葡萄酒、香檳酒服務流程與要領
- ◆瞭解各類啤酒的服務要領
- ◆瞭解餐前酒、餐後酒及紹興酒的服務要領
- ◆瞭解咖啡、茶及其他飲料的服務要領
- ◆熟練飲料服務的作業技巧
- ◆培養專精的飲料服務知能

「餐食與飲料」爲今日餐廳的兩大主要商品，不過飲料的毛利卻凌駕在餐食之上，甚至超過數倍之多，可謂本輕利多，因此飲料服務在當今餐飲業深受業者重視。

飲料可分酒精性飲料與非酒精性飲料兩大類，它可當作個別產品來銷售服務，也可與餐食供應來搭配服務，以增進客人進餐之情趣。所以餐飲服務人員除了須具備飲料產品之服務技巧外，更須對其所販賣之產品有一正確的基本認識，否則難以提供適時適切的優質服務。

本章將分別就常見的一般飲料知識及其基本服務方式逐加介紹，期使讀者不僅能瞭解餐廳常見飲料產品之知識，更能熟練其服勤技巧，藉以奠定未來餐飲服務工作成功之基石。

第一節　葡萄酒、香檳酒的服務

葡萄酒係由葡萄經壓榨汁液自然發酵而成的一種活的有機體，它有一個生命週期，即由出生、成長、成熟，期間可能會生病或復元，甚至死亡。在葡萄酒中的活細胞則爲酵母菌，因此法國著名化學細菌學者Louis Pasteur（1822-1895）說過：「葡萄酒是種有生命的飲料」。

由於葡萄酒是如此神秘且與眾不同，身爲餐飲服務人員若想扮演好成功的角色，除了須熟悉一般服務技巧外，更應該對葡萄酒相關的基本知識有正確的瞭解，始能爲客人提供一個美好的用餐體驗。

一、葡萄酒的服務

葡萄酒服務係一種專業知能與技術之結合，也是餐飲美學與藝術之具體展現。一套完整的葡萄酒服務流程，可歸納爲下列七大步驟：

(一)接受點酒（Take Wine Order）

當客人舒適地就座後，餐廳服務員即可準備進行葡萄酒服務之第一項工作，即接受點酒服務，其作業要領如下：

1.點酒之要領與點菜相同，須由主賓或主人之右側進行，唯通常係在點完菜後，再遞酒單為客人點佐餐酒。若單杯提供時，通常係以餐廳的招牌酒（House Wine）為主。

2.點酒時，須清楚客人所需要的酒，並正確填寫在點酒單上，再加複誦確認無誤，才送至出納處簽證，憑單領酒。

3.點酒並沒有絕對的標準，完全視客人需求與喜好而定。唯餐桌若須供應兩種以上之葡萄酒，則應遵循變化、韻律及調和等原則。關於葡萄酒與食物的一般搭配原則為：

圖11-1　白酒宜搭配口味較清淡食物

(1)白酒：搭配白色肉類、魚類、海鮮等較清淡口味食物（**圖11-1**）。

(2)紅酒：搭配紅色肉類、野味等口味較濃郁之食物。

(3)玫瑰紅酒：可搭配紅、白肉類，甚至各類食物，係一種中性酒。

(4)香檳酒：適宜在喜慶宴會飲用，可搭配各類食物。

4.點完酒之後，或在開瓶之前，服務員須運用適當時機調整餐桌上之酒杯，增補或收走酒杯時，均須以墊有服務巾的托盤為之。

(二)展示驗酒（Show & Check Wine）

◆展示驗酒的意義

客人選定葡萄酒之後，服務人員即憑出納簽證後之點酒單，前往葡萄酒保管處依規定領酒，再將領出的酒展示給點酒的客人查證確認，若客人不滿意則立刻退回更換。展示驗酒的意義乃表示一種對客人的尊重，也可增添餐廳高雅用餐氣氛，此外最重要的是，避免開瓶後才發現錯誤而遭受退酒的無謂損失。

◆展示驗酒的作業要領

1.紅葡萄酒在領酒後送給客人確認時，通常係以墊有服務巾之「葡萄酒籃」或稱「倒酒籃」，將紅酒平穩地置於籃內，標籤朝上，端送到餐廳供客人確認。若是新酒，由於瓶內無沉澱物之虞，則可以不用籃裝。

2.展示時站在點酒的客人右側，右手托著瓶頸端，左手掌墊服務巾托住瓶底，

圖11-2　展示驗酒的正確姿勢

標籤正面朝向客人以便瀏覽（圖11-2）。

3.展示驗酒時，必須同時爲客人介紹葡萄酒之酒名、年份、種類、生產地及公司，以便客人確認。此系列過程不得等閒視之，直到客人點頭確認，才算完成驗酒展示之程序。

4.驗酒完畢，紅酒可先放在餐桌上，瓶底須墊瓶墊；若餐桌空間不夠，則暫置於旁桌或服務桌上備用。如果是白酒或玫瑰紅酒驗酒完畢，即須再準備冰桶將酒置於冰桶內，放在點酒客人右側餐桌或旁桌上，冰桶須以墊有服務巾之餐盤墊在下面；若是有落地腳座之冰桶，則直接置於點酒客人右側地上即可。

(三)調整溫度（Adjust Temperature）

葡萄酒在開瓶之前，必須先將白酒置於冰桶冰鎮，紅酒可以酒架或酒籃置於旁桌來調整酒溫至最適宜的溫度，通常紅酒宜室溫約攝氏18度飲用；白酒、玫瑰紅酒等葡萄酒宜冰冷至攝氏12度飲用，其風味最佳。無論任何葡萄酒其飲用之溫度均以攝氏18度爲最高限溫。

(四)開瓶服務(Open Bottles)

假若餐廳客人所點選的酒爲紅酒，則必須在飲用前先開瓶，使紅酒能先呼吸一下，不僅可減少苦澀味，且可增添濃郁之酒香。因此服務人員須將葡萄酒呼吸之訊息，委婉告知客人，以免客人誤會開瓶之後沒有立即讓他試飲。如果是白酒或玫瑰紅酒，開瓶後應立即讓客人試飲，不必再經過呼吸此過程。茲將葡萄酒開瓶服務之步驟及其要領，分別摘述如下：

步驟一：去掉瓶口錫封套

1.首先以開瓶器上之小刀沿著瓶口下突出之瓶唇，用力切割左右各半圈，以兩刀法將錫箔完全切割開（**圖11-3**）。

2.以刀尖自切口朝瓶口方向，用半剝半撕的方式來剔除瓶口錫套（**圖11-4**）。

圖11-3 小刀沿著瓶唇將錫箔割開

步驟二：去除封蠟，擦拭瓶口

1.有些葡萄酒之瓶塞上加封蠟，可先用刀片刮除乾淨。

2.再以乾淨的布擦拭瓶口及瓶塞部分（**圖11-5**）。

圖11-4 以半剝半撕方式剔除錫套

步驟三：拔除軟木塞

1.收起開瓶器（Waiter's Corkscrew）刀刃部，然後打開螺旋鑽（即拔軟木塞鑽）。

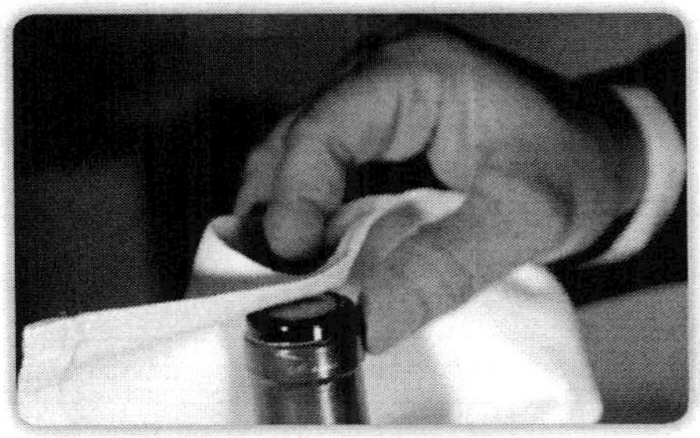

圖11-5 擦拭瓶口

2.將螺旋鑽尖端朝瓶塞正中央略偏一點的位置用力垂直插入（**圖11-6**）。

3.以順時鐘方向自然旋轉，使鑽尖保持在軟木塞中央位置，一直旋轉到僅剩兩圈螺旋時即停止轉動，以免刺穿軟木塞底部（**圖11-7**）。

4.將開瓶器上的活動側桿架在瓶口上當槓桿著力點，以左手抓住瓶頸固定酒瓶及槓桿點，再以右手將開瓶器握把另一端往上拉起軟木塞（**圖11-8**），直到軟木塞已經有彎曲（Bend）的現象即停止拔瓶塞動作，此時軟木塞尚留瓶口內約0.5～1公分左右（**圖11-9**）。

5.放掉側桿，以右手拇指及食指握住軟木塞，輕輕左右來回扭轉，逐漸拉出軟木塞，先拉開一邊使空氣進入，再全部自瓶內拉出。此方式可防範軟木塞拔出產生之響聲，也可避免拔斷軟木塞。

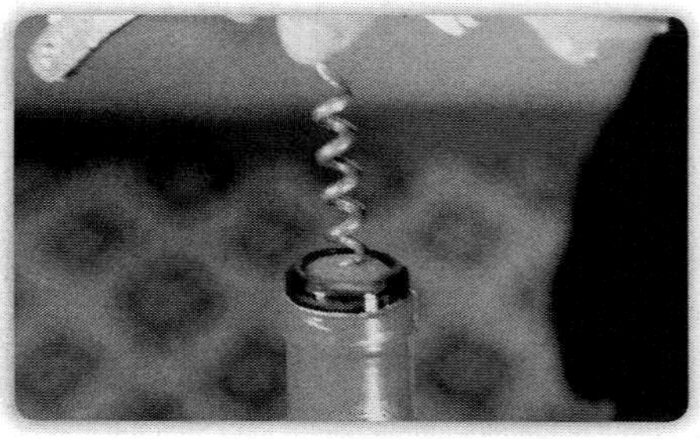

圖11-6　鑽尖端自瓶塞正中央插入

圖11-7　以順時鐘方向旋轉入軟木塞

圖11-8　左手拉住瓶頸，右手拉取軟木塞

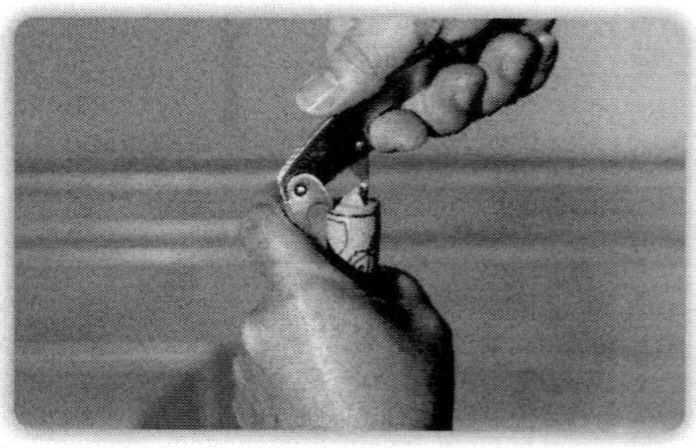

圖11-9　軟木塞呈彎曲狀即停止拔塞

步驟四：檢查酒是否變質

1.軟木塞拔出之後，須先檢視是否有醋味或黴味，可以用鼻聞軟木塞鑑定（圖11-10），但不可直接以鼻子聞瓶口。

2.確認酒質無異味後，可將軟木塞以小盤碟盛放，置於客人酒杯右邊，供客人參考或留作紀念。

步驟五：擦拭瓶口及瓶頸四周

1.以服務巾先擦拭瓶口（圖11-11）。

2.以食指墊服務巾，插入瓶口輕拭內緣。

3.最後再檢查確認瓶口及四周皆無異物後，此開瓶服務作業才算正式完成。

圖11-10　聞軟木塞，確認酒是否變質

(五)更換醒酒瓶（Decanting Wine）

葡萄酒在正常的成熟過程中均可能產生沉澱物。白酒的沉澱物通常是無色的果膠或酒石酸，不會影響白酒之風味與品質，且在室溫中會自然消逝，因此白酒或玫瑰紅酒不需此移酒入醒酒瓶（Decanter）之步驟。

至於紅酒之沉澱物係來自單寧酸（Tannins）或色素，由於此沉澱物有令人不喜歡的苦味，所以絕對不可倒入客人酒杯中，因此需要輕輕將上層之酒液倒入醒酒瓶，醒酒瓶另稱「過酒器」，通常為水晶玻璃容器（圖11-12）。此更換醒酒瓶的意義除了可分離老紅酒之沉澱物外，更有一種表演作秀之意味，可增進餐廳客人進餐之情趣與氣氛。

圖11-11　擦拭瓶口及瓶頸

圖11-12　水晶玻璃的過酒器及杯皿

更換醒酒瓶的步驟在國內較爲少見，此工作在進行之前必須先徵求客人同意，並當著客人面前做此換瓶工作，以免讓客人誤以爲酒被掉包。茲將更換醒酒瓶之步驟摘介如下：

步驟一：先備妥乾淨之過酒器及蠟燭

1.先將瓶口內外以服務巾擦拭乾淨。
2.將乾淨的過酒器放置在蠟燭旁備用。

步驟二：倒酒進入過酒器

1.將紅酒徐徐倒入過酒器瓶內。
2.緩慢而平穩握住酒瓶倒酒，直到透過燭光看見沉澱物將混入澄清之酒液時，立即停止倒酒並收瓶。
3.將空酒瓶與過酒器一併留在餐桌上，在向客人致意後，此工作即完成。

(六)試飲（Tasting Wine）

1.試飲通常係由點酒的人或是主人爲之，若點酒者爲女士，原則上是請在座的男士代爲試飲。餐桌上試飲的主要目的，乃在檢視葡萄酒的品質是否變味壞掉、酒溫是否適宜，或是否有沉澱物。
2.試飲時，服務員須倒出足量的酒「一盎斯」約30CC.在主人的杯子中供鑑賞（**圖11-13**）。通常正式品嘗酒係以視覺、嗅覺、味覺之順序，依序爲之：
(1)色澤：可將杯子對著光源或白色背景，傾斜杯子來檢視顏色是否清澈及其色澤之美感（**圖11-14**）。
(2)香氣：葡萄酒鑑定，芳香度約占三分之二。鑑賞時，須將杯內酒液成漩渦般打轉，使葡萄酒更多表面與空氣接觸，由杯內側面散發出酒的芳香（**圖11-15**）。
(3)濃度：可將杯子成漩渦打轉，並注意由杯緣側面往下滴流之速度，若濃度高則較慢，反之則流動快。
(4)喉韻：可先含少量葡萄酒在口中潤喉，並實際咀嚼酒液，將其暴露於所有味蕾。舌前端決定其甜味，後端知覺其苦味，舌頭兩側可嘗出其酸、澀味。理想的酒液其酸度適中，給人一種舒適感（**圖11-16**）。
3.葡萄酒倒酒的方法有下列幾種：

圖11-13　試飲所需酒量約30CC.

圖11-14　檢視色澤之美感

圖11-15　鑑定芳香度

圖11-16　理想的酒液有喉韻

(1)裝籃紅酒倒法

①標準持法係以手掌壓在酒籤上，食指朝前按在瓶肩上，以拇指與另外三指來抓取酒籃（圖11-17），或持葡萄酒架來倒酒（圖11-18）。

②倒酒時係以手腕爲軸，以食指來控制瓶口上下之倒酒動作及酒液流出速度之快慢。

③倒酒時，以右手水平抓籃，左手拿酒杯，將瓶口緊靠在杯緣上，再逐漸

圖11-17　裝籃紅酒倒法

圖11-18　持葡萄酒架倒酒

提高瓶底使酒液自然流入杯中，直到將近二分之一杯滿時，始一邊倒一邊將瓶底降低，當酒液不再流出之瞬間，立即以杯緣刮瓶口，以免滴落酒液，即完成倒酒之服務。

④如果紅酒不是老酒，也無太多單寧酸沉澱物之虞，則可直接在餐桌上倒酒，不必再以左手來拿取杯子。

(2)一般紅酒倒法

①倒酒時，先以右手自客人右側拿取酒瓶。

②將手心壓在酒籤上，拇指與其他四指分開將酒瓶抓起來，以手背朝上之姿勢來倒酒。

③倒酒時，酒瓶距杯口約2～4公分高之正上方倒酒，倒酒動作要緩慢勿急，只要降低瓶口到可流出酒液之程度即可。

④倒酒時，當杯內酒液快達到半杯滿時，即須慢慢抬高瓶口，當酒液停止流下的瞬間，須立即將酒瓶向右旋轉，並繼續將瓶口提高，完成收瓶動作。

⑤收瓶後，立即以乾淨服務巾將瓶口擦乾。

(3)白葡萄酒倒法

①倒白酒時，須先將酒瓶自冰桶取出擦乾瓶上之水滴。

②以摺成三層條狀之服務巾將酒瓶中央包圍住，以便手掌抓取瓶子倒酒，但不可將酒籤包裹起來。

③將拇指與其他四指分開，分別抓取包有服務巾之部位，酒籤向上外露。

④倒酒時，瓶口須距杯口約10公分高，在杯子正中央上方來倒（**圖11-19**）；或是將瓶口先靠近杯口倒起，再邊倒邊提高瓶口與杯口之間距直至10公分處始開始收瓶。此倒酒法之目的乃在沖出白酒內之氣泡，以增添用餐氣氛之視覺享受。

⑤白酒通常係以三分之二杯滿爲原則，不宜太多。

圖11-19　倒酒時瓶口在杯口正上方

(七)葡萄酒服務（Wine Service）

1.葡萄酒服務之前，務須先請示點酒者或主人是否試飲，之後即可進行倒酒服務，或是菜餚端上桌時才服務。服務酒類之時間須完全尊重客人之意願。

2.倒酒服務時，自主人右側第一位主賓或女士開始，由客人右側以逆時鐘方向進行，最後才倒主人杯子的酒。倒酒時，白酒以三分之二杯、紅酒以半杯滿爲原則。

3.當服務完所有客人之後，若瓶內尚有白酒、香檳或玫瑰紅酒，須將酒瓶再放回冰桶冷藏，如果是紅酒則須放在服務桌，不可擺在客人桌上，以免影響客人進餐，除非客人另有指示，始依其意思爲之。

4.服務員須注意客人的杯子，當杯內的酒僅剩三分之一滿時，則必須爲客人再添加。

5.如果酒瓶已空，則應請示客人是否需要另開一瓶酒，或拿酒單供客人點酒。

6.葡萄酒開瓶器式樣有多種，如T型、蝴蝶型、侍者之友等（**圖11-20**），其中以侍者之友或稱服務員之友開瓶器爲最典型傳統，在餐廳中最常見，其英文爲Waiter's Friend/Waiter's Tool/Waiter's Corkscrew。

圖11-20　常見葡萄酒開瓶器

二、香檳酒的服務

香檳酒的服務方式除了開瓶技巧及倒酒要領與白葡萄酒不同外，其餘服務的程序，如點酒、驗酒、開瓶、試飲及服務大部分與白葡萄酒相同。茲摘述如下：

(一)點酒

當客人點選香檳酒時，先放好適當的香檳酒杯，如窄口的鬱金香杯（Tulip）。

(二)展示驗酒

左手掌心放置服務巾托住瓶底，右手托穩瓶頸，標籤朝向客人，站在客人右側爲客人呈現所點叫的酒，並加以介紹該酒之名稱、產地、特色（**圖11-21**）。

圖11-21　驗酒時持瓶的方式

(三)開瓶

香檳酒由於瓶內氣泡之壓力可能相當大，因此開瓶時必須十分小心。茲將其開瓶步驟與要領分述如下：

步驟一：先撕掉錫箔紙，再拿掉鐵絲網罩

1.在冰桶中，先撕去鐵絲圈環處之錫箔紙（**圖11-22**）。

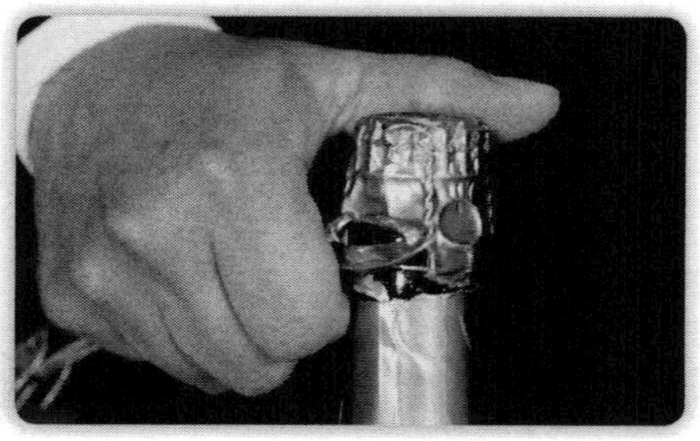

圖11-22　撕掉錫箔紙

2.將瓶頸鐵絲環結解開，其要領爲先以左手拇指壓住鐵絲塞冠，其他手指握住瓶口，再用右手以逆時鐘方向扭開環結即可解開鐵絲圈（**圖11-23**）。

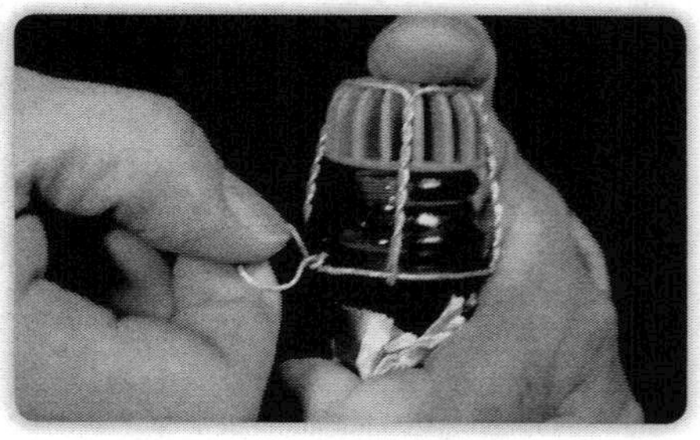

圖11-23　解開鐵絲圈

3.此時若發現有氣體擬沖出，除了以左手拇指繼續用力壓緊外，須立即將瓶身傾斜成45度，直到氣壓解除爲止，不可讓軟木塞爆開或脫口而出，否則易造成傷害或意外（**圖11-24**）。**圖11-23**、**圖11-24**、**圖11-25**之瓶塞係以塑膠塞替代軟木塞來示範操作。

圖11-24　瓶身傾斜45度

4.解開鐵絲圈環的方法，有人是在餐桌爲之，也有人是拿在手上行之，其要領同前，唯須先以服務巾擦乾瓶上水珠，遠離客人1公尺以上之距，瓶口不可對著任何一位客人或自己的臉部，最好將瓶口朝向天花板，以免發生意外。

步驟二：拔出瓶口軟木塞

1.取下鐵絲圈套後，右手掌拿服務巾覆蓋酒瓶，並緊緊地握住軟木塞。
2.左手握住瓶底，然後輕輕扭轉瓶身，使軟木塞鬆動後，再自瓶口小心拔出至右手掌內（**圖11-25**）。
3.軟木塞取出之後，須使瓶子呈45度角傾斜幾秒鐘，將可防止溢出。
4.以服務巾擦拭瓶口及瓶上之水珠。
5.軟木塞可盛於小碟，置放在客人酒杯右側供鑑賞或留作紀念，開瓶作業至此告成（**圖11-26**）。

圖11-25 扭轉瓶身，小心拔出軟木塞

圖11-26 軟木塞置於小碟，供客人留念或鑑賞

(四)試飲

1.開瓶後，可先倒約30CC.香檳酒至主人杯中試飲，請求認可，唯有些人認爲香檳酒變質機率少，可不必試飲，不過大部分業者仍認爲試飲是一種對客人的尊重，也是專業技能之展現，更可增添餐廳用餐環境之氣氛，所以主張提供試飲服務。
2.香檳酒飲用的理想溫度爲攝氏6～8度（**圖11-27**），較之一般紅酒、白酒或玫瑰紅酒要冰冷些。
3.倒香檳酒時瓶口距杯口愈近愈好，並且要慢慢倒，以免氣泡溢出杯外。
4.傳統香檳持瓶法之作業要領爲：

圖11-27 香檳酒須冰鎮服務

(1)右手掌先墊服務巾，拇指與其他四指分開。
(2)由酒瓶下緣托取酒瓶。
(3)右拇指伸入瓶底凹槽，固定瓶身於右手掌上，以掌心及其他四指支撐瓶重，此時酒瓶與手掌成直線。
(4)倒酒時，再以左手從瓶肩下方扶持較佳，以防單手倒酒臂力不足而造成意外。

5.倒酒時，酒杯若是寬口淺碟型之香檳杯，則可直接在餐桌上以「兩倒法」來斟酒。其要領為：
(1)先慢慢倒酒入杯，直到氣泡升到杯口時即暫停倒酒。
(2)俟氣泡消失後，再倒至所需要的量，即約90CC.或三分之二杯滿時，可提高瓶口收瓶。

6.倒酒時，酒杯若為鬱金香杯，由於杯口較窄，因此可以拿到手上來倒，以「手倒法」來斟酒。其要領為：
(1)右手持瓶，左手持杯。
(2)將酒杯傾斜緊靠瓶口。
(3)將香檳酒液徐徐倒在靠近杯口之杯壁上，使酒液沿杯壁慢慢往下流，直到三分之二杯滿或約90CC.時即可停止，此手倒法之優點為一次即可完成，不必分兩次倒酒。

(五)服務

1.香檳酒服務之順序與前述葡萄酒一樣。服務時係由主人右側第一位客人開始倒酒服務，依逆時鐘方向由客人右邊服務，最後再替主人倒酒，即完成此服務之任務。

2.倒完酒後，若瓶內尚有酒液，除非主人有其他要求，否則應將酒瓶放入冰桶內。為增加美觀，酒瓶可用服務巾圍在瓶肩或覆在冰桶上。

3.香檳酒杯可一直留在餐桌，直到酒瓶已空，且主人已無意再點酒為止。

4.為避免二氧化碳消逝，有餘酒之酒瓶須以特製瓶蓋予以蓋上，以免香檳氣泡消失而走味。

5.服務香檳酒所使用的香檳杯，計有三種類型（**圖11-28**），由左至右依序為：
(1)Champagne Saucer：係一種杯口寬杯身淺之杯子。酒會疊香檳塔時，即為此類淺碟型酒杯。

(2)Champagne Tulip：係一種鬱金香杯，可保留杯中香氣泡泡較不易散失，適用於正式宴會或用餐時使用。

(3)Champagne Flute：係一種杯身長杯口窄之酒杯，由於與空氣接觸面較少，氣泡不易散失，可欣賞香檳美麗氣泡上升之浪漫情趣。

圖11-28　各式香檳酒杯

第二節　啤酒的服務

啤酒係一種以大麥芽、啤酒花、酵母或其他穀類爲原料的釀造酒，另稱麥芽酒。它係一種淡而清涼，營養美味之古老傳統飲料，歐美人士稱之爲「液體麵包」。茲就各類啤酒的服務要領摘述如下：

一、小型瓶裝或罐裝啤酒的服務

(一)點酒

客人點酒之後，服務員須清楚記錄並塡寫飲料單，然後再準備啤酒與啤酒杯進行服務。

(二)擺杯及啤酒上桌

1.服務員將冰冷酒杯、杯墊、啤酒以墊布巾的飲料托盤端至餐桌，立於客人右側。

2.先擺上杯墊再將杯子、瓶罐啤酒放置在杯墊上，置放客人右方；持杯須握杯子底端。

3.小瓶罐之啤酒可直接放在餐桌客人右方，供客人使用。

(三)開瓶

1.開瓶須經點酒客人同意後，才當場在餐桌旁開瓶。

2.開瓶時可先稍微打開一點點，讓瓶罐內外氣壓均衡後，才全部打開，如此可防範泡沫沖出之窘境。

(四)倒酒

1.右手持瓶，讓酒的標籤露在外面，以使客人能清楚看到為原則。

2.倒酒時，以小角度自杯中遠處內壁緣（Inside Opposite Edge）徐徐倒入啤酒，直到將近半杯滿時，視泡沫情況多寡，再繼續倒至八分滿，務使杯子有層泡沫冠為原則。

3.為使杯子有泡沫冠增加美感，宜採用「兩倒法」，即先倒半杯後暫停，若泡沫不足時可在後半杯加速沖倒，但不可溢出杯外（**圖11-29**）。

4.倒酒時也可採用「手倒法」，即將酒杯拿在左手並傾斜杯口，以右手持瓶，瓶口靠近杯口緣，緩緩倒入酒液，當啤酒距杯口約4～5公分距離時，可將杯子直立使杯口朝正上方，再加速沖倒至八分滿為止。此手倒法有些餐飲業者並不太同意，甚至反對將客人酒杯拿起來倒。國內餐飲業者均習慣在餐桌上直接倒酒服務，這一點讀者須瞭解。

圖11-29　泡沫不可溢出杯外

(五)服務

1.啤酒添加之時機與其他酒類服務不大一樣，最好是酒杯已快沒有酒時，再為客人添加，以免杯內啤酒新舊混合影響啤酒清新特殊風味，但也不宜讓客人空杯太久，誤以為服務怠慢。

2.若有餘酒須備有保冷桶，不過通常小瓶裝留下餘酒機會較少。至於大瓶裝則須提供此保冷設備，或在酒瓶上以口布整瓶包裹。

3.當桌上啤酒已喝完，酒杯均告罄且主人也無意再點叫新酒時，則餐桌上之空杯與瓶罐可先收拾掉。

4.啤酒飲用溫度國內外習慣不甚一致，說明如下：

(1)國內業者：一般啤酒飲用溫度為攝氏6～11度之間最佳。夏天以攝氏8度，冬天以攝氏11度供應較多；至於麥酒以攝氏10度為宜。

(2)國外業者：美國啤酒以華氏38度（約攝氏3.3度）來供應；歐洲啤酒為華氏55～58度（約攝氏12.8～14.4度）來供應。

5.服務啤酒時，原則上係倒完一瓶，再去領一瓶，避免一次領出數瓶任其在室溫中提高溫度，除非客人要求或備有保冷桶儲存。

二、大型瓶裝啤酒的服務

大型瓶裝啤酒服務方式與前述小型瓶罐服務的作業要領大同小異，唯部分稍有差異，茲就其不同點提出說明如後：

1.大型瓶裝啤酒在餐廳通常是在宴會場合供應為多，也較方便，不過國內一般平價大眾化餐廳仍有部分係以大瓶裝供應（**圖11-30**）。

2.大型瓶裝啤酒提領時，為防範意外，可以用手直接持瓶走路，以免因使用圓托盤而有不慎翻倒之危險。

3.大型瓶裝啤酒不可直接置於餐桌上，須先放在旁邊服務桌備用，開瓶時再拿到客人餐桌旁開瓶。酒瓶絕對不可置於餐桌上，更不可任意置於地板上。

4.大型瓶裝啤酒倒酒服務後，瓶內有餘酒的機會相當高，因此須備有保冷桶來儲存餘酒，若餐廳無此項服務，則可將口布包住瓶身如白葡萄酒服務一樣（**圖11-31**）。

圖11-30　大瓶裝與小瓶裝啤酒

圖11-31　啤酒以口布包住瓶身，以增進美感及保冷

5.服務時，若有客人不想喝冰啤酒，可先以熱水燙杯後再倒酒；或將酒瓶置於攝氏40度之溫水槽來提高酒溫。

三、桶裝啤酒的服務

桶裝啤酒在國內大部分是生啤酒，不過一般啤酒也有桶裝，此現象在歐洲酒吧最常見，其服務方式也較簡單。茲將桶裝啤酒之服務方式摘述如下：

1.當客人入座點完啤酒後，服務員即前往吧檯端取啤酒，將裝滿酒的啤酒杯、杯墊置於墊有服務巾之托盤，再端至餐桌服務。

2.服務時，先將杯墊置於客人餐桌水杯右下方，然後再將啤酒杯置於杯墊上。如果客人暫不用餐或僅想喝酒時，則可直接將啤酒置於客人正前方。

3.桶裝啤酒服務，通常酒杯盛酒的工作係由吧檯人員爲之，不過若無專人負責裝盛酒時，服務員即須兼負此裝盛酒的工作，其要領如下：

(1)以「手倒法」之要領，將啤酒杯以小角度傾斜，將杯口靠近啤酒龍頭，使酒液流入杯口內緣杯壁上，當啤酒杯將近四分之三滿杯時須先關掉龍頭。

(2)將酒杯拿正，使杯口在龍頭正下方，再將龍頭開關打開，讓酒沖入杯中央，直到滿杯爲止。

(3)通常倒酒前，有些業者習慣先以冷水沖洗一下酒杯再倒入啤酒。其目的除了冷卻杯子外，同時順便沖洗杯子，以免有油膩薄霧而使啤酒走味及泡沫消失。

(4)桶裝啤酒服務最重要的是：乾淨無油膩的杯子、適當的飲用溫度、穩定的酒桶壓力。

(5)爲確保桶裝啤酒的服務品質，吧檯服務人員除了須確保杯皿清潔乾淨、理想儲存溫度及穩定壓力外，更要每週固定徹底清潔龍頭、輸酒管等出酒設備，以免啤酒品質受影響或有出酒不順暢之困擾。

第三節　餐前酒與餐後酒的服務

餐飲服務係一種專業技能與美學藝術之綜合，整套完善的正餐進餐服務，以精緻美味的開胃酒或前菜爲開始，最後再以飯後酒或飲料作爲一餐的結束。對於一位優秀成功的餐飲服務人員，必須熟悉此全套進餐服務之每一環節，並適時提供所需的餐前與餐後溫馨服務，始能提供客人美好的用餐體驗。

一、餐前酒（Aperitif）

餐前酒稱之爲“Aperitif”，此字源自拉丁文“Aperire”，其字義爲「開」的意思，此乃表示這類酒具有開胃增進食慾的功能，因此餐前酒又稱爲「開胃酒」。

(一)餐前酒的特性

一般餐前酒均具有下列特性：

1.不甜且略有澀味（Dry）。
2.酒精度較低。
3.杯子爲小型酒杯，如小白葡萄酒杯、香檳杯、雞尾酒杯等器皿。
4.供食服務時須充分冷卻。

(二)常見的餐前酒

餐前酒通常係以加味葡萄酒、加味烈酒、強化葡萄酒或氣泡酒爲之，也有人以冰冷伏特加作爲開胃酒。原則上只要客人喜歡點什麼當作飯前酒，即應該尊重其意願來服務。茲就常見的餐前酒列舉其要介紹如下：

1.澀雪莉酒（Dry Sherry）。
2.澀苦艾酒（Dry Vermouth）。
3.多寶力酒（Dubonnet）。
4.義大利康帕利苦酒（Campari）。

圖11-32　潘契雞尾酒

5.委內瑞拉安哥奇拉苦酒（Angostura Bitter）。

6.雞尾酒（Cocktail）（圖11-32）。

二、餐後酒（After-dinner Wine）

所謂「餐後酒」，係指吃完正餐主菜以後所飲用的酒，均可歸爲餐後酒，使客人有酒足飯飽之感，並爲全套餐飲供食服務畫下完美的句點。

(一)餐後酒的特性

餐後酒的特性有下列幾點：

1.味甜不澀。

2.酒精度較高且烈。

3.杯子不必冰鎮，通常爲較小型的杯子（圖11-33），如香甜酒杯（Pony Glass）、波特酒杯（Port Glass）及白蘭地杯（Brandy Snifter）等等專用杯皿。

圖11-33　香甜酒及其酒杯

圖11-34　餐後酒系列——利口酒

(二)常見的餐後酒

常見的餐後酒分別有下列幾種：

1.天然甜味的葡萄酒，如冰酒（Ice Wine）。
2.以葡萄酒加味強化爲基礎，例如：波特酒（Port）、甜雪莉酒（Sweet Sherry）及馬德拉酒（Madeira）。
3.以烈酒加味爲基礎，如利口酒（Liqueur）（**圖11-34**）。
4.純喝烈酒，如白蘭地（Brandy）。

三、餐前酒與餐後酒的服務

(一)問候及安排入座

服務人員親切的寒喧、溫馨的微笑，將有助於開啓成功迎賓接待之門。

(二)點餐前酒

1.當客人入座之後，遞菜單之前，可先直接請示客人要不要來杯餐前酒。在美國大部分客人均會點雞尾酒，因此可直接問客人要不要來杯雞尾酒（**圖11-35**）。
2.點餐前酒時，須注意下列幾點：
(1)若餐廳有特別搭配餐前酒之特製餐點，應適時提出來供客人選用。

圖11-35　雞尾酒

(2)清楚記錄客人所點叫的餐前酒及特別需求，並加複誦確認，以免有誤。

(3)若客人在兩人以上，則須如同點菜單一樣予以註記或編號，以免端酒上桌時弄錯，也能彰顯服務效率。

(4)餐前酒爲客人入座的第一杯飲料，因此速度要快，以贏得客人良好印象。

(5)離開餐桌前，須向全桌客人點頭致意，然後再向點酒的客人說：「我將立刻把您所點的東西端來」。

(三)餐前酒上桌

1.服務員將客人所點的餐前酒點酒單送交出納簽證後，再送交吧檯調酒師準備開始調製。

2.服務員將客人所點叫的東西及備品，依編號順序擺在小圓托盤上送到餐桌。

3.餐前酒端上桌服務的作業要領：

(1)左手端托盤立於客人右側，先介紹餐前酒的名稱，以確認客人所點的酒正確無誤。

(2)以右手先將杯墊或小紙巾，置於客人水杯右下方，再將餐前酒以右手持杯腳或杯底，置於杯墊或紙巾上面。

(3)若餐桌沒有擺設餐具或展示盤，則可將餐前酒置於客人正前方。

4.餐前酒上桌後，若客人一喝完，且尚未點菜時，可先禮貌請示客人要不要再來一杯，若客人無此意願，則可以先收拾空杯。

5.正式上菜後，若客人仍未喝完，原則上暫不要收杯，除非客人所點的佐餐酒已上桌服務，此時則可請示客人是否還要飲用，再決定是否收拾此餐前酒杯，因為有部分客人係以長飲類（Long Drink）的餐前酒兼佐餐酒使用。

(四)點餐後酒

1.點餐後酒的時機為，當客人點心吃完以後，服務員可以準備為客人推薦餐後酒。

2.點餐後酒的作業要領與前述餐前酒點叫的方法相同，唯部分高級豪華餐廳係以裝飾華麗備有各種飯後酒的酒車（Liqueur Trolley），上面有各式各樣系列的酒，如利口酒、白蘭地等餐後酒，以及各項服務所需之備品、杯皿，由酒類服務員將酒車推到餐桌前來為客人推薦餐後酒。

3.餐後酒通常在咖啡上桌之後才端上桌。係由客人右側服務，將餐後酒及杯墊置於咖啡杯右邊。

4.如果客人所點叫的餐後酒為白蘭地，服務員須先請示客人是否需要先溫杯。若要溫杯須透過專用加熱設備為之，或置於攝氏40度左右之溫水槽來溫杯，唯禁止直接在酒精燈或蠟燭火焰上方來溫杯，以免燒裂杯子，同時避免杯子沾染蠟燭或酒精味，以至於影響白蘭地濃郁的芳香。

(五)結帳、歡送及整理

1.當客人餐後酒差不多快喝完，餐廳服務員須留意客人是否在等候結帳，此時可趨前請示客人是否需要其他服務，若確定客人不再有進一步服務需求時，始可將帳單備妥置於帳單簿或帳單夾，正面朝下置於主人右側；若不能確定請客的主人時，則置於餐桌較中立地帶為宜。

2.在高級餐廳結帳時機，通常須等到客人指示要結帳時才呈上帳單，以免客人誤以為是在催促其離去而造成誤會與不滿。

3.結帳後，並不表示餐廳服務已告完畢，尚須延續到歡送客人離開餐廳後始告完成。

4.客人離去後須立即收拾殘杯，整理桌面並重新完成餐桌布設，以維持餐廳的氣氛，並可隨時接待新客人。

第四節　紹興酒的服務

紹興酒係我國最具代表性的國產名酒之一，原產於中國大陸浙江省紹興縣而得名。早期國內各中餐廳均以紹興酒爲主要佐餐酒，也是喜慶宴會所不可或缺的國產酒，唯目前已逐漸由葡萄酒或白蘭地酒所取代。謹將紹興酒的服務方式介紹如下：

一、準備工作

(一)杯皿

紹興酒服務所需之杯皿爲紹興酒杯與公杯（**圖11-36**）。由於紹興酒杯係一種小酒杯，其大小規格尺寸不一，唯其容量均在10～30CC.左右，大約1～0.3盎斯。爲便於服務，通常另外供應「公杯」，另稱「分酒杯」。

圖11-36　紹興酒杯與公杯

(二)酒壺

有些較講究的高級餐廳係提供酒壺作爲倒酒服務用。此酒壺之功能可代替公杯，也可直接作爲溫酒用，其材質有銀器、銅器、不鏽鋼及瓷器等多種。

(三)備品

紹興酒服務所需之備品主要係指檸檬片、話梅、薑絲或紅糖。服務時，可置於盤碟上桌備用。

(四)溫酒設備

中餐廳所使用的溫酒設備不一，如微波爐、溫水槽（Bain Marie）、電熱溫酒器（**圖11-37**）等多種，其中以西廚用來作爲保溫食物之溫水槽最適於同時溫大量的酒。溫酒時，絕對不可直接在爐火上加熱，以免走味變質，同時酒溫不宜超過攝氏40度。酒溫若介於攝氏35～40度之間爲最理想的飲用溫度，也最能突顯紹興酒或花雕酒之酒香。

圖11-37　電熱溫酒器

二、服務工作

1.客人就座後，通常先請示客人需要何種飲料，然後在前菜尚未端上桌前即先倒好酒或飲料，以便賓主間在菜餚端上桌即可舉杯相互敬酒。

2.紹興酒最能凸顯其風味的溫度爲攝氏35～40度之間，也是最理想飲酒溫度。因此服務人員在接受客人點紹興酒之後，應主動請示客人是否需要先溫酒。若服務員非得等到客人開口提出要求，才開始準備溫酒工作，則此服務品質有待商榷。

3.溫好酒之後，先倒入公杯約三分之二杯酒，再以公杯由主賓右側依順時鐘方向逐一爲賓客倒酒，最後再爲主人斟酒。

4.服務人員再將已倒好酒之公杯四個，在轉盤左右兩側各擺兩個公杯，以便賓客自行添酒較爲方便。

5.服務人員須隨時注意補充公杯內的酒達規定標準量，席間也可適時爲賓客添酒。

6.使用溫酒器溫不同種類的酒時，須於使用完後立即清洗乾淨，以免酒質混合變味。

第五節　咖啡與茶的服務

咖啡與茶在餐桌上的服務方式，每家餐廳之服勤作業均不盡相同，主要原因乃餐廳的類型、餐飲服務型態、用餐場所以及所使用的器皿不同，因而服務方式也互異。茲分別就咖啡的服務與茶的服務予以介紹：

一、咖啡的服務

咖啡服務品質的良窳，對於顧客是否願意再度光臨，扮演著一項極重要的角色。在餐廳中它可能是全套菜單中最後一項飲料，也可能是客人蒞臨餐廳的唯一目的與享受，因此如何提供客人優質的咖啡與正確的服務，對餐廳而言相當重要。

餐飲小百科

認識咖啡豆

咖啡的原始品種，大致可分為阿拉比卡（Arabica）、羅姆斯達（Robusta）及利比利卡（Liberica）等三類，其中以阿拉比卡種最優，且市占率也最高，約占85%以上。

咖啡由發現至今已有三千多年的歷史了，已成為國際社交場合最大眾化的飲料，消耗量一直有增無減，於是有人將咖啡品種移植到世界各地，根據各國特有的土壤性質，加以改良栽培，因此產生了不同品牌的咖啡，且多以國名、產地或輸出港命名之。茲將目前較常見之咖啡名稱說明於後：

常見的咖啡特性

品名	產地	香	醇	甘	苦	酸	備註
藍山咖啡	牙買加	強	強	強		弱	咖啡中的極品
摩卡咖啡	衣索比亞、葉門	強	強	中	弱	中	高級品
曼特寧咖啡	蘇門答臘	強	強		強	弱	高級品
巴西咖啡	巴西聖多士	弱		弱	弱		標準品質
哥倫比亞咖啡	哥倫比亞	中	強	中		中	標準品質
爪哇咖啡	印尼爪哇	中			強		適宜調配
牙買加咖啡	牙買加	中	強	中		中	高級品
瓜地馬拉咖啡	瓜地馬拉	強	中	中	弱	中	中級品

(一)美味咖啡的沖調要件

◆水質

一杯好的咖啡其水質甚重要。水質軟硬度要適中，不得有異味；水要剛滾燙之熱開水，不宜以開水再加熱。

◆水溫

最理想沖調咖啡之溫度爲華氏205度或攝氏96度，使水溫一直控制在攝氏91度左右最好。若溫度太高容易釋出咖啡因，而使咖啡變苦。此外，客人也可享用到一杯美味芳香的熱咖啡。

◆咖啡豆

1.咖啡豆烘焙要適中，若太輕火則淡而無味，若過於重火則焦油多且色澤黑，唯香氣濃，如義式咖啡豆（**圖11-38**）。

圖11-38　義式咖啡豆

圖11-39　咖啡研磨機及個人用沖調器

圖11-40　氣壓式沖調法

2.咖啡豆要現場研磨（圖11-39），香味較不亦消失。儲存時須以眞空包或密封罐儲存，也可冷藏儲存，以免走味。

3.購買咖啡豆的數量，最好以一星期的消耗量爲限，以確保咖啡原有風味。

4.咖啡豆研磨顆粒之粗細端視沖調方式而異，例如：

(1)義式咖啡（Espresso）氣壓式沖調法：係使用細顆粒研磨之咖啡粉（圖11-40）。

(2)滴落式或過濾式沖調法：係使用中細顆粒研磨的咖啡粉（圖11-41）。

圖11-41　滴落式沖調法

(3)虹吸式沖調法：係使用中粗顆粒研磨的咖啡粉。

◆適當的比例

咖啡之濃度須力求穩定性與一致性。一般咖啡粉分量與水的比例爲1磅咖啡可搭配2.5加侖的水；或是每單人份咖啡以11公克咖啡粉搭配150CC.熱開水。

◆沖調時間

氣壓式與虹吸式沖調法之沖調時間約一至三分鐘；滴落式或過濾式沖調法其時間稍長，約四至六分鐘，若沖泡時間超過，咖啡味道將較苦；反之，則風味無法完全釋出。

(二)時尚咖啡的種類

咖啡之種類很多，餐廳客人較喜歡點叫的咖啡有下列數種：

◆純咖啡（Black Coffee）

1.大杯黑咖啡（Long Black）：係以180CC.咖啡杯裝的現煮咖啡，服務時不提供糖及奶精。

2.小杯黑咖啡（Short Black）：通常係指小杯裝或以義式濃縮咖啡杯（Demitasse）來裝的濃咖啡，類似義式咖啡。

圖11-42　義式濃縮咖啡機

3.義式濃縮咖啡（Espresso Coffee）：係指以正確分量的專用咖啡豆，經由義式濃縮咖啡機（圖11-42）所製作，具有金黃色泡沫的濃郁黑咖啡，此泡沫係由咖啡機高壓下所萃取之油脂Cream與空氣中的二氧化碳混合而形成，能增添咖啡之香氣與稠度，且可避免及減少香氣之揮發。

◆法式白咖啡（Café au lait/White Coffee）

係指服務時須附加熱牛奶的咖啡。目前一般餐廳供應的普通白咖啡，通常是以奶精或冷牛奶爲之。

◆卡布奇諾咖啡（Cappuccino Coffee）

係以義式濃縮咖啡機製成的濃縮咖啡，再加上熱鮮奶與鮮奶泡沫而成。

◆拿鐵咖啡（Café Latte）

係一種義大利牛奶咖啡，也是以義式濃縮咖啡機製成的濃縮咖啡，再加三倍咖啡量之熱鮮奶及少量鮮奶泡而成，但比卡布奇諾所添加的牛奶要多，奶泡較少。此種咖啡係一種極受歡迎的「早餐咖啡」。

◆利口咖啡（Liqueur Coffee）

係指一種加入烈酒或利口酒的咖啡。語云：「美酒加咖啡」即指此種咖啡而言。

◆皇家咖啡（Royal Coffee）

係將煮好的熱咖啡倒入咖啡杯中至八分滿，再將皇家咖啡匙（匙尖下彎可固定杯緣之專用咖啡匙）架在咖啡杯上，然後再夾一顆方糖置於匙中（圖11-43），最後再倒入0.5盎司的白蘭地於匙中，再爲客人點燃供食服務。

圖11-43　皇家咖啡

◆愛爾蘭咖啡（Irish Coffee）

係將煮好的熱咖啡倒入已加熱的愛爾蘭咖啡專用杯（杯內的愛爾蘭威士忌及砂糖須事先在酒精燈上加熱），然後再添加鮮奶油並灑上五彩巧克力米點綴。通常愛爾蘭咖啡杯架之操作均使用於現場桌邊服務，以增進用餐情趣。

◆維也納咖啡（Viennese Coffee）

係將煮好的熱咖啡倒入咖啡杯中，再添加鮮奶油並灑少許五彩巧克力米於鮮奶油上，然後再端上桌服務（圖11-44）。

圖11-44　維也納咖啡

(三)咖啡的服務要領

咖啡服務的程序，其步驟及要領摘述如下：

◆點叫

客人點叫咖啡時，須明確記錄所需之咖啡種類、製備方式及所需附加物。

◆擺設咖啡附件備品

1.若是套餐服務，通常是在客人用完餐，清潔整理桌面後才開始服務。如果客人只點叫咖啡一項，即須立即準備將服務咖啡所需的牛奶、糖或奶精以托盤端上桌，也可用底盤（Underliner）裝盛擺在餐桌。
2.國內部分餐廳餐桌上均已事先將糖盅、糖包或奶精擺在餐桌中央。此類餐廳即可不必再另外擺設此附加備品，唯須視客人所點叫之咖啡類別再補充，如冰咖啡則須另備糖漿、鮮奶油供客人使用。
3.部分較高級的餐廳，餐桌上也不擺放鮮奶油與糖盅，而是等到服務員爲客人倒咖啡時，才由服務員爲客人添加，如銀器服務的餐廳即是例。

◆擺設咖啡杯皿

咖啡杯皿擺設的作業要領如下：

圖11-45 咖啡杯皿擺設，杯耳及匙柄均朝右

1.以托盤將熱過的咖啡杯皿及咖啡匙端送到餐桌，如果份數較多，最好將咖啡杯與襯盤分開放，底盤可獨立疊放，其上方也可放一個咖啡杯，托盤上的其餘空間則可擺放咖啡杯及匙。
2.上桌時，先在托盤上將咖啡杯放在襯盤上，杯耳朝右，再將咖啡匙放在咖啡杯的襯盤上，匙柄朝右（圖11-45）。
3.將全套咖啡杯皿自客人右側放置在客人正前方或右側餐桌上，餐廳餐具擺設須力求一致。原則上若客人只喝咖啡並不再搭配其他甜點，則應擺在客人正前方較理想。

◆倒咖啡服務

倒咖啡的服務，其作業要領及步驟如下：

1.高級歐式餐廳服務：

(1)首先係將服務所需之附件，如奶盅、附小匙的糖罐以及裝好熱咖啡之咖啡壺，依序置於鋪上布巾之小圓托盤或大餐盤上備用。

(2)左手掌上先墊一條摺疊成正方形之服務巾，再將此托盤置於左手掌服務巾上面，一方面避免燙手，另一方面便於旋轉托盤服務咖啡。

(3)倒咖啡時一律由客人右側服務。首先將左手托盤移近咖啡杯，再以右手提壺倒咖啡，並請示客人是否須添加糖、鮮奶油，再依客人要求逐一服務添加。

2.一般餐廳服務：係由服務員直接持咖啡壺到餐桌，自客人右側倒咖啡服務，約七至八分滿即完成服務。至於糖包、奶精包均已事先置於餐桌，所以不必再為客人添加，而由客人自行添加。

3.特調咖啡的服務：如果是義式濃縮咖啡、冰咖啡或特調咖啡等，均是一杯一杯單獨供應，因此直接將盛好咖啡之杯皿端上桌服務即可。若客人點叫上述特調咖啡時，也不必先擺放咖啡杯皿於桌上。

4.此外，客人若點叫冰咖啡時，須另附杯墊、糖漿、奶盅及長茶匙或吸管供客人使用。

◆咖啡飲用溫度

熱咖啡最適宜飲用的溫度為攝氏60～65度，因此供應咖啡給客人時，最好在攝氏85～95度上桌服務，因為客人若再加糖、奶精於杯內時，溫度會再下降。

二、茶的服務

當今全球各地的飲茶習慣係源自中國，在唐朝即有文人陸羽所著的《茶經》，如今茶文化已成為一種世界文化，同時也是目前餐廳極為重要的餐後飲料。

(一)茶的類別

茶的種類很多，主要是烘焙製作之發酵程度不同，一般可分為不發酵、半發酵及全發酵茶等三大類。此外，尚有一種調味茶，分述如下：

◆不發酵茶

所謂「不發酵茶」係指未經過發酵的茶，所泡出的茶湯呈碧綠或綠中帶黃的顏色，具有新鮮蔬菜的香氣，即我們所稱的「綠茶」，如抹茶、龍井茶、碧螺春、煎茶、眉茶及珠茶等均屬之。

◆半發酵茶

所謂「半發酵茶」係指未完全發酵的茶，如一般市面上常見的凍頂烏龍茶、鐵觀音、金萱、東方美人茶、武夷茶、包種茶等均屬之（圖11-46）。這類茶又因製法不同，泡出的色澤從金黃到褐色，香氣自花香到熟果香，爲此茶之特色。至於香片係以製造完成的茶加薰花香而成，如果薰的是茉莉花，即成茉莉香片，茶中有花的乾燥物；若茶葉不含茉莉花則爲非正規之香片，係以人工香味薰香而成。

圖11-46　烏龍茶與白毫烏龍茶

◆全發酵茶

所謂「全發酵茶」係指經過完全發酵的茶，所泡出的茶湯是朱紅色，具有麥芽糖的香氣，也就是我們所稱的「紅茶」。其外形呈碎條狀深褐色，純飲或調配皆適宜。歐美各國西餐所謂的「茶」係指此類的紅茶而言，如伯爵茶、錫蘭茶均屬之。紅茶以中國的祁門紅茶、印度的大吉嶺與阿薩姆紅茶，以及斯里蘭卡的錫蘭紅茶最負盛名。此外，雲南普洱茶也屬於此類全發酵茶。

◆調味茶

所謂「調味茶」是以各類茶葉分別再添加天然或人工香料、花草或花果等食材所調配出來的一種特殊茶飲。此類茶飲有些是僅以乾燥花果與花草來沖泡，本身並不含任何茶葉，唯均通稱「調味茶」。茲摘其要介紹如下：

1. 花草茶：係以茶葉以外的可食用香草或藥草（Herb）物之根、莖、花、葉或種籽，或沖泡或熬煮而成之飲品，具有特殊的自然芳香及提神養生之效。此類茶飲之材料，如玫瑰花、薰衣草、迷迭香、茉莉、洋甘菊、紫羅蘭、馬鞭草及薄荷葉等多種。
2. 花果茶：係以乾燥的花草及水果果粒爲材料所沖泡而成的茶飲。此類茶飲不含咖啡因或單寧酸，具有保健、解渴生津之效。常見的花果茶材料有洛神花、橙皮、蘋果片、薔薇果及檸檬片等。花果茶之材料可單獨沖泡，也可多種混合成複方來沖泡，因而有單品及綜合花果茶之分。

3.水果茶：係以新鮮水果，再加上茶湯或果汁所調配而成的冷熱飲料。此類水果茶材料相當多，只要是當季新鮮水果即可，唯須避免苦澀味之水果。

4.泡沫茶飲：係以紅茶、綠茶、烏龍茶或普洱茶等茶湯為主，再加其他調味配料如果糖、果凍或乳製品，然後置於搖酒器（Shaker）快速搖盪，使產生泡沫之飲品。

5.加味茶：係指在茶葉烘焙時，再添加花果香，使茶葉的風味除了原有茶香外，尚含有濃郁的花香或果香。如茉莉花茶有綠茶及茉莉花之香氣；伯爵茶有紅茶及佛手柑之香味。

6.養生茶：係以容易沖泡的中藥材所沖調而成。如枸杞菊花茶、桂圓紅棗茶、人蔘茶及決明子茶等。

(二)美味茶飲的沖泡要件

◆水質

一壺好茶的先決條件須備有優質的水，如天然山泉或軟硬度適中的水。若是自來水最好也要靜置一天再使用，以免含有餘氯影響茶湯之口感。

◆茶葉

茶葉避免受潮或氧化走味，須以密封罐儲存。事實上，上等茶葉不會用來製成茶包，因此茶葉選用甚為重要。

◆用量

所謂「用量」係指泡茶所需適當比例的茶葉量而言，例如：

1.一人份壺（二杯）：紅茶葉6公克，搭配226～240CC.熱開水。

2.一人份壺（二杯）：烏龍茶6公克，搭配300CC.熱開水。

◆水溫

「水溫」係指沖泡茶葉時所需之適當溫度，水溫高低須視茶葉類別而定，如發酵度少、輕火焙以及非常細嫩的茶均不能水溫太高，約攝氏80～90度之溫度。如綠茶水溫須攝氏80度以下，至於紅茶須攝氏90～95度之間，避免以攝氏100度之滾燙熱開水來直接泡茶，以免破壞茶葉本身的維生素及風味（**表11-1**）。

表11-1 泡茶水溫與茶葉的關係

類別	高溫	中溫	低溫
溫度	攝氏90度以上	攝氏80～90度	攝氏80度以下
適用茶葉	1.中發酵以上的茶 2.外型較緊的茶 3.焙火較重的茶 4.陳年茶	1.輕發酵茶 2.有芽尖的茶 3.細碎型的茶	綠茶類

◆時間

所謂「時間」，係指茶葉泡在熱開水中，釋出適當濃度及風味茶湯所需時間。如一人份紅茶壺所需時間約五分鐘，若是茶包則爲三分鐘。至於中式品茗之小型壺（**圖11-47**），其第一泡茶一分鐘，第二泡茶時間增加十五秒，一直到第四、五泡茶時間略久些，但不得超過三分鐘，否則茶湯會變苦澀。

圖11-47 中式品茗小型壺

(三)紅茶的服務

◆紅茶的飲用

紅茶的服務爲了方便沖泡，通常係採用小茶包（Tea Bag）或茶球（Tea Ball）方式，可純單飲或混合丁香、肉桂、香草、花瓣等香料而成各種花草茶。歐美人士對於紅茶的喝法有下列幾種：

1.純紅茶：類似純咖啡之喝法，不添加糖、牛奶等任何其他配料（**圖11-48**）。
2.紅茶加糖：糖有白糖、紅糖、咖啡糖多種。
3.紅茶加牛奶：此方式即爲奶茶，不宜以鮮奶油代替牛奶。
4.紅茶加檸檬：服務時可附上檸檬片供應。
5.紅茶搭配上述數種配料：唯紅茶加牛奶之後，不可再加檸檬，以免牛奶變質。

圖11-48　下午茶紅茶的服務

◆紅茶服務流程及要領

紅茶服務作業的要領與咖啡服務作業之流程相同，分述如下：

1.服務員先將茶杯皿（同咖啡杯皿）擺在餐桌客人正前方，再依服務咖啡的方法，以茶壺將紅茶自客人右側倒入杯中即可。

2.若係以茶包或茶球置於茶壺整壺服務者，則可直接將小茶壺置於餐桌客人右側，其下面須墊底盤。此方式則由客人自行倒茶，最好另附上一壺熱開水，讓客人自己添加或稀釋杯中茶湯之濃度。此方式最適合於水果茶、花草茶之類紅茶特調品的供食服務（圖11-49）。

3.服務紅茶時，須事先請示客人是否需要糖、牛奶或檸檬，再依客人需求另以小碟附上檸檬片、檸檬角壓汁器，並將牛奶或糖端送上桌。

4.冰紅茶服務時，須以圓柱杯或果汁杯裝盛，其杯底須置杯墊，另附糖漿、長茶匙及檸檬片。

圖11-49　水果茶的服務

(四)中式茶飲服務

飲茶品茗爲國人一種生活飲食習慣，除講究色、香、味俱全有喉韻的茶湯外，更重視泡茶及奉茶的茶藝文化。茲就中餐廳常見的服務方式介紹如下：

◆蓋碗服務

1. 此爲最常見的個人用茶具的服務方式。蓋碗茶具係由茶碗、碗蓋及碗托三部分所組成。
2. 服務時將3公克茶葉先置於碗內，再以熱開水150CC.沖泡加蓋，置於碗托（專用襯盤），以茶盤從客人右側服務。
3. 飲用時，須以左手拿取碗托，再以右手掀起碗蓋，以蓋緣刮除杯內茶葉再喝。

◆茶杯服務

係將泡好的茶倒入茶杯，以茶盤端茶由客人右側將茶杯端送到客人面前。

◆中式茶藝泡茶要領

在高級中餐廳通常於宴會供餐服務時，有時會提供此傳統茶藝文化之泡茶表演服務。由穿著中式古典服飾的服務人員提供現場泡茶服務。茲將此典型茶藝泡茶方法及步驟分述於後：

1.泡茶的正確姿勢：

(1)泡茶時須力求身體挺直，勿彎腰駝背，保持端正之姿勢。

(2)神情自然，放鬆身心，力求自然祥和。

(3)沉肩垂肘，雙肘自然朝下，雙肩自然下垂，勿聳肩。臂與身之間力求和諧自然。

2.泡茶的器具：通常係採用「宜興式茶具」，全套泡茶器計有茶壺、茶船、茶杯、茶盅、茶荷、渣匙、茶巾、茶盤，以及計時器等器具，此爲多人用的泡茶器具。

3.泡茶的步驟與要領：

(1)燙壺：先將茶壺置於茶船中，再以熱開水注入壺內並加蓋預熱溫壺，再將熱水倒入茶船。

(2)置茶：一般中小型壺其標準茶量爲「半壺」，若外形較鬆的茶葉如清茶，其置茶量約七分滿壺。原則上茶量以沖泡後膨脹到九分滿最理想。

(3)沖水：沖水時，注水不要太粗，同時高度要適中。第一泡可以向內繞著沖水，第二泡以後不須再繞，第一泡要繞是因爲要潤溼茶葉，第二泡不再繞，可使注水較穩定。此外沖水以九分滿即可，以免茶角或茶沫溢出影響美感。

(4)燙杯：先以熱開水注入杯內，倒茶前再將杯內熱水倒入茶船，以保持茶杯之溫度。

(5)倒茶：係指手指提壺，將泡好的茶倒入茶盅，或是從茶盅把茶湯倒入各小杯。

◆奉茶

1.奉茶時，杯子應有系列地擺放在茶盤，使杯子與茶盤構成另一種美感之圖騰。如一個杯子時，放在正中央；二個杯子時，併排於正中央；三個杯子時，擺成三角形；四個杯子則可擺成正方形。

餐飲小百科

倒茶的要領

- 提壺時手持壺的重心，愈接近重心愈方便操作，此外姿勢要自然。
- 提壺倒茶前，先將壺暫時放在茶巾上，以沾乾壺底水漬，避免滴溼檯面茶几。
- 茶具操作方向應以較柔美且順手的方向為原則，從容不迫，穩健自如，充分展現肢體的美感，切勿不耐煩或心急，否則泡起茶來將亂成一團。
- 茶壺倒茶入盅的距離大約在其正上方5公分，至於茶盅倒入茶杯之距離則以3公分為宜。

2.奉茶時，第一泡茶由服務員爲客人服務送上，第二泡以後則可將茶倒入茶盅端上桌，由客人自行取用。

第六節　其他飲料的服務

餐廳服務的飲料除了前述各類飲料外，尙有許多各式飲料，種類相當繁多。一般而言，餐廳所服務的飲料可歸納爲碳酸類、乳品類、果汁類、巧克力類及礦泉水等各類飲料，分別介紹如下：

一、飲料的服務

(一)碳酸類飲料的服務

1.碳酸類飲料服務通常係以可林杯（Collin Glass）、高飛球杯或果汁杯來供應。

2.供應前玻璃杯須先冰鎭，以保持飲料清涼爽口之風味，並可減少氣泡之消逝。

3.飲料一律由客人右側服務。上桌服務時，冰品飲料須先放置杯墊，再將杯子置於杯墊上。

4.除非客人要求，否則勿將冰塊置入杯中。

(二)乳品類、巧克力類飲料的服務

1.乳品、巧克力類飲料若是熱飲，則其服務要領同前述咖啡與紅茶服務方式一樣，係以咖啡杯皿裝盛，再由客人右側端上桌服務。

2.如果點叫冷飲巧克力、乳品類，其作業要領同前述碳酸類飲料一樣，係以可林杯、高球杯來服務。上桌服務時，杯墊須先置於桌上，再將杯子置放上面。

3.巧克力類飲料在國外一般以熱飲最流行。

(三)果汁類飲料的服務

1.供應果汁類飲料時，應講究杯飾及果汁風味，通常均以高球杯或可林杯來裝盛，上桌服務應附杯墊，由客人右側端上桌。

2.如果客人係點叫現榨果汁，絕對不可以瓶罐裝果汁來替代，更不可以任意添加水或冰塊，除非客人要求添加。

(四)礦泉水的服務

1.礦泉水可供單獨飲用，如享有「水中香檳」美譽的法國沛綠雅（Perrier）礦泉水（**圖11-50**），也可當作調和或稀釋使用。

圖11-50　法國沛綠雅礦泉水

餐飲小百科

認識果汁

國外所謂“Juice”通常係指純果汁而言，至於一般非純果汁飲料則通常在“Drink”前加上水果名稱，唯不宜加“Juice”字樣。若是新鮮果汁（Fresh Juice），絕不可以罐瓶裝果汁替代。

2.礦泉水須儲存在華氏38度（攝氏3.3度）之冰箱中，服務時係以瓶裝服務，因此須同時附上杯墊及水杯供客人使用。

3.供應礦泉水時，不另附加冰塊或檸檬，除非客人要求。

4.爲便於客人選用礦泉水，可提供各種不同類型及規格尺寸的礦泉水，如大、中、小號之瓶裝礦泉水。大瓶礦泉水可直接擺設餐桌上，以吸引客人注意力，增加營運項目，提升營收。

二、飲料服務應注意事項

1.飲料供食環境必須清潔高雅，令人有溫馨舒適之感。

2.若提供罐裝飲料，應該事先將外表擦拭乾淨勿留水珠，同時倒入杯中時要注意二氧化碳泡沫勿使其外溢。另外，進行此類瓶、罐裝飲料服務時，須附上玻璃杯。

3.裝冷飲的杯子應絕對潔淨光亮，尺寸大小視飲料多少而定，而拿玻璃杯時，應手持杯底或杯腳，不可將手指伸入杯內取拿。

4.冷飲供食時應注意保持所需的冷度，並附上杯墊及紙巾；現製果汁做好應儘速供應。

5.提供現榨果汁，可採用新鮮的柑橘、檸檬、鳳梨片或櫻桃作爲杯飾。

6.任何飲料服務，通常餐廳標準作業規定爲由客人右側上桌及收拾杯皿。

學習評量

一、解釋名詞

1.Adjust Temperature
2.Waiter's Corkscrew
3.Tannins
4.Tasting Wine
5.Wine Service
6.Short Black

二、問答題

1.法國著名化學細菌學者Louis Pasteur曾說：「葡萄酒是種有生命的飲料。」你相信嗎？爲什麼？
2.餐會上，如果請你點選兩種以上的葡萄酒時，你會選擇哪兩種酒？爲什麼？
3.葡萄酒開瓶後，有時候須提供醒酒瓶服務，你知道其原因嗎？
4.如果你受邀擔任葡萄酒品質鑑賞員，請問你將會如何來鑑賞此葡萄美酒呢？
5.爲使所提供的啤酒服務，有一層美麗的泡沫冠，請問你會採取哪一種倒酒法，並請摘述其倒酒的要領。
6.若想沖調出一杯美味咖啡，請問須具備哪些要件？試摘述之。

三、實作題

1.請依葡萄酒及香檳酒服務的要領，利用課餘時間來練習下列服務作業：
(1)開瓶服務。
(2)倒酒服務。
2.請依啤酒服務的倒酒要領，利用休閒時間來練習下列服務作業：
(1)兩倒法。
(2)手倒法。
3.請依中式茶藝泡茶要領，在家自行練習並依「奉茶」要領，將茶盤預置三個杯子再倒茶請父母品嘗。唯須留意姿勢及美感。

Chapter 12

餐廳的餐務作業

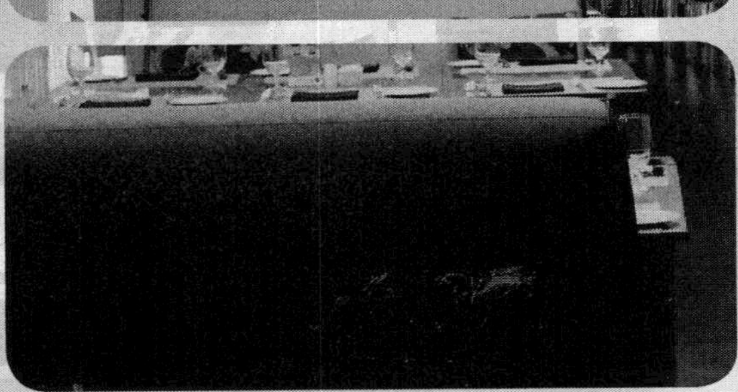

單元學習目標

- ◆瞭解餐務作業餐具清潔維護作業程序要領
- ◆瞭解廚餘清理的方法
- ◆瞭解垃圾分類的目標及要領
- ◆瞭解資源回收的意義及其管道
- ◆培養惜福愛物的美德與社會責任

餐務作業係觀光旅館餐務部的工作職責，其主要工作是負責餐廳所有餐具之清潔維護管理、廚餘與垃圾的處理、餐廳資源之回收處理等。

第一節　餐具之清潔與分類

餐具的清洗通常在廚房餐具洗滌區進行，爲避免餐具與食物交互汙染，餐具洗滌區務必詳加妥善規劃，以利餐具之清潔作業管理。

一、餐具洗滌區的規劃

餐具洗滌區之作業場所規劃，須考量進出動線、空間大小以及其場所位置，分述如下：

(一)進出動線

餐具進出路線須分開，以免洗淨的餐具再受到汙染。易言之，髒餐具進入洗滌區之路線與洗淨餐具的出口須分開，其動線不可重疊。

(二)空間大小

餐具洗滌作業場所的空間，須足夠餐具洗滌作業所需。至於其大小則端視各餐廳餐具的洗滌量及所採用的洗滌方法而定。

(三)場所位置

餐具洗滌場所須位在廚房的汙染區內，至於洗好消毒完畢之餐具，則須存放在清潔區內，以免再受到汙染。

二、餐具的洗滌程序

餐具洗滌作業，無論是採機器或人工方式，其前置作業均須先刮除殘留菜餚，再將餐具分類疊放在一起，以便於洗滌作業之進行，通常三槽式洗滌的順序爲預洗、清洗以及沖洗等三階段。茲就餐具洗滌的程序分述如下：

(一)刮除、分類

為達有效清洗餐具及節省清潔劑、用水量與時間，餐具在洗滌前須先經刮除（Scrape）殘菜，再堆疊整齊（Stack），然後分類送洗（Separate），此即殘盤處理的三S原則（**圖12-1**）。

(二)預洗

係指以高壓噴槍或用水先沖洗殘盤或餐具上殘留的汙物，如油脂、醬汁等。

(三)清洗

清洗的效果會受到水溫、水量、所選用的清潔劑類別及其濃度的影響。一般而言，水溫須在攝氏43～49度為宜。若是洗滌不鏽鋼扁平餐具如刀、叉、匙等餐具，則水溫宜以攝氏65度較佳。至於清潔劑最好採用天然有機的中性（pH值7左右）或弱鹼性（pH值8～11）清潔劑為佳。

圖12-1　餐具送洗前要先分類

(四)沖洗

沖洗的目的乃在去除餐具表面的附著物，如清潔劑等汙物，因此其水量須足夠，務必以流動的自來水來沖洗清潔餐具。

(五)消毒

餐具清洗後須經消毒處理，否則僅沖洗是不具殺菌之效。依我國法令規定，有效的殺菌消毒方法計有下列幾種：

1. 煮沸殺菌法：係以溫度攝氏100度的沸水，將餐具煮沸一分鐘以上；布巾、抹布則需煮五分鐘以上。
2. 蒸氣殺菌法：係以溫度攝氏100度的蒸氣，將餐具加熱兩分鐘以上；布巾、抹布則需加熱十分鐘以上。
3. 熱水殺菌法：係以溫度攝氏80度以上的熱水，將餐具加熱兩分鐘以上。
4. 氯液殺菌法：係以200PPM以上的氯液溶液來浸泡餐具兩分鐘以上。
5. 乾熱殺菌法：係以溫度攝氏110度以上的乾熱，將餐具加熱三十分鐘以上，此類消毒法所費的時間最長。

(六)烘乾、風乾

消毒過的餐具須經烘乾或風乾，始存放於餐具櫃，唯不得再以布巾擦拭。

(七)分類儲存

將潔淨之餐具分類置放，餐盤器皿可分類堆疊存放，以節省空間且便於管理維護。

餐飲小百科

PPM是什麼？

PPM為Per Part Million之縮寫，1PPM即為百萬分之一，200PPM為百萬分之200。若以1CC.（公克）的純氯液加入5公升的水中，即可得200PPM的氯液溶液。

第二節 廚餘之處理

廚餘容易產生惡臭，孳生蚊蠅、蟑螂、老鼠，如果餐廳廚餘清理不當，將成爲餐廳病媒之溫床，也將影響餐廳廚房的安全衛生。如何有效清理餐廳廚房因菜餚製備與供食服務所產生的大量廚餘，實爲今日餐飲業極爲重要的課題。

一、廚餘的定義

所謂「廚餘」係指飯菜殘渣，烹煮前撿剩之菜渣、果皮、肉類、生鮮、熟食或過期食品而言。易言之，餐廳所謂的「廚餘」係指餐廳營運時產生的剩菜、剩飯、蔬果、茶葉渣等有機廢棄物，以及廚房食材料理前後所產生的所有廢棄物或過期食品等，均統稱爲廚餘。一般而言，可分爲養豬廚餘以及堆肥廚餘兩大類。

二、清理廚餘的重要性

廚餘清理是否正確、是否完善，攸關餐飲安全衛生、社會環境之汙染，以及社會資源之有效運用。茲分述如下：

(一)廚餘會影響餐飲服務品質及餐廳形象

1.廚餘易腐敗、產生惡臭，若處理不當，短時間內即會產生異味，將會影響餐廳客人的用餐氣氛（圖12-2）。

2.由於廚餘之惡臭及所滲出之汙水會影響左鄰右舍居家環境品質，造成社區民衆之不滿，進而破壞餐廳良好的形象。

(二)廚餘會影響餐飲安全與衛生

1.廚餘容易吸引蚊蠅、蟑螂、老鼠等有害的昆蟲及病媒體，對於餐廳食品安全與衛生之危害至鉅。

2.餐廳食物中毒事件之發生，往往係由不當廚餘之清理所引起的交互感染所致，也可說是造成餐廳食物中毒主要元凶之一。

圖12-2　殘菜廚餘應立即處理，以免影響客人用餐氣氛

(三)不當的廚餘清理，會造成社會環境的二度汙染

1.由於廚餘油脂濃、鹽分高，若直接掩埋或排放，可能會造成環境受到二度的汙染。

2.廚餘若採用焚化爐處理，不但社會成本高，且可能產生戴奧辛而成為社會公害。

(四)廚餘若經有效處理，可以資源再回收利用

1.廚餘若有效分類，不僅可轉化為有機肥料，且部分可供養豬業使用，增加大量社會資源。

2.減少不當廚餘處理所造成的社會資源浪費及公害的發生。

三、清理廚餘的方法

廚餘清理的方法，由於餐廳類型、規模大小不同，因此餐廳對於廚餘的處理方式不盡相同。一般而言，可歸納為下列兩種方法：

(一)分類倒入有蓋密閉廚餘桶，再委外處理

1.餐飲業者將所有廚餘分類倒入廚餘桶內，暫存放於有空調的儲藏室，再委由公民營廢棄物機構每天統一集中處理，製成有機肥。
2.廚餘桶必須有密閉的蓋子，且易於搬運及清洗，最好內置塑膠袋以利清理。
3.部分業者係將分類置放的廚餘，每天營業前或營業後由民間養豬戶前來收集清理。

(二)運用殘菜處理機或廚餘粉碎機處理

1.使用殘菜處理機，它係運用高溫生化分解作用，以酵素將廚餘分解。唯其容量小，效益不大。
2.有些餐飲業者係採用廚餘粉碎機來處理，俗稱「鐵胃」。其操作要領為：先將廚餘初步濾乾，再投入此機械經磨碎後，再經脫水分離出液體排出下水道，剩餘粉末狀固體廚餘再密封儲存，然後才集中清運處理，排放出的液體須經截油槽（Grease Pit）處理後，才可排放入下水道，否則容易造成環境汙染。其程序如**圖12-3**所示：

圖12-3　廚餘粉碎機處理程序

四、廚餘清理應注意事項

廚餘清理工作最重要的是分類、迅速、衛生及安全，茲分述如下：

(一)分類

◆堆肥廚餘

如果皮、蔬果、葉片、茶葉渣及未經煮過之食材廢棄物等有機物，另稱「生廚餘」。

◆養豬廚餘

除上述生鮮未經煮過之廚餘外均屬之，另稱「熟廚餘」。

餐飲小百科

堆肥廚餘

另稱「生廚餘」，舉凡蔬果、葉片、果皮等有機物均屬之，唯不含椰子殼、榴槤皮。

(二)迅速

細菌繁殖速度甚快，如腸炎弧菌在常溫下，平均每二至十五分鐘即分裂一次，如果餐廳廚餘任其置放在工作場所而未及時清理，很快將會腐敗產生惡臭，並成為餐廳廚房各種病媒之溫床。此外，任何廚餘均須立即放進有蓋的廚餘分類桶內，不可任意棄置於工作場所。

(三)衛生

廚餘桶須內置塑膠袋，以利清洗，且每回作業完畢，應立即清洗並消毒。此外，廚餘桶內外及四周環境須以消毒液消毒。

(四)安全

廚餘存放須置於密閉容器，其置放區須遠離生產製備區，最好3公尺以上。此外，廚餘存放區通風要良好，最好有室溫控制，以免溫度太高而產生異味。

第三節 垃圾之分類

爲保育生態環境珍惜社會有限資源，使國人能享有一個清新、不受汙染及公害威脅的高品質健康生活環境，目前政府正積極推動綠色產業——資源再生利用計畫。爲響應政府此綠色環保政策，當務之急乃有賴全國朝野上下一致做好「垃圾分類」的工作（**圖12-4**）。茲就垃圾分類的目標及其分類的種類，摘述如下：

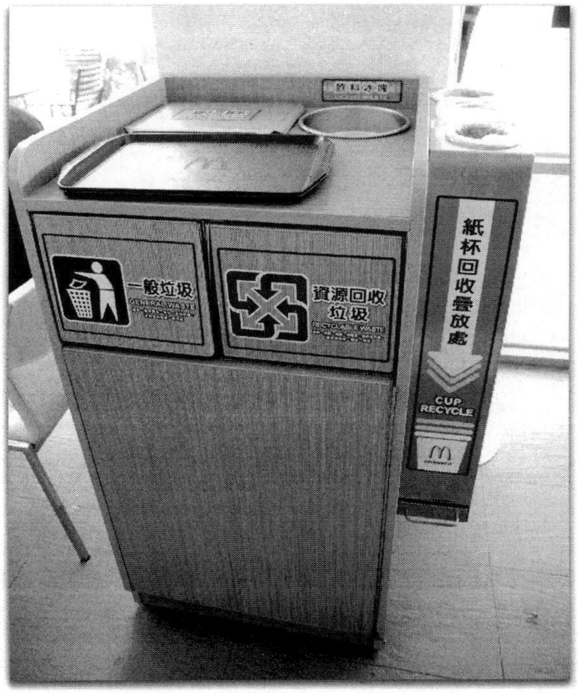

圖12-4　速簡餐廳垃圾與廚餘的回收

一、垃圾的分類

依我國《廢棄物清理法》，垃圾可分為下列三大類：

(一)一般垃圾

「一般垃圾」係指日常生活作息所產生的廢棄物而難以回收再生利用者。易言之，除了資源垃圾與廚餘以外的任何廢棄物均屬之。

(二)資源垃圾

「資源垃圾」係指可回收再生利用的下列廢棄物而言：

1.容器類：如紙容器、鋁箔包、鐵鋁罐、玻璃瓶、塑膠類（含乾淨的塑膠袋，汙損者直接丟棄）、寶特瓶、清潔劑瓶、洗髮精瓶、沙拉油瓶、保麗龍等免洗器具及乾電池等等均屬之。
2.機動車輛：如汽車、機車等等。
3.車輛零件備品：如輪胎、鉛蓄電池、潤滑油等。
4.電子電器物品：如電視機、洗衣機、電冰箱、冷暖氣機等等。
5.資訊物品：如電腦以及其周邊設備貼有可回收標誌者。

此外，尚有體積龐大的大型垃圾，如廢棄家具、高大樹幹等垃圾，則須另電洽資源回收單位派員處理。

(三)廚餘

廚餘依回收方式及其內容可分為下列兩類：

1.養豬廚餘：如餐廳廚房的殘菜、剩飯、魚肉類、內臟、熟食及過期食品等適合豬飼料者均屬之。
2.堆肥廚餘：如烹煮前撿剩之菜渣、蔬果、果皮、茶葉渣、咖啡渣、落葉、花材及酸臭食物等不適合餵豬之廚餘均屬之。

二、垃圾分類的目標

垃圾分類之目的，乃希望能達到下列四項目標：

(一)減量化

經由垃圾分類，可將資源垃圾與有機廢棄物予以回收再利用，將可使垃圾量降低一半以上。此外，也可透過避免過度包裝或將空瓶壓扁來減量。

(二)資源化

將回收的資源垃圾，經分類處理再加工，可成為再生資源，如再生紙、再生能源及有機肥料等。

(三)無害化

有害廢棄物如乾電池、燈管、藥物容器等經集中回收處理，可避免汙染生態環境。

(四)安定化

垃圾經妥善專業處理後，能回歸自然，而不會造成大地額外負荷。

目前行政院環保署所推動的垃圾分類係以「全分類，零廢棄」為政策目標，經由垃圾減量、回收再生利用、綠色生產與消費等方式達到零廢棄之終極目標。

第四節　餐廳資源回收之處理

為維護大自然生態環境，避免生活環境遭受破壞或二度汙染，餐飲業者須肩負企業社會責任，必須積極配合政府共同來發展綠色產業，做好垃圾分類及資源回收的再生利用。消極面而言，可降低垃圾汙染；積極面來說，資源回收可再創造價值，並可培養員工惜福愛物的美德。

一、資源回收的意義

資源回收的意義可分別就下列幾方面來探討：

(一)消極面而言

◆避免生態環境遭受汙染破壞

1.廚餘是餐廳垃圾中量相當大且可回收的廢棄物，由於易腐敗產生惡臭，孳生蚊蠅，若未妥善處理將成傳播病媒的溫床，也影響居住環境的生活品質。

2.乾電池、鉛蓄電池等含鉛有毒的重金屬若任意棄置於地，將會汙染水質及土壤，造成生態環境的破壞（圖12-5）。

圖12-5　廢棄電池要回收，以免汙染環境

3.塑膠類容器或廢棄輪胎任意棄置於地，將成登革熱傳染的元凶；若任意焚燒則會產生戴奧辛，影響空氣品質造成公害。

◆垃圾減量，減少垃圾處理成本及資源浪費

1.根據環保署統計，有機廢棄與可回收資源約占一般家庭垃圾71%以上，若以餐廳而言其比率將更高。

2.資源回收之後，也可減少餐廳垃圾委外處理清運之開支。

(二)積極面而言

◆資源回收利用，再創造經濟價值

將有機資源回收，不僅可供作養豬飼料，也可供作堆肥，作爲改良酸鹼化土壤，增進農業用地的生產力，綠化美化大地，發展觀光休閒農業（圖12-6）。

圖12-6　有機資源回收可供作堆肥，美化大地

◆資源回收，可改善生態環境，提升生活環境品質

由於資源的回收，可減少生態環境及生活環境之汙染，增進綠化，清新空氣，有益身體健康。

◆培養國民惜福、惜緣、愛物的良好美德

經由廢棄物之再生利用，可培養餐飲從業人員珍惜資源之良好生活習慣，也可消弭社會資源浪費之不良習慣。

◆資源回收具多元化效益

資源回收對社會、經濟、環境及教育等各方面均有相當正面的效益。

二、垃圾減量的環保原則

為使垃圾減量以達生態環境維護及資源保育之目標，必須遵循下列環保4R之原則：

(一)垃圾減量（Reduce）

爲使垃圾減量，首先應避免製造大量垃圾。如產品勿過度包裝、減少一次使用即拋棄式備品、避免使用免洗餐具，以及做好垃圾分類、資源回收的工作。

(二)重複使用（Reuse）

將資源重複再利用，如重複使用容器、產品，或將廚餘作爲養豬飼料。

(三)回收再生（Recycle）

係指將資源回收再生產品，如利用舊報紙作爲製紙原料、再生紙及堆肥肥料。

(四)拒用非環保產品（Refuse）

爲發展綠色產業以達節能減碳之環保目標，首先須拒用非環保理念之產品，儘量使用可天然分解、無毒性的產品來替代。如以水溶性油漆替代溶劑油漆、使用不含汞的電池等。此原則另稱Replace。

此外，若將前述4R再加上Repair，將產品維修再使用，即爲垃圾減量的「5R」。

三、資源回收的管道

資源回收的管道，計有下列幾種方式：

(一)採外包方式，委外資源回收

1.此方式較適合觀光旅館、大型餐飲業等廚餘量大且資源垃圾較多的餐廳及機關團體所採用。

2.此外包方式係將垃圾事先分類，集中於儲存場所（**圖12-7**），再由外面環保回收廠

圖12-7　垃圾清運子車

商或廢棄物清理機構每天前來收集再加工製成有機肥料，如台北市環保局與台塑環保公司合作處理廚餘即是例。

(二)送交環保局清潔隊回收點

1.一般中小型餐飲業每日廚餘或資源垃圾量不大時，可運用環保局設置於社區或公共場所之資源回收點清理。

2.至於較大件資源回收垃圾，可利用資源回收專線「0800-085717」（您幫我清一清）來協助清理。

(三)自行參與資源回收工作

1.將廚餘自行回收利用或標售給民間養豬業者，以增加營業收入。

2.餐廳若採用殘菜處理機或鐵胃來處理廚餘，則可將經處理過的廚餘作爲有機肥料使用。

3.自行將保麗龍、塑膠類、鐵鋁罐類、紙類等等資源垃圾運至一般資源回收場販賣，也可有一筆額外收入，可供作員工福利。

四、資源回收的標誌

依據行政院環保署資源回收所使用的標誌及其所代表的意義，予以摘介如下：

(一)資源回收標誌

1.回收標誌類似中文字「回」。任何商品或容器只要有此標誌，均需回收。

2.回收標誌所代表的意義爲資源循環再利用、萬物生生不息的精神。

3.回收標誌四個交叉逆向箭頭，分別代表著：社區民衆、地方政府清潔隊、回收商以及回收基金等四者共同參與資源回收工作的意思。

(二)塑膠容器分類的回收標誌

為便於資源回收後端工作之細分類及再利用，可依國際通用的塑膠容器分類標誌，將塑膠容器依回收標誌予以分類，如**表12-1**所示。

表12-1　國際通用塑膠容器回收分類標誌

回收標誌	產品實例	材質說明
1 PETE	寶特瓶	聚乙烯對苯二甲酸酯
2 HDPE	清潔劑瓶、塑膠瓶	高密度聚乙烯
3 PVC	保鮮膜、雨衣	聚氯乙烯
4 LDPE	牙膏或洗面乳等軟管包裝	低密度聚乙烯
5 PP	塑膠餐盤、杯子	聚丙烯
6 PS	保麗龍器具、養樂多瓶	聚苯乙烯
7 OTHER	其他塑膠產品，如部分化妝品罐子	其他塑膠材質

學習評量

一、解釋名詞

1.5R
2.Grease Pit
3.PPM
4.生廚餘
5.鐵胃
6.資源垃圾

二、問答題

1.為避免餐具與餐廳食物交互感染，餐廳在規劃餐具洗滌區時，須考量的重點為何？試述之。

2.為達有效清洗殘盤餐具，你認為該如何來規劃餐具的洗滌作業呢？試述之。

3.餐具殺菌清毒的方法有幾種？你認為哪一種方法最好？為什麼？

4.何謂「廚餘」，並請說明餐廳何以須正視其廚餘的清理工作呢？

5.當今政府相當重視垃圾分類，你知道我國垃圾分類的政策目標為何？試述之。

6.你知道「環保4R原則」，是指哪四個原則嗎？

Note

Chapter 13

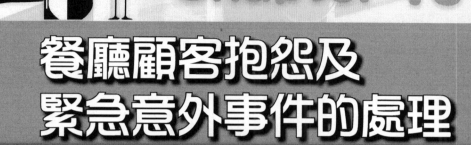

餐廳顧客抱怨及緊急意外事件的處理

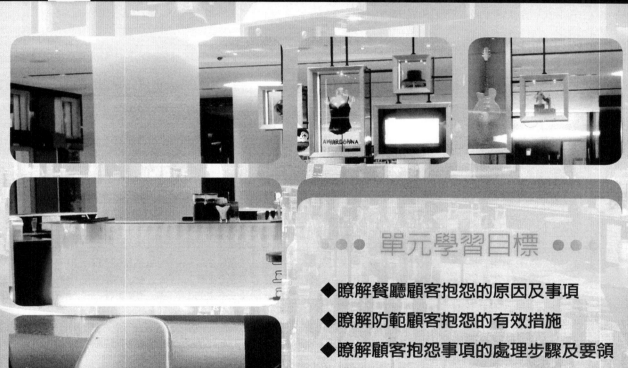

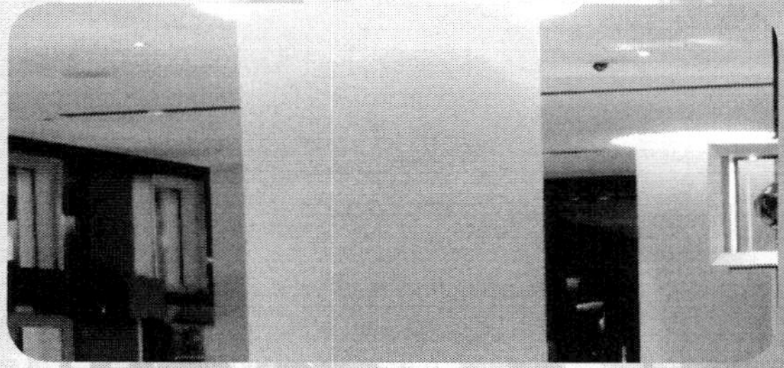

單元學習目標

- ◆瞭解餐廳顧客抱怨的原因及事項
- ◆瞭解防範顧客抱怨的有效措施
- ◆瞭解顧客抱怨事項的處理步驟及要領
- ◆熟練處理餐廳偶發事件的技巧
- ◆熟練餐廳緊急意外事件處理的作業要領
- ◆培養良好客務管理及應變能力

餐飲業係觀光服務業的一種，但其與一般服務業最大的不同點，乃在於其商品所具有的獨特性，它須藉著周邊相關設施，並透過服務與之相結合，始能展現出產品的特性與價值。由於此商品變化多、異質性高、不易儲存且難以分割，再加上餐廳顧客類型不同，需求互異，更使得餐飲服務品質難趨於一致水準，所以當客人步入餐廳前，原先所預期的服務品質與實際所接受的服務有落差時，很容易招致客人的不滿與抱怨。

顧客的怨言無論如何微小，均會影響到餐飲業者的聲譽，餐飲從業人員若未能正視此問題，並事先設法防患未然，那將如何奢言高品質的服務呢？本章特別就餐飲業最容易招致顧客抱怨的事項及其防範處理的原則與步驟，以及緊急事件之處理分別摘述於後。

第一節　餐廳顧客抱怨的原因及防範

顧客前往餐廳或飯店消費都希望得到熱情的接待，受到應有的尊榮。如果餐飲服務人員所提供的餐飲產品服務，未能符合或滿足其原先之認知或需求時，將會引起顧客的不滿。為提升餐飲服務品質並創造顧客的滿意度，餐飲管理者必須設法先行瞭解導致顧客抱怨或糾紛的原因何在，再據以研擬妥善之因應策略與具體改善之道。

一、餐廳顧客抱怨事項的類別

餐廳顧客抱怨的原因很多，有些是涉及顧客本身宗教、文化、生活習性的主觀認知問題；有些則是餐廳產品服務上的問題。茲針對國內外餐廳顧客抱怨的原因事項，摘述如下：

(一)美國旅館協會與美國國家餐廳協會公布之事項

根據美國旅館協會（American Hotel & Motel Association）與美國國家餐廳協會（National Restaurant Association）曾做的調查研究指出，餐廳顧客最常抱怨的事項，可歸納為下列幾項：

圖13-1 餐廳空間與動線如規劃不當，易引起顧客抱怨

1.停車問題。

2.餐廳空間與動線不當問題（圖13-1）。

3.服務水準問題。

4.餐廳售價與附加服務問題。

5.噪音問題。

6.員工態度問題。

7.食物品質與製備問題。

8.餐廳外觀問題。

9.餐廳備餐與供食服務操作時間問題。

10.服務次數問題。

(二)國內相關文獻之調查研究

根據國內相關文獻之調查研究，顧客抱怨事項可加以歸納爲下列幾大項：

1.服務態度問題：如冷漠、傲慢、怠惰、欠主動、不誠實或未受到尊重等。此類事項最常見，也最令顧客難以釋懷。

2.價格問題：標價不明確，價格太高、不等值的服務。

3.餐飲產品問題：菜餚品質、異物、衛生、分量、烹調或口感等問題。

4.服務傳遞問題：上菜慢、服務水準差、令顧客久候或未能及時提供所需服務。

5.環境設施問題：諸如場地大小、停車問題、設備等硬體問題。

6.顧客本身的問題：顧客的認知差異、生活習慣等個別差異。例如：穆斯林不吃豬肉，但餐食卻誤加豬肉入菜而造成顧客抱怨與不滿。

7.其他因素：如供應商供貨之延誤、誤時、誤送或其他外在環境之影響因素。

二、顧客抱怨的心理需求分析

顧客之所以會抱怨，往往是其欲求無法獲得適當的滿足或回應，進而宣洩其不滿之情，其主要目的乃在尋求彌補其欲求之不足或尋找發洩，以求心理之均衡感。餐廳顧客抱怨的心理，綜合歸納分析如下：

(一)求尊重心理

任何一位顧客均希望獲得一致性的熱情接待服務，不希望受到不公平或冷漠的對待，他們要求受到應有的重視，享受溫馨賓至如歸般的貼切服務。如果服務人員未能洞察其心理需求，而未能在客人抱怨的第一時間即迅速給予致歉，並採取適當處理措施，將會錯失修補之良機，甚至得罪到顧客。

(二)求發洩心理

餐廳顧客之所以會抱怨，這是一種心理現象之自然反應。例如當顧客受到不等值的產品服務時，會利用抱怨之手段來宣洩心中壓抑之怒火，以維持心理之平衡。因此，聰明的服務人員在顧客抱怨時，會以同情心理聆聽，絕不中斷顧客的談話抱怨，也不會當場反駁或頂撞客人。

(三)求補償心理

顧客對於餐飲服務人員所提供給他的產品服務品質若覺得不滿意，或感覺其權益受損，因而產生抱怨，究其心理需求而言，乃希望業者能向其致歉，並賠償或補償其所受的損失。例如抱怨菜餚量太少、餐具不潔、餐食有異物或上菜服務延誤等均是例。

三、顧客抱怨事項之防範

顧客抱怨事項防範之道無他，最重要的是須先設法消弭可能引起顧客抱怨之因子於無形，如此始能防患未然。茲將防範顧客抱怨的方法摘述如下：

(一)加強餐飲人力資源之培訓

1.培養餐飲服務人員的服務態度與機警的應變能力。
2.培養服務人員的專業知能與服務技巧（**圖13-2**）。
3.培養服務人員良好的人格特質與正確服務人生觀。

圖13-2　加強服務人員專業知能與服務技巧

(二)建立標準化的服務作業與服務管理

1.餐飲業最大的資產爲人，餐飲服務品質之良窳乃端視人力素質之高低而定，因此須加強服務管理。

2.餐飲服務品質的穩定有賴健全的標準化服務作業之訂定與執行，唯有透過標準化的服務，才能提升餐飲服務品質的一致性，使顧客對餐飲產品產生一種信賴感、認同感與幸福感，如此一來，當可消弭顧客之抱怨於無形。

(三)創造顧客滿意度

服務人員應強化與顧客間之互動，隨時以創造顧客滿意度爲念，主動關注顧客，親切而有禮地適時提供問候與服務，以贏得客人對你的信任與好感，如此將會減少客人挑剔及吹毛求疵的問題。

(四)餐飲產品銷售契約要明確，須具等值的服務

1.餐飲銷售的契約條件及內容務須明確詳實告知客人，使客人能完全瞭解契約的內容，使其瞭解所付出的金錢可以享受到何種產品與服務。

2.大部分客人最不能忍受的是受到不等值的服務，而有一種受欺騙之感。因此，「誠信」乃餐飲從業人員最重要的職業道德。

(五)加強餐廳環境、設備與硬體設施之維護

1.提供客人良好便捷的停車服務或停車場。

2.給予客人溫馨、雅致的寧靜環境，如燈光、音響、裝潢、格局規劃、服務動線及植栽美化等，期以形塑美好顧客餐飲體驗（**圖13-3**）。

(六)加強餐飲產品的研究與菜餚品質的控管

1.運用廚房作業標準化來穩定菜餚品質，做好質量管理。

2.運用菜單工程，加強菜單之改良與品質提升。

圖13-3　溫馨雅致的用餐環境

第二節　餐廳顧客抱怨事項的處理

當顧客先前預期的服務品質水準與其實際所感受到的相差甚遠時，他們的心態或情緒極易受到影響，進而會透過言語或肢體行爲來表達其內心不滿之情，此時業者若沒有即時迅速有效加以處理，並讓客人當場滿意，可能會使事態擴大，勢必會影響到整個企業的形象與聲譽。

一、顧客抱怨事項的處理原則

餐飲服務人員在處理顧客抱怨事項時，其基本原則爲先緩和顧客不滿的情緒，然後再積極主動展現誠意，掌握時效迅速處理，使顧客能感受到我們的誠意而有一種受重視之感。顧客抱怨的處理原則如下：

1.須由適當的資深人員如領班、經理等來介入處理，以表慎重及避免橫生枝節。

2.正視問題，主動積極並掌握時效及關鍵時刻。

3.態度誠懇、展現誠意，本著同理心來關懷顧客，堅守「顧客至上」、「客人永遠是對的」之基本原則。
4.態度委婉，眞誠道歉，並勇於坦誠認錯，絕不推卸責任或與客人爭論，以免事態擴大。
5.即使顧客有錯，也嚴禁當衆頂撞或數落顧客的不是，力求「以和爲貴」、「和氣生財」的行事風格。
6.審愼結論，給予正面合理的回應，唯須信守承諾。

二、顧客抱怨事項的處理步驟

顧客抱怨事項須依據前述原則，並遵循下列步驟來審愼處理：

(一)先致歉，保持冷靜安撫顧客

面對顧客抱怨時，須立即先向顧客致歉並表同情，以先安撫顧客情緒，使現場氣氛平順和緩爲原則。爲避免干擾到餐廳其他客人，必要時可先請該顧客暫離開現場，前往辦公室或其他較不會影響客人的場所。

(二)掌握時效，正視問題並瞭解癥結所在

掌握第一時間立即面對，先弄清楚顧客姓名及其抱怨事由，儘量請顧客傾吐怨言，說出關鍵問題所在，瞭解事情眞相。其要領爲：

1.注意聆聽，不可中斷顧客陳述，更不可與對方爭論。
2.發揮同理心，表示瞭解客人感受與觀點。

服務人員須有正確服務心態。顧客之所以會抱怨，並不是顧客找麻煩，而是你們對不起顧客，無法令其滿意（**圖13-4**）。

(三)迅速提出有效解決方案

瞭解問題癥結後，應立即向顧客詳加解釋，若有疏失須立即坦誠認錯，並提出解決辦法，告知準備處理方式。一經對方同意，立即行動澈底執行，以免失信於人，徒增客人更大不滿，最後再謝謝顧客的建議或投訴。

圖13-4 餐廳應避免客人無謂的久候，以免客人抱怨

事實上，會抱怨的顧客，才是好顧客。因為有些顧客在遭受不合理的對待後，並未留下任何抱怨訊息，但卻永遠不再上門光顧，也不會再給你一次服務的機會。

(四)記錄存參及追蹤

問題處理完畢，應記錄下來，以供內部檢討及日後工作上的參考。假如問題若無法圓滿解決，不可輕易做出結論，須立即陳報上級研商解決之道，並後續追蹤處理。此外，事後可寄致歉函，感謝顧客的寬容，並為所帶給他的不便致歉，以消除顧客的不良感受，並歡迎其再次光臨。

三、顧客抱怨事項處理的禁忌

引起顧客抱怨的原因很多，唯以服務態度不佳所導致的顧客抱怨事件為最常見，也最令顧客難以釋懷。因此，餐飲服務人員在處理此類事件時，除了要注意服務態度力求和顏悅色、誠懇委婉外，尚須注意下列禁忌：

1.絕對禁止強辯或與客人爭吵，即使客人有錯，也不可當眾數落客人的不是。請記住：「客人永遠是對的」，若仍有疑問，請再回顧一次。因爲餐廳是爲客人而開，客人才是我們的老闆；寧可讓顧客占便宜，也不要因而失去顧客。

2.嚴禁使用激化顧客情緒的字眼或語句。例如：「這絕對不可能發生，你錯了！」、「怎麼可以整盤菜都吃完了，才抱怨食材不新鮮！」

3.勿私下給予交換條件，或太早做出承諾，或做出超越自己權限的承諾，以免屆時做不到或發覺不妥而招致客人更大的不滿。

4.勿隨便回答沒具體事證的不實言論，或涉及第三者之情事。

5.若有必要召開協調會，宜請社會公正人士當主席，業者本身避免兼當主席，以利協調會之順利仲裁。

四、顧客抱怨事項處理實例

餐廳顧客抱怨的原因很多，茲就較常見且容易發生糾紛之案例予以摘述如下：

(一)餐飲產品本身的問題

當顧客抱怨餐食有異物、未熟、烹調過度或其他任何餐飲產品的問題，導致客人不滿意，若是廚房或餐廳人員的疏失，則應立即致歉並爲客人更換餐食（**圖13-5**）、自行用退款或贈送小禮物的方式來解決。如果是當初客人點餐時的錯誤，則須委婉予以解釋，再視公司政策是否給予另外補救性服務。

(二)餐食潑灑到客人的問題

餐飲服務人員若在服勤過程中，不慎將餐食或湯汁液潑灑在客人身上或衣物時，除了道歉外，首先應立即協助客人清除所潑出來的東西。若有汙損衣物則須協助送洗或評估狀況給予適當補償。如果有燙傷情事則須評估是否需要醫療照料，一切以照顧客人爲優先考量。

(三)餐具破損或不乾淨的問題

當顧客抱怨杯皿不潔或有缺口裂痕時，此時服務人員應立即向顧客致歉，並立即重新更換乾淨的餐具，並對造成顧客不悅之事致歉。

圖13-5　餐飲食品本身若有缺失，應立即向顧客致歉並更換

(四)服務設施設備缺失的問題

如果客人抱怨空調冷氣不足、燈光太暗等問題時，服務員應立即檢查作調整，若問題仍存在，除了致歉外，應考慮是否爲客人另更換座位。

(五)服務態度或效率等服務傳遞的問題

當客人抱怨上菜太慢或受到冷落久候時，除了委婉告知太慢的原因及所造成的不便予以賠不是外，當須立即爲其設法解決。儘量將自己變成顧客所喜歡而且能信賴的服務員。

(六)顧客個性問題

餐飲顧客之客源來自不同的國籍，生活文化、教育水準、宗教信仰，甚至價值觀均不同，因而個別差異很大。有些抱怨事項係來自客人本身自己的不當認知，不過即便如此，身爲餐飲服務人員也應和顏悅色予以尊重，絕對不可言語諷刺挖苦或據理力爭頂撞客人。

五、餐廳偶發糾紛事件的處理

餐廳是一種提供顧客餐飲服務、交際應酬的公共場所，顧客在餐廳用餐時，難免會發生一些突發狀況而引起糾紛，此時餐飲服務人員需在第一時間立即妥善處理。以下僅針對餐廳當見的偶發事件處理要領，予以摘述。

(一)顧客醉酒事件

餐廳顧客醉酒事件的處理要領，可採下列方式爲之：

1.當客人已有醉意時，服務人員應立即適時委婉加以關懷，並供應熱茶或熱檸檬汁給客人解酒飲用。
2.當客人醉酒時，應避免再繼續供應酒類給客人（**圖13-6**），在美國是絕對禁止調酒員販賣酒給醉酒的客人。
3.當客人醉酒後，最好先令客人安靜休息或委託其親友護送回家，以免干擾到

圖13-6　客人若醉酒，絕不可再賣酒給他

其他客人。

4.為防範少數醉酒客人自我傷害或心智失控，必要時可請同桌賓客協助或報警，護送其離開餐廳，以免發生意外。

5.若醉酒客人堅持要自行離去，服務人員須為客人代叫計程車，以防客人醉酒開車產生意外。

(二)顧客喧鬧事件

餐廳顧客有時因情緒太亢奮而喧鬧，以致影響到餐廳其他顧客時，餐飲服務人員的處理要領為：

1.以委婉方式請喧鬧的顧客稍控管音量或行為，以免干擾到其他顧客；也可委婉商請同桌賓客提醒「喧鬧」者。

2.若餐廳尚有其他空餘場地如廂房，則可懇請該桌客人移往該場地，以免妨礙餐廳其他客人。

3.假設喧鬧的顧客仍屢勸不聽，以致影響到其他餐廳顧客時，則服務人員須當機立斷下逐客令請他們離去，以維護其他顧客的權益。否則若任其吵鬧干擾而不加以制止，將會影響到其他顧客權益及餐廳形象。

(三)帳單金額爭議事件

餐廳顧客在結帳時，有時會對消費金額有疑竇。此時，餐飲服務人員的處理要領為：

1.先委婉向顧客說明帳單消費計價方式，如最低消費或10%服務費等。

2.再與顧客確認其帳單內所列餐點的品名、數量及單價，是否有誤。

3.若帳單點餐內容均正確，須當場再重新核計一遍。若顧客消費金額有誤，服務人員須向顧客認錯並誠懇致歉。為維護餐廳形象，也可致贈小禮物或折價券以表誠摯歉意。

(四)顧客毀損餐具事件

顧客前往餐廳用餐，有時因不慎而毀損餐廳飾物或器皿，此時服務人員可採下列要領為之：

1.先關懷顧客安全（**圖13-7**），確認是否受傷，若顧客不慎受傷，須先立刻幫忙協助處理。
2.餐廳服務人員須立即協助清理損毀餐具現場，以確保其他顧客進出之安全及餐廳環境的整潔。
3.顧客所毀損的餐具或設備其價格昂貴，且疏失責任在顧客時，此時餐廳服務人員始可酌情請求顧客賠償損失。

(五)顧客偷竊事件

餐廳若發現顧客有竊取餐廳財務或器皿時，可採取下列方式處理：

1.當發現餐廳顧客有偷竊行爲時，餐廳服務人員應立即報告主管，再由主管委婉請顧客歸還所取走的物品。唯須證據明確，以免誣陷顧客。此外，在處理過程中，絕不可擅自搜身或碰觸顧客身體，以免侵權違法。
2.假使誤會顧客時，應由餐廳經理親自向顧客致歉並予以合理補償，如致贈免費餐券或小禮物，以表誠摯地歉意。
3.如果餐廳顧客在餐廳用餐時，發現其財務遭竊。此時，爲保全證據可立即調

圖13-7　服務人員應防範小孩在餐廳奔跑，以防發生意外

閱監視錄影檔查看，同時得應顧客要求報警協助處理。

第三節　餐廳緊急意外事件的處理

餐飲業在生產銷售的服務過程中，由於經常潛伏著一些不確定性之危害因子，如果未能事先加以有效防範，往往會造成人員及財物之重大損傷，如火災、食物中毒、瓦斯中毒、地震危害、刀傷、跌倒或扭傷等等意外事件。

一、火災意外事件

當你發現起火時，須當機立斷切忌慌亂，並判斷是否可以自行滅火，若可以，應立刻以滅火器或消防栓來滅火。反之，若經判斷無法自行滅火，須立刻按警鈴，或電話通知總機打119電話報警，並廣播及派員協助顧客緊急疏散，由安全門或太平梯前往較安全地區（圖13-8）。

圖13-8　緊急出口指標

(一)火災疏散作業要領

1.引導顧客疏散時須力求鎮靜勿慌亂，以鎮靜語調告知客人說明火災地點，並聲明火災已在控制中，引導顧客朝安全方向疏散。
2.引導人員須手提擴音器及手電筒，避免客人跌撞而產生意外。
3.疏散時，從最靠近火災起火點之樓層客人優先疏散，老幼婦女為優先。成群顧客疏散時，前後均須安排引導人員，以安定顧客心理，避免因驚慌滋生意外，此為最有效的疏散方法。
4.若有濃煙要先使用溼毛巾掩住口鼻，或以防煙袋先充滿空氣罩套頭頸後，再迅速沿著走廊牆角採低姿勢，由太平門或太平梯往外朝下層疏散。

餐飲小百科

火災小常識

火災之發生需有高溫燃點、氧氣、可燃物或助燃物，以及連鎖反應等四大要件，缺一不可，此為各種滅火消防方法的學理依據。

(二)火災逃生疏散時應注意事項

1. 救火最重要的「黃金時刻」爲剛起火的三至五分鐘內，若無法自行滅火，需立即報警、廣播、疏散顧客。
2. 疏散時不可穿拖鞋逃生，避免燙傷、刮傷等意外。
3. 若使用防煙塑膠袋，在套取新鮮空氣時，須在接近地板上方撈空氣，若以站姿雙手在上空撈可能盡是濃煙。
4. 逃生時嚴禁使用電梯。若無法逃生時，可用溼毛巾掩住口鼻在窗口、陽台呼救，但絕對不可貿然跳樓。
5. 逃生過程若需要換氣，應將鼻尖靠近牆角或階梯角落來換氣。
6. 如果濃煙多的時候，當你站著或蹲著都呼吸不到空氣時，只有趴在地板上方，鼻子距地面20公分以下始能吸到微薄新鮮空氣，此時宜以趴行方式逃生，雙眼閉著以雙手指頭代替眼睛，沿牆壁前進較容易找到逃生門。

二、食物中毒事件

餐廳意外事件當中除了火災外，則以食物中毒事件最爲嚴重。餐廳是提供消費大衆餐食服務，因此必須具備餐飲安全衛生之基本知識，以及食物中毒事件之防範及緊急處理措施。

(一)食物中毒的定義

所謂「食物中毒」，另稱「細菌性食品中毒」，係指因攝取遭受致病性細菌或其他毒素汙染之食物而引起的疾病，唯須有兩人或兩人以上攝取相同食物而發生一樣的疾病症狀者稱之。

(二)食物中毒的類別

依產生中毒的原因來分，主要可分爲下列三大類：

◆細菌性食物中毒

係指因攝食遭受沙門氏菌、腸炎弧菌、葡萄球菌等等病菌所汙染之食物而引起的中毒事件。

◆天然毒素食物中毒

係指攝食含有天然毒素之食物，因而引起的中毒事件。例如誤食毒菇、河豚、發芽的馬鈴薯及儲存太久的玉米、花生等食物即是例。

◆化學性食物中毒

係指攝食遭受有毒性之化學物質或金屬所汙染之食物，因而造成的中毒。例如砷、鉛、銅、汞、農藥或非法食品添加物等有毒元素。

(三)食物中毒的原因

常見的食物中毒原因，概有下列幾項：

1. 食物中毒最常見的原因爲儲藏不當，如冷凍、冷藏溫度不夠。通常食物冷藏溫度應在攝氏7度以下，冷凍溫度在攝氏零下18度以下。如乳品類、魚類、肉類爲攝氏4度以下（**圖13-9**）、蔬果爲攝氏7度，此爲最佳冷藏溫度。
2. 食物加熱處理不當，如海鮮餐廳海產處理不當所造成的腸炎弧菌中毒。
3. 食品或原料在處理製造過程中，冷熱食或生熟食交互感染，或被已感染病毒的人接觸過。
4. 食用遭汙染之食物或生食。
5. 容器、餐具不潔。
6. 誤用添加物或不當使用添加物。

(四)食物中毒事件的處理

1. 當餐廳發生兩人或兩人以上疑似食物中毒事件時，首先要立即保存剩餘食物或患者的嘔吐物或排泄物，以利追查原因。

圖13-9　生鮮肉品、魚類應儲藏在攝氏4度以下

2.除非患者昏迷，否則先給予食鹽水喝下。
3.迅速將患者送醫診治，並儘速於二十四小時內向當地衛生局（所）聯絡或報告。

三、瓦斯中毒事件

火災發生的原因有時係因瓦斯氣體外洩或瓦斯用畢未關閉開關所引起，此時火災現場極可能造成有人不幸瓦斯中毒之意外事件。其處理方式如下：

1.首先應以溼毛巾掩住口鼻，迅速先將瓦斯關閉。
2.立即打開室內所有門窗，以利沖淡室內瓦斯，但絕對嚴禁扳動電源開關，如抽風機，以防爆炸。
3.將患者迅速抬到通風良好的地方，令其靜臥。
4.如果患者已呈昏迷狀態或呼吸停止，此時須先給予人工呼吸急救。

四、地震意外事件

台灣地理位置坐落在斷層帶、火山帶，因此地震頻率較高，甚至因建築物之倒塌所釀成之生命、財產損害不勝枚舉。餐廳服務人員必須對防震緊急應變措施及其作業程序有正確的基本認識，始能保障顧客生命財產之安全，並降低災情之損害。地震發生處理要領說明如下：

1.地震發生時勿恐慌，應保持冷靜，並立即關閉火源、瓦斯、電源等，同時將門窗、大門打開，避免因變形而無法逃生。
2.緊急廣播狀況，安撫顧客，並請顧客以軟墊、坐墊或托盤等物保護頭部。
3.地震發生時，應立即先躲在安全的掩蔽體之下，如堅固桌子下方或主要梁柱旁或牆角，切忌在第一時間往室外跑，以免被掉落物壓到或撞傷。
4.打開門窗，善用防煙面罩，並遠離吊燈、玻璃或窗戶。
5.地震正在進行時，勿往樓梯跑，因為樓梯是建築物結構體最脆弱的地方。
6.地震時不可搭乘電梯，以免因停電被困在電梯內（圖13-10）。若被困於電

圖13-10　地震時不可搭乘電梯，以免受困在電梯內

梯內應保持鎮定，等待救援。

7.若欲開車離開建物避難，應將車子緩慢開往路邊停放，並暫時留在車內。

五、餐廳意外傷害事件

餐飲業經常發生的意外事件以刀傷、碰傷、扭傷爲較常見，雖然其危害程度輕重不一，但也不可忽視之。

(一)刀傷、碰傷的處理

1.若不慎受傷，絕對不可以口吸吮傷口，以免細菌感染。
2.若流血量多，須立刻先對傷口加壓止血。
3.清潔消毒傷口，搽藥治療。
4.若傷口較大，情況嚴重者須立即送醫診治。

(二)燙傷、灼傷的處理

1.若不小心被熱沸油湯或爐火燙灼，此時應遵循「沖、脫、泡、蓋、送」五大步驟處理。
2.首先以流動冷水沖洗傷口十五至三十分鐘。
3.再於水中小心脫掉受傷部位衣物。
4.再用冷水浸泡十五至三十分鐘。
5.將受傷部位以乾淨的布巾覆蓋。
6.最後再送醫診治。

(三)扭傷、骨折的處理

1.若因輕微扭傷，則可先行塗抹消炎藥膏或冰敷即可。
2.若患者骨折脫臼，則要小心處理，避免不必要移動。
3.首先必須小心觸診檢視受傷部位。
4.若有傷口不可碰觸，須先以乾淨紗布繃帶包紮傷口。
5.將骨折部位以夾板或固定物先予以暫時固定住，再迅速送醫診治。

(四)呼吸終止及心跳停頓的處理

若發現有人因缺氧或吸入太多濃煙而導致呼吸停止心跳停頓時，須在送醫急救之前，先利用口對口人工呼吸及心肺復甦術（Cardio Pulmonary Resuscitation, CPR）予以急救，並等待救護車到達，再送醫治療，以免腦細胞及器官因缺氧四至六分鐘而壞死。

學習評量

問答題

1.餐廳顧客抱怨事項很多，一般而言，可歸納爲哪幾大項？其中以哪一項最令顧客難以釋懷？

2.假設你是餐廳經理，爲有效防範顧客抱怨情事發生，請問你將會採取何種有效方法？

3.一般而言，餐廳顧客之所以會抱怨，你認爲其主要目的何在？試述之。

4.你認爲餐廳服務人員在處理顧客抱怨事項時須遵循的原則爲何？試述之。

5.假設你是餐廳負責人，當顧客向你抱怨貴餐廳上菜太慢時，請問你會如何處理？

6.假設你是餐廳服務人員，當你發現顧客用餐時，不愼打翻熱沸火鍋燙傷，請問當場你將會如何處理？

參考書目

一、中文部分

內政部消防署防災知識網（2013）。天然災害篇。

行政院勞工委員會中部辦公室（2013）。餐旅服務丙級技術士技能檢定術科測試應檢參考資料。

行政院環境保護署。

西餐服務人員術科能力測驗（2013）。台北：中華民國商業職業教育學會。

吳淑女譯（2000），Robert Christie Mill著。《餐飲管理》。台北：華泰文化公司。

林仕杰譯（1996），Graham Brown、Karon Hepner著。《餐飲服務手冊》。台北：五南出版公司。

林萬登譯（2010），John R. Walker原著。《餐飲管理》。台北：桂魯有限公司。

倪桂榮（2000）。《餐飲服務入門》。台北：百通圖書公司。

徐筑琴（2013）。《國際禮儀實務》。台北：揚智文化公司。

旅館餐飲實務編撰小組（1996）。《旅館餐飲實務》。台北：交通部觀光局。

許順旺（2005）。《宴會管理》。台北：揚智文化公司。

游達榮（1998）。《餐廳與服勤》。彰化：文野出版社。

黃純德（2008）。《餐旅管理策略》。台北：培生教育出版社。

萬光玲（1998）。《餐飲成本控制》。台北：百通圖書公司。

劉蔚萍譯（1992），CBI編著。《專業的餐飲服務》。台北：桂冠圖書公司。

樓永堅，蔡東峻，潘志偉，別蓮蒂編著（2003）。《消費者行為》。台北：國立空中大學。

鄭建瑋譯（2004），John R. Walker著。《餐飲管理概論》。台北：桂魯有限公司。

蘇芳基（2008）。《餐旅服務管理與實務》。台北：揚智文化公司。

蘇芳基（2012）。《餐飲管理》。台北：揚智文化公司。

二、英文部分

Alastair Morrison (1989). *Hospitality and Travel Marketing*. Delmar Inc.

Chuck Y. Gee (1989). *The Travel Industry*. Ohio : South-Western Publishing Co.

Donald E. Lundberg (1980). *The Tourist Business*. CBI Publishing Co.

George Torkildsen (1992). *Leisure and Recreation Management*. E & FN Spon.

Harold E. Lane (1983). *Hospitality Administration*. Reston Publishing Co.

Hellen Delfakis, Nancy Loman Scanlon, and Jan Van Buren (1992). *Food Service Management*. Ohio : South-Western Publishing Co.

Stokes, John W. (1980). *How to Manage a Restaurant*. Mass: WCH Publishing Co.

國家圖書館出版品預行編目（CIP）資料

餐飲服務技術 / 蘇芳基著. -- 初版. -- 新北市 : 揚智文化, 2013.06
面 ； 公分

ISBN 978-986-298-096-5 (平裝)

1.餐飲業 2.餐飲管理

483.8 102010066

餐飲服務技術

作　　者／蘇芳基
出 版 者／揚智文化事業股份有限公司
發 行 人／葉忠賢
總 編 輯／閻富萍
特約執編／鄭美珠
地　　址／新北市深坑區北深路三段 260 號 8 樓
電　　話／(02)8662-6826
傳　　真／(02)2664-7633
網　　址／http://www.ycrc.com.tw
E-mail ／service@ycrc.com.tw
印　　刷／鼎易印刷事業股份有限公司
ISBN ／978-986-298-096-5
初版一刷／2013 年 6 月
定　　價／新台幣 550 元